"十四五"职业教育国家规划教材

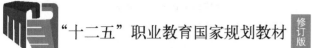

"十二五"职业教育国家规划教材 修订版

智能小区安全防范系统

第3版

程智宾　林　励　林火养　王远春　编著

机 械 工 业 出 版 社

本书共分为8章，每章都分成理论和实践两部分，理论部分注重原理和概念、设备功能和参数指标的介绍；实践部分注重系统图识读、设备安装和调试的训练。本书介绍了智能化小区系统的基本定义、系统构成以及智能化系统的配置、工程设计、施工与项目验收等相关环节。其中重点对视频监控系统、入侵报警系统、门禁对讲系统、停车场管理系统、电子巡更系统、公共广播系统、信息发布系统的工作原理和专用设备、器材、施工、工程实例等进行分析和阐述；还根据多年的工程实践经验对小区安防系统的设计、施工、运行、管理、维护提出宝贵的建议。各子系统可独立成章，自成体系，也可根据实际需求自由组合，集成一个大系统。

本书可作为职业院校建筑智能化工程技术、建筑电气工程技术、智能机电技术、电子信息工程技术、物联网技术等专业的教材，也可作为培训学校和工厂技术人员的培训教材，还可供建筑电气设计人员、建筑智能化工程技术管理人员参考阅读。

本书配有微课视频，扫描二维码即可观看。另外，本书配有电子课件，需要的教师可登录 www.cmpedu.com 免费注册、审核通过后下载，或联系编辑索取（微信：13261377872，电话：010-88379739）。

图书在版编目（CIP）数据

智能小区安全防范系统/程智宾等编著．—3版．—北京：机械工业出版社，2021.9（2025.6重印）
"十二五"职业教育国家规划教材
ISBN 978-7-111-69534-9

Ⅰ.①智… Ⅱ.①程… Ⅲ.①智能化建筑-安全设备-系统设计-高等职业教育-教材 Ⅳ.①TU89

中国版本图书馆 CIP 数据核字（2021）第 222684 号

机械工业出版社（北京市百万庄大街22号　邮政编码100037）
策划编辑：和庆娣　　　　　责任编辑：和庆娣
责任校对：陈　越　张　薇　责任印制：单爱军
中煤（北京）印务有限公司印刷
2025年6月第3版·第9次印刷
184mm×260mm·15.25 印张·371 千字
标准书号：ISBN 978-7-111-69534-9
定价：65.00 元

电话服务　　　　　　　　　　网络服务
客服电话：010-88361066　　　机 工 官 网：www.cmpbook.com
　　　　　010-88379833　　　机 工 官 博：weibo.com/cmp1952
　　　　　010-68326294　　　金 书 网：www.golden-book.com
封底无防伪标均为盗版　　机工教育服务网：www.cmpedu.com

关于"十四五"职业教育
国家规划教材的出版说明

为贯彻落实《中共中央关于认真学习宣传贯彻党的二十大精神的决定》《习近平新时代中国特色社会主义思想进课程教材指南》《职业院校教材管理办法》等文件精神，机械工业出版社与教材编写团队一道，认真执行思政内容进教材、进课堂、进头脑要求，尊重教育规律，遵循学科特点，对教材内容进行了更新，着力落实以下要求：

1. 提升教材铸魂育人功能，培育、践行社会主义核心价值观，教育引导学生树立共产主义远大理想和中国特色社会主义共同理想，坚定"四个自信"，厚植爱国主义情怀，把爱国情、强国志、报国行自觉融入建设社会主义现代化强国、实现中华民族伟大复兴的奋斗之中。同时，弘扬中华优秀传统文化，深入开展宪法法治教育。

2. 注重科学思维方法训练和科学伦理教育，培养学生探索未知、追求真理、勇攀科学高峰的责任感和使命感；强化学生工程伦理教育，培养学生精益求精的大国工匠精神，激发学生科技报国的家国情怀和使命担当。加快构建中国特色哲学社会科学学科体系、学术体系、话语体系。帮助学生了解相关专业和行业领域的国家战略、法律法规和相关政策，引导学生深入社会实践、关注现实问题，培育学生经世济民、诚信服务、德法兼修的职业素养。

3. 教育引导学生深刻理解并自觉实践各行业的职业精神、职业规范，增强职业责任感，培养遵纪守法、爱岗敬业、无私奉献、诚实守信、公道办事、开拓创新的职业品格和行为习惯。

在此基础上，及时更新教材知识内容，体现产业发展的新技术、新工艺、新规范、新标准。加强教材数字化建设，丰富配套资源，形成可听、可视、可练、可互动的融媒体教材。

教材建设需要各方的共同努力，也欢迎相关教材使用院校的师生及时反馈意见和建议，我们将认真组织力量进行研究，在后续重印及再版时吸纳改进，不断推动高质量教材出版。

机械工业出版社

前　　言

"安全防范"是指以维护社会公共安全为目的的防入侵、防盗、防破坏、防火、防暴和安全检查等措施。"安全防范"主要包含人防、物防和技防3种手段。本书介绍的智能小区的安全防范技术指的是技术防范。

我国的安全防范技术虽然起步较晚，但是在国家"平安城市"建设、北京奥运会、上海世博会等重大活动和项目的推动下取得了飞速的发展。正是这种发展速度使得技术和产品的更新换代非常频繁，但是国内在安全防范技术方面的人才培养严重落后于产业的发展，在业界从事安防技术工作的人员几乎都是从其他专业转过来的，没有接受过系统的培训，素质参差不齐，工程质量无法保障。

我国在2006年进行了"智能楼宇管理师"工种职业技能标准的制定，2007年在全国推广实施。2008年，我国又出台了"安全防范系统评估师"和"安全防范系统安装维护员"工种的职业技能标准。相关部门也先后出台了《安全防范工程技术规范》《联网型可视对讲系统技术要求》等一系列的标准和规范，使得安全防范技术的培训和标准化建设日益健全。

编者从事安全防范技术工程的设计、施工和验收工作已多年，在实际工程项目中积累了大量的实践经验。本书根据人力资源和社会保障部"智能楼宇管理师"职业技能标准中对安全防范部分的要求编写。从理论到实践、实训，从系统设计到设备选型，从工程施工到工程验收等都有自己的特点，通俗易懂。

为了使学生在有限的学时内较为全面深入地学习智能小区的安全防范技术的7大子系统的工作原理、系统设备的功能、参数指标、选用原则、安装和调试方法、系统设计方法等内容，书中采用了大量的图片来进行说明和讲解，使得复杂的理论变得更加简洁直观。

本书由福建信息职业技术学院程智宾、林励、福建至善伏安智能科技有限公司林火养、厦门立林科技有限公司王远春编著。程智宾编写第1、2、6、7章，林励编写第3、5章，林火养编写第8章，王远春编写第4章。全书由厦门立林科技有限公司仲士平主审。

本书纳入"福建省高等职业教育教材建设计划"，在编写过程中得到了福建省教育厅的大力支持，在此表示衷心感谢。

在本书的编写过程中，得到了厦门立林科技有限公司、福建至善伏安智能科技有限公司、福建宽天电子有限公司、浙江大华技术股份有限公司、厦门赛凡信息科技有限公司、泉州佳乐电器有限公司、福建冠林科技有限公司等多家企业的大力支持，在此深表感谢。

智能小区安全防范技术日新月异，包罗万象，本书难免有疏漏之处，恳请业内专家和广大读者批评指正。

编　者

二维码资源清单

序号	名 称	图形	页码
1	1-智慧社区的应用场景		5
2	2-高速球形摄像机及其接线方法		22
3	3-红外一体化摄像机及接线方法		23
4	4-网络摄影机的安装与调试		23
5	5-光纤熔接机使用操作实例		28
6	6-云台一体化摄像机		60
7	7-网线制作实例		61
8	8-防盗报警系统接线实例		108
9	9-防盗报警系统编程实例		120
10	10-访客对讲系统的接线方法实例		146

续表

序号	名称	图形	页码
11	11-访客对讲系统编程实例		146
12	12-网络型楼宇对讲系统操作实例		147
13	13-网络型主机的操作方法实例		147
14	14-一套停车场智能管理控制系统方案		149
15	15-车位引导系统		156
16	16-在线式电子巡更系统		170
17	17-离线式电子巡更系统		172
18	18-公共广播系统的组成与工作原理		183
19	19-功率放大器的分类		185
20	20-电烙铁的使用操作实例		225
21	21-数字万用表的使用操作实例		228

目　　录

前言
二维码资源清单
第1章　智能小区安全防范系统的认识 … 1
1.1　安全防范的基本概念 … 1
1.2　安全防范的3种基本防范手段 … 2
1.3　智慧社区与小区安防系统 … 2
1.4　智慧社区 … 4
1.4.1　智慧社区的结构框图 … 4
1.4.2　智慧社区的应用场景 … 5
1.5　实训 … 6
1.5.1　参观小区安全防范系统 … 6
1.5.2　小区安全防范系统识图 … 7
1.6　思考题 … 7
第2章　视频监控系统 … 8
2.1　视频成像原理 … 8
2.1.1　彩色与人眼视觉特性 … 8
2.1.2　图像的分解与顺序传输 … 10
2.1.3　光-电转换与摄像 … 11
2.1.4　电-光转换与显示 … 11
2.2　视频监控系统的组成与工作原理 … 11
2.2.1　视频监控前端组成 … 12
2.2.2　传输系统 … 27
2.2.3　视频监控终端组成 … 30
2.2.4　视频监控中心 … 42
2.3　网络视频监控系统 … 43
2.3.1　网络视频监控系统的原理 … 43
2.3.2　网络视频监控组成 … 44
2.3.3　网络视频监控系统与传统视频监控系统的区别 … 57
2.4　视频监控系统的配置设计与实施 … 57
2.5　实训 … 60
2.5.1　各种典型摄像机的安装与调试 … 60
2.5.2　硬盘录像机的基本操作 … 62
2.5.3　硬盘录像机的连接与调试 … 63
2.5.4　设计并组建一个视频监控系统 … 66
2.5.5　网络硬盘录像机的连接与调试 … 67
2.6　思考题 … 68

第3章 入侵报警系统 70
3.1 入侵报警系统的组成 70
3.1.1 前端报警探测器 70
3.1.2 报警控制器（报警主机） 89
3.1.3 传输系统 91
3.1.4 线尾电阻 92
3.2 周界防范系统的设计与实施 93
3.3 家居安防报警系统 102
3.3.1 家居安防报警系统的分类 103
3.3.2 家居安防报警系统设备配备的原则 105
3.4 现场报警系统 107
3.5 实训 108
3.5.1 常用报警探测器的认知与调试 108
3.5.2 DS6MX-CHI 报警主机的使用与系统集成 111
3.5.3 总线型报警系统的集成与安装 116
3.5.4 总线型报警系统的编程与操作 120
3.6 思考题 125

第4章 门禁对讲系统 126
4.1 门禁系统的基础知识 126
4.1.1 门禁系统的组成 126
4.1.2 门禁系统的分类 131
4.2 楼宇对讲系统 133
4.2.1 楼宇对讲系统组成 133
4.2.2 楼宇对讲系统功能 134
4.2.3 楼宇对讲系统结构 134
4.3 数字对讲系统 135
4.3.1 数字对讲系统的特点 135
4.3.2 人工智能在数字对讲系统中的应用 136
4.3.3 数字对讲系统组成拓扑图 136
4.3.4 数字对讲系统设备 136
4.4 数字对讲在智慧社区的应用 139
4.5 数字对讲系统发展趋势 140
4.6 数字对讲系统设计实例 141
4.6.1 概述 141
4.6.2 系统设计依据 142
4.6.3 系统设计原则 142
4.6.4 系统设计功能与配置 143
4.7 实训 146
4.7.1 数字楼宇对讲系统功能实践 146
4.7.2 数字楼宇对讲系统的安装与调试 146

4.7.3　数字楼宇对讲系统的管理 ··· 147
　　4.7.4　设计并组建一个数字对讲系统 ·· 147
　4.8　思考题 ··· 148

第5章　停车场管理系统 149
　5.1　停车场管理系统概述 ··· 149
　5.2　停车场管理系统的设备组成 ·· 149
　　5.2.1　出入口设备 ··· 149
　　5.2.2　车位引导系统 ··· 156
　5.3　停车场管理系统的管理 ··· 158
　　5.3.1　入口管理 ··· 158
　　5.3.2　出口管理 ··· 158
　　5.3.3　管理中心 ··· 159
　5.4　手持终端机管理 ··· 160
　5.5　停车场系统的设计与实施 ··· 160
　　5.5.1　停车场系统的设计 ·· 160
　　5.5.2　停车场系统的设备 ·· 161
　　5.5.3　停车场系统的工程施工 ··· 162
　5.6　实训 ·· 163
　　5.6.1　认识停车场管理系统 ··· 163
　　5.6.2　停车场管理系统的设计与实施准备 ·· 164
　　5.6.3　停车场管理系统的安装与调试 ··· 166
　　5.6.4　管理软件的调试和使用 ··· 168
　　5.6.5　停车场（库）管理系统的综合调试 ·· 168
　5.7　思考题 ·· 169

第6章　电子巡更系统 170
　6.1　电子巡更系统的组成与工作原理 ··· 170
　　6.1.1　在线式电子巡更系统 ··· 170
　　6.1.2　离线式电子巡更系统 ··· 172
　　6.1.3　可视化电子巡更系统 ··· 176
　6.2　巡更设备的配置与实施 ·· 177
　　6.2.1　电子巡更系统的设计原则 ··· 177
　　6.2.2　在线式电子巡更系统的配置与实施 ·· 177
　　6.2.3　离线式电子巡更系统的配置与实施 ·· 178
　　6.2.4　可视化电子巡更系统的配置与实施 ·· 179
　6.3　实训 ·· 180
　　6.3.1　离线式电子巡更系统的安装与调试 ·· 180
　　6.3.2　在线式电子巡更系统的安装与调试 ·· 181
　　6.3.3　可视化电子巡更系统的安装与调试 ······································· 182
　6.4　思考题 ·· 182

第7章　公共广播系统 183

7.1 公共广播系统的组成与工作原理 ………………………………………………… 183
 7.1.1 音源 ………………………………………………………………………… 184
 7.1.2 前置放大器与调音台 ……………………………………………………… 185
 7.1.3 功率放大器 ………………………………………………………………… 185
 7.1.4 电源时序器 ………………………………………………………………… 189
 7.1.5 节目编程播放器 …………………………………………………………… 189
 7.1.6 扬声器、音箱、音柱 ……………………………………………………… 189
 7.1.7 传输方式 …………………………………………………………………… 191
7.2 公共广播系统的设计与实施 ……………………………………………………… 191
 7.2.1 设计依据 …………………………………………………………………… 191
 7.2.2 系统基本功能说明 ………………………………………………………… 192
 7.2.3 公共广播系统的配置 ……………………………………………………… 193
7.3 公共广播的使用 …………………………………………………………………… 198
7.4 实训 ………………………………………………………………………………… 199
 7.4.1 简易广播系统的设计实施 ………………………………………………… 199
 7.4.2 消防联动公共广播系统的设计实施 1 …………………………………… 200
 7.4.3 消防联动公共广播系统的设计实施 2 …………………………………… 201
7.5 思考题 ……………………………………………………………………………… 204

第 8 章 信息发布系统 ……………………………………………………………………… 205
8.1 信息发布系统的基本知识 ………………………………………………………… 205
 8.1.1 信息发布系统的组成 ……………………………………………………… 205
 8.1.2 信息发布系统的分类 ……………………………………………………… 207
 8.1.3 大屏幕信息发布系统 ……………………………………………………… 210
8.2 信息发布系统的设计与实施 ……………………………………………………… 220
 8.2.1 项目概述 …………………………………………………………………… 220
 8.2.2 设计依据 …………………………………………………………………… 220
 8.2.3 设计原则 …………………………………………………………………… 220
 8.2.4 系统功能 …………………………………………………………………… 221
 8.2.5 系统特点 …………………………………………………………………… 221
 8.2.6 系统原理图 ………………………………………………………………… 222
 8.2.7 规格及技术指标 …………………………………………………………… 222
8.3 实训 ………………………………………………………………………………… 225
 8.3.1 信息发布系统基本操作 …………………………………………………… 225
 8.3.2 信息发布系统 LED 显示屏的安装与调试 ……………………………… 225
 8.3.3 信息发布系统液晶拼接屏的安装与调试 ………………………………… 228
8.4 思考题 ……………………………………………………………………………… 231

参考文献 ……………………………………………………………………………………… 232

第 1 章　智能小区安全防范系统的认识

居住在小区的居民，最关心的就是居住的安全问题。智能小区安全防范系统是以保障居民安全为目的而建立起来的技术防范系统。它采用现代技术（使人们及时发现入侵破坏行为），产生声光报警阻吓罪犯，实录事发现场图像和声音以提供破案凭证，并提醒值班人员采取适当的防范措施。系统主要包括入侵报警、楼宇对讲、视频监控、出入口控制、电子巡更以及公共广播等部分。

1.1　安全防范的基本概念

"安全防范"（简称为安防）是公安保卫系统的专门术语，是指以维护社会公共安全为目的的防入侵、防被盗、防破坏、防火、防爆和安全检查等措施。为了达到防入侵、防盗和防破坏等目的，采用以电子技术、传感器技术和计算机技术为基础的安全防范技术的器材设备，将其构成一个系统。由此应运而生的安全防范技术正逐步发展成为一项专门的公安技术学科。

银行、金库等历来是犯罪分子选择作案的重要场所。这些单位是制造、发行、储存货币和金银的地方，如果被盗、被破坏，那么不仅使国家在经济上遭受重大损失，而且会影响国家建设和市场的稳定。储蓄所（尤其是地处偏远的储蓄所）是现金周转的主要场所，建立监控、报警和通信相结合的安全防范系统是行之有效的保卫手段，实践证明，已取得了明显的防范效果。

大型商店、库房是国家物资的储备地，这里商品集中、资金集中，是国家财政收入的重要组成部分。在这里每天有数以万计的人员流动。犯罪分子往往把这里作为作案的重要场所，因此这些场所的防盗、防火是安防工作的重点。

居民区的安全防范关系到社会的稳定，也是社会安全防范的重点，决不能掉以轻心。社会治安的好坏，直接影响每个公民的人身安全和财产安全，因此，加强防火和防盗的职能、安装防撬和防砸的保险门、建立装有门窗开关报警器为主的社区安防系统是行之有效的防范手段。

利用安全防范技术进行安全防范对犯罪分子具有威慑作用，如小区的安防系统、门窗的开关报警器能使人们及时发现犯罪分子的作案时间和地点，使其不敢轻举妄动。安装在商品、自选市场的电视监控系统，会使商品和自选市场的失窃率大大降低；银行的柜员制和大厅的监控系统，也会使犯罪分子望而生畏，这些措施都对预防犯罪相当有效。

其次，一旦出现了入侵、盗窃等犯罪活动，安全防范系统能及时发现、及时报警，视频监控系统能自动记录下犯罪现场以及犯罪分子的犯罪过程，以便公安部门及时破案，节省了大量的人力、物力。重要单位和要害部门在安装了多功能、多层次的安防监控系统后，大大减少了巡逻值班人员，从而提高了效率，减少了开支。

安装防火的防范报警系统，能在火灾发生的萌芽状态报警，使火灾及时得到扑灭，避免重大火灾事故的发生。

将防火、防入侵、防盗、防破坏、防爆和通信联络等各分系统进行联合设计，组成一个综合的、多功能的安防控制系统，是安全防范技术工作的发展方向。

1.2 安全防范的3种基本防范手段

安全防范是社会公共安全的一部分，安全防范行业是社会公共安全行业的一个分支。就防范手段而言，安全防范包括人力防范（简称为人防）、实体（物）防范（简称为物防）和技术防范（简称为技防）3种基本手段。其中人力防范和实体防范是古已有之的传统防范手段，它们是安全防范的基础。随着科学技术的不断进步，这些传统的防范手段也被不断融入了新的科技内容。技术防范的概念是在将近代科学技术（最初是电子报警技术）用于安全防范领域并逐渐形成一种独立防范手段的过程中所产生的一种新的防范概念。随着现代科学技术的不断发展和普及应用，"技术防范"的概念越来越普及，越来越为执法部门和社会公众认可和接受，已成为使用频率很高的一个新词汇，技术防范的内容也随着科学技术的进步而不断更新。在科学技术迅猛发展的当今时代，可以说几乎所有的高新技术都将或迟或早地移植、应用于安全防范工作中。因此，"技术防范"在安全防范技术中的地位和作用将越来越重要，它已经带来了安全防范的一次新的革命。

安全防范的3种基本防范手段是探测、延迟与反应。探测（Detection）是指感知显性和隐性风险事件的发生并发出报警；延迟（Delay）是指延长和推迟风险事件发生的进程；反应（Response）是指组织力量为制止风险事件的发生所采取的快速行动。在安全防范的3种基本防范手段中，要实现防范的最终目的，就要围绕探测、延迟、反应这3种基本防范手段开展工作、采取措施，以预防和阻止风险事件的发生。当然，3种基本防范手段在实施防范的过程中所起的作用有所不同。

基础的人力防范手段是利用人们自身的传感器（如眼、耳等）进行探测，发现妨害或破坏安全的目标，并作出反应；用声音警告、恐吓、设障及武器还击等手段来延迟或阻止危险的发生，在自身力量不足时还要发出求援信号，以期待做出进一步的反应，制止危险的发生或处理已发生的危险。

实体防范手段的主要作用在于推迟危险的发生，为"反应"提供足够的时间。现代的实体防范，已不是单纯物质屏障的被动防范，而是越来越多地采用高科技的手段，一方面使实体屏障被破坏的可能性变小，增大延迟时间；另一方面也使实体屏障本身增加探测和反应的功能。

可以说，技术防范手段是人力防范手段和实体防范手段功能的延伸，是对人力防范和实体防范在技术手段上的补充和加强。它融入人力防范和实体防范之中，使人力防范和实体防范在探测、延迟、反应3种基本防范手段中不断增加高科技含量，不断提高探测能力、延迟能力和反应能力，使防范手段真正起到作用，以达到预期的目的。

探测、延迟和反应3种基本防范手段是相互联系、缺一不可的。一方面，探测要准确无误、延迟时间长短要合适，反应要迅速；另一方面，反应的总时间应小于（至多等于）探测加延迟的总时间。

1.3 智慧社区与小区安防系统

一般意义上，智慧社区是指充分利用物联网、云计算、移动互联等新一代信息技术的集成应用，为社区居民提供一个安全、舒适、便利的现代化、智慧化生活环境，从而形成基于信息化、智能化、数字化的社区管理与服务。

智慧社区是以社区中的基础设施互联、互通、互操作为条件，以社区居民为服务核心，提供安全、高效、便捷的智慧化管理与服务，全面满足社区居民日益提高的民生需求。小区安防系统是智慧社区的重要组成部分，目前对智能化住宅小区有6项要求，即住宅小区设立计算机自动化管理中心；水、电、气等自动计量、收费；住宅小区封闭，实行安全防范系统自动化监控管理；住宅的火灾、有害气体泄漏实行自动报警；住宅设置楼宇对讲和紧急呼叫系统；对住宅小区关键设备、设施实行集中管理，对其运作状态实施远程监控。智能化住宅小区系统结构图如图1-1所示。

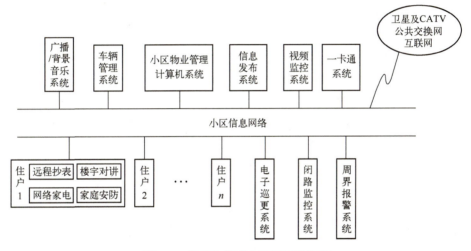

图1-1　智能化住宅小区系统结构图

智能化小区一般包括以下子系统：视频监控系统、电子巡更系统、三表自动抄集系统、信息发布系统、车辆管理系统、广播/背景音乐系统、小区周界报警系统、楼宇对讲系统、物业管理系统、电梯系统、综合布线系统、给排水系统、供配电系统、暖通空调系统。

其中，属于安全防范系统的有视频监控系统、电子巡更系统、车辆管理系统、广播/背景音乐系统、周界报警系统、楼宇对讲系统、信息发布系统。

智能小区安全防范系统必备的3道防线如图1-2所示，具体描述如下。

第1道防线：周界及区域安防，一般包括红外对射系统、视频监控系统和电子巡更系统。

1）红外对射系统。在封闭的住宅小区四周围墙、栅栏上，设置主动红外入侵探测器，使用红外光束封闭周边的顶端，一旦有人翻墙而入，监控中心的小区电子地图便可迅速显示案发部位，并发出声光报警，提醒值班人员。值班人员根据电子地图所显示的报警部位，通过无线电台，呼叫就近的巡逻人员前往处置。

2）视频监控系统。在住宅小区的大门和停车场（库）出入口、电梯轿厢及小区内主要通道处，安装视频监控系统，并实行24 h的监视及录像，监控中心的人员通过视频画面可以随时调看各通道的情况。

3）电子巡更系统。在整个小区的房前屋后、绿化地带、走道等处都合理、科学地设置电子巡更系统的记录装置。记录装置能详细、准确地记录巡逻人员每一次巡逻到该装置前的时间，"铁面无私"地监督每一位巡逻人员按预定的巡逻线路和时间间隔完成巡逻任务，有

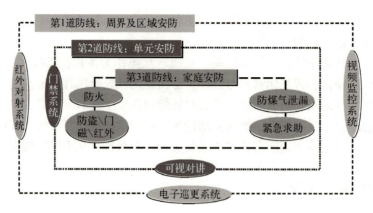

图 1-2　智能小区安全防范系统必备的 3 道防线

效保证了巡逻人员在规定的时间内到达小区任何位置的报警点。

第 2 道防线：单元安防。在小区的出入口、住宅楼栋口、每个楼宇入口铁门处安装楼宇对讲系统，当访客来到小区的出入口时，由物业保安人员呼叫被访住户，确认有人在家并由住户确认访客身份后，访客方能进入小区。进入小区后，访客需在楼栋口按被访住户的户室号，通过与住户对讲认可后，住户通过遥控方式开启底层电控防盗门，访客方可进入楼栋。该对讲装置与小区监控中心联网，随时可与其取得联系。

第 3 道防线：家庭安防。住宅小区内每户都安装了家庭报警或紧急报警（求助）联网的终端设备。一、二层楼住户的阳台及窗户安装了入侵探测器，阳台、窗户一旦有人非法入侵，控制中心立即能显示报警部位，以便巡逻人员迅速赶赴报警点处置。同时，在住户的卧室、客厅等隐蔽处还安装了紧急报警（救助）按钮，求助信息将直接传递到控制中心。住户一旦遇到险情或其他方面的紧急情况，可按电钮求助。控制中心还可与公安"110"报警中心实现联网。

小区安防系统接入智慧社区平台，能够实现社区多种系统的互联、互通、互动，从而实现更多的增值服务。如访客预约、自动呼梯、老幼看护、车位共享、疫情防控等生活服务。通过智慧社区平台对接居委会、公安、政法等大数据平台，构建立体化的社区安全综合防控网，极大地提升了居民的安全感、幸福感，同时提高了整体的管理效率。

1.4　智慧社区

智慧社区是社区管理的一种新理念，是社会管理的一种新模式。智慧社区充分利用传感器、物联网、云服务、移动互联网等新一代信息技术，为社区居民提供安全、舒适、便利的现代化、智慧化生活环境，从而形成基于信息化、智能化社会管理与服务的一种新的管理形态的社区。

1.4.1　智慧社区的结构框图

一种典型智慧社区结构框图如图 1-3 所示。

结构框图自下而上依次为：设备层、通信层、平台层、应用层和用户层。

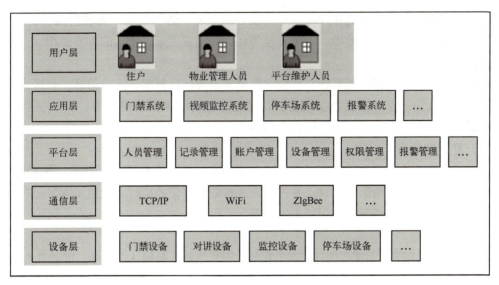

图 1-3　一种典型智慧社区结构框图

1）设备层：包含社区中所有的前端设备，能够采集视频、人脸图片、门禁记录、报警信息、环境数据等信息，上传至平台。

2）通信层：应用多种有线、无线、宽带、窄带通信网络构建社区互联网。

3）平台层：通过网络上传的数据，在此处进行分类存储，构建包括设备管理、权限管理、信息管理、人员管理等的分类数据库。

4）应用层：面向用户提供各类业务应用服务，包括智慧物业、智能门禁、智能停车、视频监控、安防报警、商圈服务、邻里互动、健康监护等功能。

5）用户层：面向管理中心或社区管理部门提供基于可视化综合管理的应用界面。

1.4.2　智慧社区的应用场景

在智慧社区中能够实现多种应用场景。

（1）智慧通行

社区门禁通过身份识别，实现无感通行；智能停车实现无人值守，降低物业负荷；充分利用 AI（人工智能）智慧管控，让门禁、车库、电梯实现联动，确保日常通行一路畅通；访客预约功能让来访者宾至如归，同时保护住户安全。

1-智慧社区的应用场景

（2）智慧安防

小区公共区域的视频监控、高空抛物监测、消防通道占用告警，采用安防、消防感知信息融合与系统联动技术，实现事前预警事后追溯，提升小区安防水平。

物管人员在平台 GIS（地理信息系统）地图上看到报警提醒（声音、弹窗等），根据报警位置，打开附近监控摄像头的实时视频画面，研判警情，并安排就近的巡逻人员前往确认并排除，最后在平台上登记报警处理结果。若小区楼内发生火警，则触发紧急门使其自动打开，通过室内分机，通知楼内的住户逃生。

（3）智能家居

构建高效的住宅设施与家庭日程事务的管理系统，提升家居安全性、便利性、舒适性、艺术性，并实现环保节能的居住环境。可实现智能照明、智能门窗、智能环境、智能家电、智能影音、智能安防、智能健康、能源管理等功能，涵盖了家居生活的方方面面。

（4）数据存储

建立一套完整的数据存储系统，存储的数据主要为社区档案、人员信息、社区人员出入记录、车辆出入记录等。社区档案包含社区位置、楼栋、单元、房号等；人员信息包含姓名、性别、出生年月、家庭住址、联系电话等。

（5）登记和注册

建立一套完整的登记注册流程，实现针对不同类型的人员人证比对登记，将在现场采集的人脸与读取的身份证信息作比对，并授予出入权限。登记的同时还能提供多种服务，如车辆登记、云对讲和云门禁开通、门禁卡发放等。

（6）物业管理

物业人员可以在平台上接收住户提交的报修，安排维修人员确认并维修，可查看处理进度，完成后登记维修结果。物业人员可在平台上接收投诉建议并回复处理。物业人员可通过平台向小区所有住户的主机、分机等发送停水/停电、便民信息、天气预报、社区通知公告等信息。

（7）人文关怀

对于小区的孤寡老人，系统可设置 N 天未刷卡时进行报警，提醒服务中心注意，服务中心可派人前往用户所在住处，询问是否需要帮助，体现社区人文关怀。也支持对特殊人员/群进行重点关注，对于重点关注人员的出入情况，单独形成报表及告警，便于快速对重点人员进行查询或管控。

（8）广告运营

可在社区管理软件上进行广告发布。查看和操作的内容有广告类型、播放形式、播放方式、播放时间、播放设备、广告来源、费用收取。广告发布的记录可查询。

（9）设备管理

对社区设备进行统一远程监控和运维管理，包括门禁、对讲、监控、抓拍、停车等设备。保证设备处于正常使用状态，降低维护成本，减少安全隐患。

（10）大数据分析

通过对大数据的深度挖掘和关联性分析，实现了将数据转化为智慧小区管理的刚性需求。如房屋可视化、黑名单预警、人员轨迹跟踪分析、人员出入频次分析、多地某人频繁出现预警等。依托大数据平台对用户衣食住行等行为数据分析，融合房产与教育、房产与养老、房产与民政、住宅与社区的服务能力，为住户提供针对性和个性化的社区服务。

1.5 实训

1.5.1 参观小区安全防范系统

1. 实训目的

1）了解小区安全防范系统的作用。
2）了解小区安全防范系统的组成。

3）初步认识小区安全防范系统的设备。

2. 实训场所

参观学校附近安全防范系统较为完善的小区。

3. 实训步骤与内容

1）提前与小区联系，做好参观准备。
2）教师组织学生进小区参观。
3）由教师或是小区的安防系统负责人为学生讲解。

4. 实训结果

实训收获、遇到的问题及实训心得体会。

1.5.2 小区安全防范系统识图

1. 实训目的

1）了解小区安全防范系统的结构。
2）认识安全防范系统通用图形符号。
3）掌握系统图的读图方法。
4）能够读懂一幅简单的安全防范平面布局图。

2. 实训设备

1）GA/T 74—2017《安全防范系统通用图形符号》。
2）小区安全防范系统结构图。
3）小区安全防范设备平面布局图。

3. 实训步骤与内容

1）让学生对照上次实训的实物认识各种通用图形符号。
2）识读小区安全防范系统结构图，并做好记录。
3）识读小区安全防范设备平面布局图，并做好记录。

4. 实训结果

实训收获、遇到的问题以及实训心得体会。

1.6 思考题

1. 什么是安全防范？
2. 什么是安全防范技术？
3. 人防、物防和技防之间是怎么相互配合的？
4. 安全防范的探测、延迟与反应3种基本防范手段之间的关系是什么？
5. 小区安全防范系统的3道防线分别是什么？
6. 描述一下亲身体验到的安全防范技术。

第 2 章 视频监控系统

视频监控系统是安全防范技术体系中的一个重要组成部分,是一种先进的、防范能力极强的综合系统。它可以通过遥控摄像机及其辅助设备,使人们直接观看被监视场所的一切情况,并把被监视场所的图像传送到监控中心,同时还可以把被监视场所的图像全部或部分地记录下来,为日后事件处理提供方便条件和重要依据。

2.1 视频成像原理

视频监控的成像原理是将光线所包含的信息转换成可为人眼所判断的图像信号,因此,在了解视频监控之前,有必要介绍一下视频成像原理。

2.1.1 彩色与人眼视觉特性

1. 彩色特性

(1) 光的性质

光属于电磁辐射。电磁辐射的波长范围很宽,按从长到短的排列依次可分为无线电波、红外线、可见光、紫外线、X 射线和宇宙射线等。波长在 780~380 nm 范围内的电磁波能使人眼产生颜色的感觉,称为可见光,颜色感觉依次为红、橙、黄、绿、青、蓝、紫 7 色。可见光光谱如图 2-1 所示。

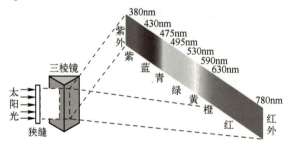

图 2-1 可见光光谱

(2) 物体的颜色

从光的角度可将物体分为发光体和不发光体两大类。发光体的颜色由其本身发出的光谱所确定,例如,激光二极管发红光是由于其光谱为 780 nm。不发光的物体颜色与照射光的光谱及其对照射光的吸收、反射、透射等特性有关,例如,绿叶反射绿色的光,吸收其他的光而呈绿色。

2. 人眼视觉特性

人眼的视觉特性包括亮度视觉、色度视觉、视觉惰性和分辨力。

(1) 亮度视觉

亮度视觉是指人眼所能感觉到的最大亮度与最小亮度的差别,以及在不同环境下,人眼对同一亮度所产生的主观感觉。

人眼的亮度感是随光的波长改变的,并且昼夜也不同。人眼对光感的灵敏度常用人眼相对视敏度函数曲线表示,如图2-2所示。

(2) 色度视觉

人眼的红、绿、蓝3种锥状细胞的视敏函数峰值分别为580 nm、540 nm和440 nm,而且部分交叉重叠可引起混合色的感觉,不同波长的光对这3种锥状细胞的刺激量不同,因而产生的彩色视觉也不同。

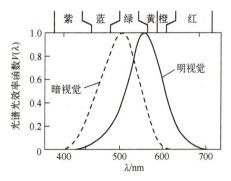

图2-2 人眼相对视敏度函数曲线

(3) 视觉惰性

人眼的主观亮度感觉与客观光的亮度并不同步,人眼的亮度感觉总是滞后于实际亮度的变化,这一特性称为视觉惰性或视觉暂留。

当人眼感受到重复频率较低的光强时,会有亮暗的闪烁感。通常将不引起闪烁感的最低频率称为临界闪烁频率。人眼的临界闪烁频率约为46 Hz,高于该频率时人眼不再感觉到闪烁。

顺序制彩色电视正是利用人眼的视觉惰性,采用时间混色法将三基色[即红(R)、绿(G)、蓝(B)]光顺序出现在同一平面的同一位置上,只要三基色光点相距时间间隔足够短,人眼观察到的就是其混合后的彩色。

(4) 分辨力

分辨力是指在一定距离处人眼能分辨两点间的最小距离。人们在观看景物时对细节的分辨能力取决于景物细节的亮度和对比度(图像所能达到的最大亮度和最小亮度之比),亮度越低,分辨力越差;细节对比度越低,分辨力也越差。

同时制彩色电视是利用人眼空间细节分辨力差的特点,采用空间混色法将三基色光在同一平面的对应位置充分靠近,只要光点足够小且充分近,人眼在一定距离外观察到的就是其混合后的彩色。

3. 色度学基本知识

(1) 彩色三要素

色调、色饱和度和亮度这3个参量称为彩色三要素。

色调是指颜色的种类。不同颜色的物体其色调是不同的,红色、绿色和蓝色等颜色都是指不同的色调。

色饱和度是指颜色的浓淡程度。色饱和度越大,该颜色就越浓。例如,通常说的深红和浅红,色调都是红色,但色饱和度不一样。

亮度是指颜色的明暗程度。颜色的亮度越大,色彩就越鲜艳。

通常又将色调、色饱和度总称为色度。

(2) 三基色原理

自然界中的绝大多数色彩都可以分解为三基色,三基色按一定比例混合,可以得到自然界绝大多数的色彩。混合色的色度由三基色的混合比例决定,其亮度等于三基色亮度之和。色彩的这种分解、合成机理称为三基色原理。

（3）混色方法

在彩色电视系统中采用相加混色法。相加混色法又可分为空间混色法与时间混色法。

1）空间混色法。利用人眼空间细节分辨力差的特点，使三基色光在同一平面的对应位置充分靠近，且光点足够小，人眼在离开一定距离处观看时，感觉到的就是三基色光的混合色。

空间混色法是同时制彩色电视的基础。

2）时间混色法。利用人眼的视觉惰性，使三基色光在同一平面的同一处顺序出现，当间隔时间足够短时，人眼感觉到的就是三基色光的混合色。

时间混色法是顺序制彩色电视的基础。

（4）亮度方程式

直接相加混色实验：若用三基色按一定比例混合得到100%的白光，则红基色光亮度占30%，绿基色亮度占59%，蓝基色光亮度占11%。这种关系可用下式表示，即

$$Y = 0.30R + 0.59G + 0.11B \tag{2-1}$$

该式称为亮度方程式。

2.1.2　图像的分解与顺序传输

当用一面高倍的放大镜仔细看一幅彩色图片或黑白图片时，让人匪夷所思的是原来一幅完整无瑕的图片，竟然是由密密麻麻的"点"构成的！如果再仔细看，这些"点"的颜色有深有浅，明暗不等。不难得出结论，图片的画面就是由众多的"点"组成的，在电视技术上，称这些"点"为"像素"或"像点"，像素也就是这幅图片的细胞。像素可以用一个数表示，譬如一个"30万像素"的摄像机，它有额定30万像素；或者用一对数字表示，例如"640×480显示器"，表示有横向640像素和纵向480像素，因此其总数为640×480像素=307 200像素。通常一幅图像可被分解为30万~50万像素，对于高分辨率的图像则可达100万像素以上。可见，一幅完整的画面是可分解的，这一点很重要，实际上它为现代电视技术奠定了非常重要的基础。

图像的顺序传输是指在图像的发送端，把被传输图像上各像素的亮度、色度按一定顺序，逐一地转变为相应的电信号，并依次经过一个通道发送出去；在图像接收端，再按相同的顺序，将各像素的电信号在电视机屏幕相应位置上转变为不同亮度、色度的光点。当这种顺序传输的速度足够快时，人眼的视觉暂留和发光材料的余辉特性会使人感到整幅图像在同时发光，人看到的就是一幅完整的图像。而且整个图像只要一幅一幅地顺序传输得足够快，人眼睛感觉到的就是活动图像。这种顺序传输图像像素的电视系统，称为顺序制电视。

像素顺序传输示意图如图2-3所示。

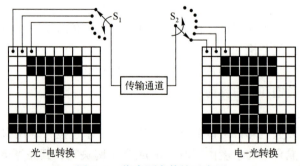

图2-3　像素顺序传输示意图

2.1.3 光-电转换与摄像

一幅图像是由众多的像素构成的,而且像素的亮度不等。电视技术的第二步就是如何把亮度不等的像素转换成电流。像素转换为电流的过程,称为光-电转换。用于转换的器件有两种类型,分别称为电真空管和固体摄像器件。

这里以 CCD 摄像机为例说明光-电的转换过程。CCD 内用于光-电转换的是具有光电效应的光电半导体单元,当光照射在这些单元表面时,会在半导体器件中产生一定的电流。在一定的条件下,电流大小与光照的强度成正比,也就是光照越强电流越大,反之光照越弱,电流就越少。电视技术就是利用这一原理把亮度不等的像素——对应地转换为大小不同的电流。这一光-电转换过程就是由摄像机来实现的。

2.1.4 电-光转换与显示

电-光转换,即是电信号转换成光信号的过程。光-电转换只是解决信号的获取问题,而电光转换是解决图像再现的条件问题。视频图像的重现主要是靠显像器件将图像电信号转换成图像光信号,完成电-光转换。用于电-光转换的器件,早期的有阴极射线显像管(CRT),目前常见的有发光二极管(LED)、液晶显示器(LCD)和等离子显示器(PDP)等。

液晶显示器(Liquid Crystal Display,LCD)是显示器家族的一种。它由两块相隔 5 μm 的玻璃板构成,液晶灌入两块玻璃板之间。因为液晶材料本身并不发光,所以在液晶背面设有一块背光板。背光板由荧光物质组成,提供均匀的背景光源。对于液晶显示器来说,亮度往往与其背景光源有关。玻璃板与液晶材料之间装有透明的电极,电极分为行和列,在行与列的交叉点上,通过改变电压即可改变液晶排列状态,同时也改变了它自身的透光度,作用类似于一个小光阀。当 LCD 工作时,LCD 电极被施与工作电压,液晶分子随之产生扭曲(相当于光阀开启或关闭),由背光板发出来的光,得以有规则地折射,然后通过滤色过滤,最后,在置于液晶前面的显示屏显示出图像或符号。常见的液晶显示器如图 2-4 所示。

图 2-4 液晶显示器

2.2 视频监控系统的组成与工作原理

视频监控系统的发展可划分为三代,第一代是模拟视频监控系统(CCTV)、第二代是数字视频监控系统(DVR)、第三代是 IP 网络视频监控系统(IPVS),呈现出数字化、网络化、集成化、智能化的发展趋势。当前视频监控系统属于第三代,不仅具有监控录像的作用,还具备了行为模式识别、生物识别、目标检测与分析、自动跟踪识别、运动理解等功能,广泛应用各行业、各场景,是当今小区公共安全管理系统的重要组成部分。

为了更深入理解视频监控系统的工作原理,这里对小区视频监控系统进行介绍,如图 2-5 所示。

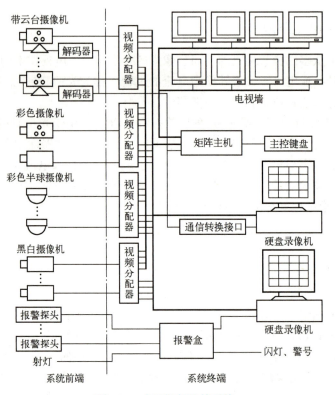

图 2-5 小区视频监控系统

由图 2-5 可以看出，视频监控系统由 3 大部分组成，即系统前端、传输网络以及系统终端。

系统前端负责信息的采集，系统终端负责信息的记录、存储、发布和人工技术处理，传输网络负责前端与终端之间的信息传递。

实际上，现在的网络视频监控系统也是由这 3 部分组成，只是当前的网络摄像机将解码器、云台等设备融合成了一体，传输网络也相应地变成为传输数字信号，将控制信号、视频信号甚至供电均在一根网络线来完成，系统终端也不再需要画面分割器等设备。

2.2.1 视频监控前端组成

视频监控系统的前端主要由摄像机、防护罩和安装支架等构成。

1. 摄像机

摄像机是视频监控系统最前端的设备，通常安装在小区进出口、楼梯口、电梯轿厢、走廊、过道、重要路口和营业大厅等重要场合，以进行图像的采集工作。摄像机根据摄像器件的不同，可分为电真空管和固体摄像器件（又称为图像传感器）。固体摄像器件已被广泛运用，下面主要介绍其工作原理。

摄像机根据固体摄像器件的不同，可分为 CCD（Charge Coupled Device）和 CMOS 两种。它们的共同特点，都是将光信号转换为电信号，只是在电荷的转移方式上有所不同。

（1）CCD 摄像机的工作原理

CMOS 摄像机是每个像素点均配有一个放大器，即刻把电荷转换为电压，然后利用 MOS

开关依次传输出去，而CCD摄像机是把各像素点产生的电荷依次以势阱方式接力传送（类似水桶传递方式），并在出口转换为电压。由于CCD摄像机具有高灵敏度和良好的信噪比，所以被广泛用于专业摄像机和视频监控系统中；而CMOS摄像机因其工作电压要求低，功耗小，已被广泛用在手机摄像中。

下面将围绕CCD摄像机相关的技术问题进行介绍。

1）CCD的成像原理。

CCD摄像机的关键部件是CCD芯片。在CCD芯片的单晶硅基片上，呈二维状排列着数量几十万乃至上百万颗光敏器件（通常称为像素），相当于人的视网膜上的感光细胞。每个像素的尺寸仅有0.008 mm×0.008 mm，相当于人头发丝端面的1/10那么大。而且每个像素都是相对独立的光-电转换单元。CCD在外加电压（常称为驱动脉冲电压）驱动下，在光（图像）照射在芯片后被转换为电荷，电荷的数量与光照强度及照射时间成正比。光的强弱不同，与之相对应的光敏器件产生的电荷数量也不同。各个像素积累的电荷在视频时序的控制下，依次以势阱接力传送，经滤波、放大、处理后形成电视标准信号。

CCD芯片电荷的积累与光的强弱、时间长短、CCD芯片面积、光敏器件多少有关。故一定尺寸的CCD芯片，光敏器件数量越多，光敏器件单元的面积越小，摄像机的分辨率也就越高。

当CCD面对强光时，会在图像上产生纵向白色亮线影响图像质量，因此在实用中必须加以注意。例如，摄像机镜头应避免直对灯光。

2）CCD尺寸。CCD尺寸表示摄像机成像靶面的大小，CCD面积越大，感光器件的面积越大，捕获的光子越多，感光性能就越好，信噪比就越低，成像效果就越好。

常用的规格有：1/3 in、1/2 in、2/3 in和1 in等。常用的CCD尺寸见表2-1。

表2-1 常用的CCD尺寸

尺寸/in	靶面（宽×高）/(mm×mm)	对角线长/mm
1	12.7×9.6	16
2/3	8.8×6.6	11
1/2	6.4×4.8	8
1/3	4.8×3.6	6
1/4	3.2×2.4	4

3）CCD器件片数。理论上CCD传感器在采集红、绿、蓝三基色时，必须用3组CCD传感器件来承担，每组CCD转换一种颜色，才能完成三基色像素的转换。这样，图像的分辨率、信噪比都比较理想，但伴随而来的是，摄像机的结构复杂，造价升高，因此只有广播级和专业级使用的摄像机才采用三片式CCD传感器。三片式摄像机机身通常标有3-CCD字样。

视频监控摄像机多半采用单片式CCD传感器。不难看出，单片式CCD传感器所能转换的像素与三片式CCD传感器相比必然大为减少，因此它的分辨率也就比较低。故单片式摄像机通常用在图像清晰度要求不高的地方，如安防视频监控系统。

此外，还有介于单片式和三片式之间的产品，即二片式摄像机。二片式CCD传感器中的其中一片专用于采集绿光（因为CCD对绿光的感受度低），另一片用于采集红、蓝光。

二片式摄像机属于专业级别。

（2）CCD 摄像机的基本结构

CCD 摄像机的基本结构大致可分为 3 部分，即光学系统（主要指镜头、光圈）、光-电转换系统（主要指固体摄像器件——CCD 传感器）以及电路系统。

CCD 摄像机的成像系统如图 2-6 所示。图中自右至左，镜头组件依次由透镜、电子快门、透镜组 1、透镜组 2 以及 CCD 芯片组成。拍摄的图像是由右边沿着此条光路投射在 CCD 上的。组件中的焦距调节系统和快门系统是由透镜组 1 和电子快门构成的，二者连接在一起。在电动机的驱动下，透镜组 1 和电子快门可以左右移动，进行焦距调节，从而获得最清晰的图像。电子快门用来控制曝光时间的长短。多组透镜用来光学变焦成像。左边的 CCD 芯片，将光信号转换为电信号。CCD 芯片感光器件面积越大，成像面积也越大，同理，所记录的图像细节越多，清晰度也越高，各像素间的互扰小，图像质量好。

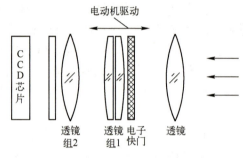

图 2-6 CCD 摄像机的成像系统

（3）摄像机的镜头及主要技术参数

摄像机的镜头由若干个光学透镜按一定的方式组合而成，其外形如图 2-7 所示。镜头的主要技术参数如下所述。

图 2-7 摄像机镜头外形图

a) 固定光圈定焦镜头　b) 手动光圈（变焦）镜头　c) 电动变焦（变倍）镜头

1) 焦距。在一束平行光从凸透镜的主轴穿过凸透镜后，出射光线交汇于光轴的某一点，该点称为焦点（用 F 表示）。过入射光线与出射光线的交点作垂直于光轴的平面，平面与光轴的交点是镜头的中心，焦点到镜头中心的距离就是镜头焦距（用 f 表示）（如图 2-8 所示），通常以 mm 为单位。摄像机镜头就相当于一个凸透镜，CCD 就处在这个凸透镜的焦点上。

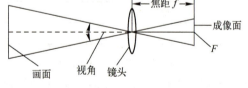

图 2-8 镜头焦距

2) 视场角与焦距。常用视场角来表征观察视野的范围。摄像机的视场角可简单表述为镜头对这个视野的高度和宽度的张角。视场角与镜头的焦距 f 及摄像机靶面尺寸（水平尺寸 h 及垂直尺寸 v）的大小有关，镜头的水平视场角 ah 及垂直视场角 av 可分别由式（2-2）和式（2-3）计算，即

$$ah = 2\arctan(h/2f) \tag{2-2}$$

$$av = 2\arctan(v/2f) \tag{2-3}$$

由以上两式可知，镜头的焦距 f 越短，其视场角越大，物体的成像尺寸就越小，监视的

范围就越宽；反之，焦距 f 越长，视场角越小，物体的成像尺寸就越大，监视的范围就越窄。变焦与视场角关系图如图 2-9 所示。

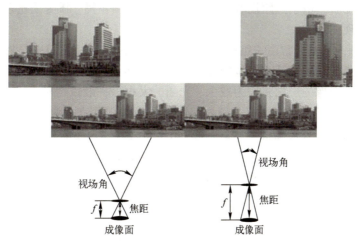

图 2-9　变焦与视场角关系图

在实际应用中，如果所选择的镜头的视场角太小，可能就会因此出现监视死角；而如果所选择的镜头的视场角太大，就又可能造成被监视的主体画面尺寸太小，清晰度变低而难以辨认。因此，只有根据具体的应用环境来选择视场角合适的镜头，才能保证既不出现监视死角，又能使被监视的主体画面尽可能大而清晰。

镜头视场角可分为图像水平视场角以及图像垂直视场角，且图像水平视场角大于图像垂直视场角，通常所说的视场角一般是指水平视场角。

3）变焦镜头。通常将镜头分为定焦镜头和变焦镜头。定焦指的是焦距不可变，而变焦指的是可根据采集图像的需要随时改变焦距。

CCD 摄像机变焦有两种方式，即光学变焦和数码变焦。

① 光学变焦。光学变焦是通过改变镜头中镜片与景物的相对位置来改变物体成像倍数的过程。当镜头的镜片组件沿着水平方向移动的时候，焦距就会发生变化。如焦距拉长后，远处某一特定选中的景物就会变得更加清晰。图 2-10a 所示框内的楼宇，在焦距被拉长后，则给人以景物被拉近了的感觉，效果如图 2-10b 所示。

变焦镜头的最长焦距与最短焦距之比称为变焦倍数。

a)　　　　　　　　　　　　b)

图 2-10　光学变焦效果
a) 框内楼宇　b) 焦距拉长后的图像

② 数码变焦。数码变焦又称为数字变焦，其工作原理是，通过数字照相机内的处理器，把图片内的每个像素面积放大或缩小，给人以变焦的效果。这种手法如同用图像处理软件把

图片的面积放大一样,把原来 CCD 影像感应器上的一部分像素使用"插值"处理手段,将 CCD 影像感应器上的这部分像素放大到整个画面上。实际上数码变焦并没有改变镜头的焦距。从光学的角度看,由于焦距没有实质改变,所以画面粗糙,图像质量较差,因此数码变焦并没有太大的现实意义。

4) 镜头光圈。光圈通常由一组很薄的弧形金属叶片组成,它们被安装在镜头的透镜中间。光圈的作用是控制进入镜头光量的大小,也就是控制 CCD 靶面照度大小,以适应不同的拍摄之需,否则图像的层次将大为减少。光圈的大小,一般以"相对孔径"来进行度量,其值是镜头光孔的直径和焦距之比。例如,镜头的最大光孔直径为 25 mm,焦距为 50 mm,那么这个镜头的最大相对孔径就是 1:2。相对孔径的倒数称为光圈系数,通常用 F 来表示这一参数。例如,镜头的相对孔径是 1:2,那么其光圈也就是 F2.0。由于光圈系数是相对孔径的倒数,并非光圈的物理孔径,所以光圈系数的标称值数字越大,也就表示其实际光圈越小。F 值越小,表明可通过镜头进入摄像机 CCD 的光线越多,随着 F 值的增大,其实际光孔随之减小。

在镜头的标环上将字母 F 省略,光圈调节环上常标有 1.4, 2, 2.8, 4, 5.6, 8, …,当光孔直径为零时称全光闭。

5) 电子快门。快门的作用是控制镜头通过光的时间,即改变曝光时间来实现控制电荷的累积量,即光像转变为电子的时间。主要用于拍摄捕捉快速移动的物体,能减少高速移动物体的模糊,提高动态清晰度,但会使灵敏度下降,时间控制范围为 (1/100 000) ~ (1/50) s。视频监控摄像机的电子快门一般设置为自动电子快门方式,有些摄像机允许用户自行设置手动调节快门时间,以适应某些特殊的应用场合。

光圈和快门的组合形成了曝光量,曝光量与通光时间(由快门速度决定)、通光面积(由光圈大小决定)有关。在相同快门时间内,不同的光圈有不同的效果,如图 2-11 所示。

图 2-11 不同光圈的效果图
a) 同等快门大光圈 b) 同等快门小光圈

6) 镜头接口。镜头接口与摄像机接口要一致。摄像机和镜头的安装方式有 C 型和 CS 型两种。CS 型摄像机可以和 CS 型镜头直接配接,也可以和 C 型镜头配接,但不能直接安装使用。因为 C 型接口镜头从安装基准面到焦点的距离为 17.526 mm,而 CS 型接口的镜头安装基准面到焦点的距离为 12.5 mm。因此,当 C 型镜头安装到 CS 型接口摄像机时,它们之间需要加装一个 5 mm 厚的适配器(垫圈),切不可在无适配器的情况下强行安装,否则将损坏 CCD 传感器。镜头接口如图 2-12 所示。

在镜头规格及镜头焦距一定的前提下,CS 型接口镜头的视场角将大于 C 型接口镜头的视场角。

市面上摄像机镜头多半具有 C/CS 型两种接口方式,但以 CS 型接口方式为主。

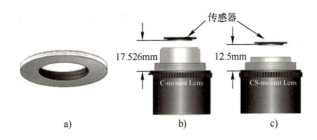

图 2-12 镜头接口
a) 适配器 b) C 型镜头 c) CS 型镜头

(4) 镜头的种类

1) 按镜头视场角分。

① 标准镜头。视角在 30°左右，一般用于走道及小区周界等场所，使用范围较广。

② 广角镜头。视角在 90°以上，一般用于电梯轿厢内、大厅等短视距、大视角场所，图像有变形。

③ 长焦距镜头。视角在 20°以内，焦距的范围从几十毫米到上百毫米，用于远距离监视。

2) 按镜头焦距分。

① 固定光圈定焦镜头。这种镜头只设有一个供手工左右调整的对焦调整环，使成像在 CCD 靶面上的图像最清晰。这种镜头光圈固定不能调整，结构简单，价格便宜。

② 可变焦镜头，又称为伸缩镜头、变倍镜头。变焦是指镜头的焦距连续可变，变化范围介于标准镜头与广角镜头之间。有手动变焦镜头和电动变焦镜头。常用的电动变焦镜头有 6 倍、16 倍、22 倍和 27 倍等多种倍率，主要用于一体化摄像机上。在视频监控中，可用手动变焦镜头根据需要和现场的条件来改变监控的视场角，在调整完毕后无特殊需要一般不再调整。

3) 按镜头光圈分。镜头光圈有手动光圈和自动光圈之分。

① 手动光圈定焦镜头。在定焦镜头的基础上增加了光圈调节环。

② 自动光圈驱动控制方式有两种。一种是通过视频信号控制镜头光圈，称为视频（VIDEO）驱动型，它将摄像机采集的视频信号转换为光圈驱动电压。视频驱动信号正比于视频信号亮度的高低，根据驱动信号强弱来实现对光圈大小的调整。目前市场上的一体化摄像机一般都具有视频驱动型自动光圈调整功能。另一种是 DC 型（即电源驱动型），将视频信号整流滤波为直流信号输出，以控制光圈，故又称为直接驱动。市面上有些 CCD 摄像机是两种驱动方式兼备，有些则只带其中的一种驱动方式。

一般在摄像机的侧面有插座提供自动光圈镜头用的电源与视频控制信号。有的摄像机有自动光圈镜头选择开关，一端标有 VIDEO，表示输出视频控制信号；另一端标有 DC，表示输出直流控制信号。

4) 可变镜头。可变镜头分为单可变镜头、二可变镜头和三可变镜头。

① 单可变镜头。通常是自动光圈镜头，而聚焦和焦距需人为调节。

② 二可变镜头。一般是自动光圈和自动聚焦的镜头，而焦距需人为调节。

③ 三可变镜头。光圈、聚焦、焦距均为自动调整。

5) 特殊镜头。针孔镜头。其镜头小如针孔，直径仅几毫米，镜头的后端与普通镜头相似,可与摄像机连接。在视频监控中常用于隐蔽拍摄,经常被安装在如顶棚或墙体内。

类似于针孔镜头的还有光学纤维镜头。

(5) 镜头的选择

1) 参考以下各种使用环境进行配置。

① 手动光圈、自动光圈镜头的选用。

使用何种类型光圈,应视环境照度而定。

在照度相对稳定、光线变化不明显的环境下,如电梯轿厢内、无阳光直射的走廊和房间,可选用手动光圈镜头,调试时应根据现场环境的实际照度,一次性调定镜头光圈大小即可。顺便一提的是,调试时应注意光圈不宜调得过大,否则导致过载图像发白。

在照度变化较大的场合,如室外环境照度,白天应将光圈调在 50 000~100 000 lx 之间,而夜间有路灯情况下则可调为 10 lx。光线变化较大,在需要 24 h 监看时,宜选用自动光圈镜头,以适应这一照度的变化。

② 定焦、变焦镜头的选用。定焦、变焦镜头的选用取决于被监视场景范围的大小以及所要求被监视场景画面的清晰程度。也就是说,对于狭小的监视场合,宜采用定焦镜头,如走廊、电梯轿厢;在开阔的监视环境,如小区广场、休闲草坪、道路、工厂的厂房和车间,既需要监视大范围视场,又需要监视远处某一特定画面的细节,则应考虑选用变焦(倍)镜头(如电动三可变镜头)。

2) 镜头尺寸的选择。镜头尺寸选择,可参照图 2-13 所示的镜头与实物关系图,按式 (2-4) 和式 (2-5) 计算。

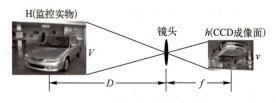

图 2-13 镜头与实物关系图

$$f = vD/V \tag{2-4}$$
$$f = hD/H \tag{2-5}$$

式中,f 是摄像机镜头尺寸,单位为 mm;V 是景物实际高度,单位为 m;H 是景物实际宽度,单位为 m;D 是镜头至景物之间实测距离;v 是图像高度,单位为 mm;h 是图像宽度,单位为 mm。

例如,摄像机镜头为 1/2 in,CCD 尺寸为 $v=4.8$ mm,$h=6.4$ mm,镜头至景物距离 $D=2.5$ m,景物的实际高度为 $V=2.5$ m。将以上参数代入式 (2-4) 中,可得

$$f = 4.8 \text{ mm} \times 2.5 \text{ m}/2.5 \text{ m} = 4.8 \text{ mm}$$

对计算得出的焦距数值,不一定有相应数值的焦距镜头,这时可根据产品目录所提供的技术参数选择最接近的规格。通常选用数值小的,这样获得的视场角大一些。在此例中,据此宜选用 4 mm 的定焦镜头。

(6) CCD 摄像机的主要技术指标

1) 摄像机分辨率。

摄像机分辨率通常指的是水平分辨率。它是表示摄像机分辨图像细节的能力。分辨率取

决于CCD芯片的分解力和摄像视频系统的带宽。其单位为线对，用电视线（TVL）表示，即成像后可以分辨的黑白线对的数目。该数值越高，说明图像的清晰度越高。常用黑白摄像机的分辨率一般为380~600线，彩色摄像机的分辨率一般为380~480线。

在很多场合，人们喜欢用像素来表达摄像机的清晰度，那么两者如何对应呢？根据测算，摄像机像素在25万左右，对应彩色摄像机分辨率为330线左右，黑白摄像机分辨率为400线左右，属于低档机；摄像机像素在25万~38万之间，对应彩色摄像机分辨率为420线左右，黑白摄像机分辨率在500线左右，属中档机；摄像机像素在38万以上，彩色摄像机分辨率大于或等于480线，黑白摄像机分辨率在600线以上，属高档机。

一般监视场合，用400线左右的黑白摄像机就可以满足我国国家标准GB/T 16676—2010中规定380线的要求。因为人眼对彩色分辨率较低，彩色摄像机水平清晰度一般选择大于350线即可。

2）成像灵敏度（照度）。

摄像机成像灵敏度指的是，当光圈大小一定时，在保证图像达到一定标准的情况下，摄像机成像器件（CCD）所需的最低照度，此时所需要的靶面照度值，称为摄像机成像灵敏度，又称为照度，用lx（勒克斯）表示。其值越小，灵敏度越高；其值越大，灵敏度越低。

黑白摄像机的灵敏度为0.02~0.5 lx；彩色摄像机多在1 lx以上。最低照度为1~3 lx的属于普通型；0.1 lx左右的称为月光型；0.01 lx以下的称为星光型。

另外，摄像的灵敏度还与镜头大小有关，例如，0.97 lx/F0.75相当于2.5 lx/F1.2，也相当于2.4 lx/F1。这里F0.75、F1.2、F1，表示摄像机的镜头大小，故灵敏度高的摄像机的镜头可以取小一点，反之，镜头要取大点的。

3）信噪比。

信噪比即信号电压与噪声电压的比值，通常用符号S/N来表示，它是摄像机的一个重要技术指标。信噪比越高越好，意味着干扰噪点对画面的干扰不明显。CCD摄像机信噪比的典型值为45~55 dB，一般视频监控系统选择在50 dB左右，行业的标准规定信噪比不小于38 dB。

经验值是，信噪比在48 dB以上的摄像机质量较高，适合于摄取较暗场景；信噪比在45~48 dB之间的摄像机质量一般，可用于光线比较充足或照度变化不大的场合。

4）白平衡。

白平衡装置只用于彩色摄影机中。彩色摄像机在采像过程中，输出的信息为红（R）、绿（G）、蓝（B）三原色，当三者的分量相等（即$U_R = U_G = U_B$）时，将其混合后为白色。

不难发现：彩色摄像机所摄图像在荧光灯下偏绿，在钨丝灯光下偏黄，拍摄纯白的物体时则偏红色，问题就出在"白平衡"上，也就是三者之间的幅度出现了差异。导致三者幅度值差异很大的因素是，投射到景物上的光线的光谱特性以及光功率。因为CCD不能像人眼一样自动跟随光线的变化而变化，所以摄像机设置了白平衡装置，用来修正外部光线所造成的误差，即无论环境光线如何变化，摄像机都默认为白色，以平衡其他颜色在有色光线下的色调。

白平衡的调整就是让摄像机的红、绿、蓝3个通道的信号增益相等，即$U_R = U_G = U_B$。摄像机在白平衡调整中，简单有效的办法是，在荧光灯下，摄像机对准白色墙壁，然后分别调节红、绿、蓝3个电路，直至所拍摄的图像（白色墙壁）呈白色为止。当然，视频监控通常为24h不间断式，环境的照度变化比较大，加上摄像机的技术条件，这种调整方式有它的局限性。因此白平衡装置除了有手动白平衡方式外，还有自动白平衡方式。视频监控通常采用自动白平衡方式。

5）背景光补偿。

通常所说的"背光"，是指被采集的物体背面有强光，导致主体曝光不足而变黑的情况。如夜间汽车开大灯，车体被背光所掩饰，尤其是车牌部分更是模糊不清，不利于视频监控，如图2-14a所示。背景光补偿（也称为逆光补偿或逆光补正）正是基于这一特殊现象提出的一项技术措施。所谓的背景光补偿，就是对画面进行分割和检测。根据经验，通常一幅画面第80~200行之间为监控的重点区域，多为过度感光部分，其余部分如车体、车牌处于黑暗状态，对两个区域分别进行检测后，不难得出，两者所测得的平均电平是不等的，前者的电平高于后者，故自动增益控制电路启动，过度感光部分降低增益，黑暗部分则提高增益，从而提高了黑暗区域的感光灵敏度，导致输出视频幅值加大，因此使监视器显示的主体画面得到明显改善，如图2-14b所示。

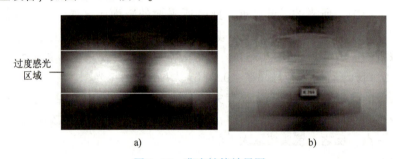

图2-14 背光补偿效果图

6）同步方式。

"同步"是指操作人员在切换监视画面时，画面不应出现扭曲或上下移动，而应是一幅完好的画面。要实现这一目标，摄像机除了发送视频信号以外，还必须向监视器发送同步信号，即视频信号+同步信号。

产生同步信号的方式如下。

① 内同步方式。指CCD摄像机除了采集图像外，自身还内置有同步信号产生电路，两者叠加后，发送到终端的监视器上。当摄像机单机工作时，采用内同步方式即可。

② 外同步方式。即摄像机只负责采集图像，自身不产生同步信号，所需的同步信号由一个外部同步信号发生器提供，用它统一指挥系统内多台摄像机的同步状态，以保证每台摄像机在监视器上的图像"步调"一致。这种同步方式适用于大型摄像机监视系统。这是因为摄像机的工作条件不同，如各台摄像机工作电源可能不在同一相上而造成相位差，当切换画面时，无法在统一时间内同步。当采用外同步方式时，外同步信号应分别送到各台摄像机的"外同步输入（SYNC）"端，再与视频信号混合后发送。外同步信号连接图如图2-15所示。

③ 电源同步方式。它是利用摄像机的交流电源频率来完成垂直驱动同步的。这种同步方式也是出于大型监控的需要，原理与外同步方式类似。值得一提的是，采用电源同步方式，每台摄像机应接在同一相线上，否则也会因相位差而导致彼此无法同步。

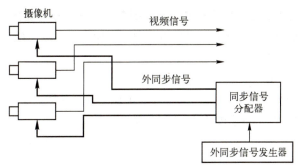

图 2-15　外同步信号连接图

（7）供电方式

摄像机常见供电电压有几种，即 DC 12 V、AC 24 V、AC 110 V 和 AC 220 V。不同摄像机采用的电源有所不同。例如，有的一体化摄像机直接使用 AC 220 V/110 V 供电，当需要直流电源时再由其转换。非一体化摄像机通常采用 DC 12 V 供电。

（8）摄像机的类别

摄像机从外形、功能大致可分为半球形摄像机、全球形摄像机、枪式摄像机、一体化摄像机和其他特形摄像机（如烟感、针孔和飞碟）等。

1）半球形摄像机。

半球形摄像机由一个半球式的护罩和内置摄像机组成。因摄像机完全隐藏在一个半球式的外壳中，故名半球形摄像机（俗称为"半球"），如图 2-16 所示。它适合于图像质量要求不高及以美观、隐蔽安装为目的场合，与枪式摄像机相比，它不需要另配镜头（可根据需要另外选配）、防护罩和支架，安装方便，但在成像效果以及照度要求方面与枪式摄像机相比稍有不同。

图 2-16　半球形摄像机

a）普通半球形摄像机　b）红外补偿半球形摄像机　c）内置云台半球形摄像机

半球形摄像机可根据以下几个常用物理参数加以区分。

按其直径大小可分为 5 in、7 in、9 in 等；按色彩可分为彩色、黑白、彩色转黑白；按照明补偿可分为普通、红外补偿（日夜型）。

基于工作的需要，有的半球形还内置了云台，如图 2-16c 所示。

2）全球形摄像机。

全球形摄像机通常由摄像机、内置云台、内置解码器、防护罩和摄像机吊架组成，又称为智能球摄像机。

全球形摄像机最具代表性的功能是，具有扫描预置点设置及连续无限位旋转。

预置点的功能是，用户可根据需要，对监控画面的某些场景提前进行预先编号预置，使用中可调用预置点，这时无论摄像机镜头停留在任何地方，预置点的场景都会立即出现在监视器（显示器）上，而无需其他复杂的操作。

连续无限位旋转是指云台的转动不再是从左到右或从右到左的旋转，而是可以沿一个方向连续的旋转，突破了云台只能旋转 0°~355° 的范围，实现了无盲点监控。

全球形摄像机的分类如下。

① 按云台的转速划分。

高速球形摄像机俗称为高速球，如图 2-17 所示。其主要特点是具有高速的旋转能力，水平转动速度为 0°~300°/s（有的可达 480°/s）；上下（垂直）转动速度达 0°~120°/s，使用时旋转的速度可自由选择。

2-高速球形摄像机及其接线方法

图 2-17 高速球形摄像机

a) 高速全球形摄像机　b) 室外中速球形摄像机　c) 室内中速球形摄像机　d) 室外恒速球形摄像机

中速球形摄像机俗称为中速球，通常水平转动速度为 0°~80°/s，上下转动速度为 0°~40°/s 可选。

恒速球形摄像机俗称为恒速球，水平转动速度为 0°~350°/s；上下转动速度为 0°~90°/s。

② 按使用环境划分。可分为室内球形摄像机和室外球形摄像机。

③ 按安装方式划分。吊装，通过支架吊于屋顶及顶棚；侧装，通过支架固定在墙面或立杆；嵌入式，直接在顶棚开孔安装，无支架。

智能球机安装结构简单，所需连接的线缆数量少，几乎不需要调试，降低了安装难度。

3）枪式摄像机。

枪式摄像机（如图 2-18 所示）适合于大部分监控场合。

枪式摄像机由摄像机和镜头两大部分组成，在销售场合两者通常是分开的（一体化摄像机和红外一体机除外），因此在实际应用中，应根据监控的实际环境及用户的要求，为摄像机配置合适的镜头。

枪式摄像机由于自身结构上的原因，不适合用于隐蔽监控的场合。

4）一体化摄像机。

习惯上，人们经常把某一功能结合到摄像机就称之为×××一体机，如：半球形一体机、快速球形一体机、云台一体化摄像机和红外一体机都被称为一体化摄像机。类似这样的产品应该说它们只是功能上的简单组合而已。业内比较一致看法的是，一体化摄像机应将高清晰度、内置电动三可变（光圈、聚焦、焦距）镜头、防水、内置云台和解码器（带有 RS-485 通信接口）等功能集于一身。一体化摄像机如图 2-19 所示。

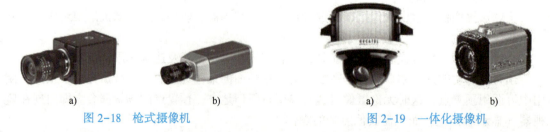

图 2-18 枪式摄像机　　图 2-19 一体化摄像机

一体化摄像机可分为彩色高清晰度型和昼夜型。

由于一体化摄像机镜头为内建式,所以维护时更换镜头较为不便。另外,当其运行时,镜头伸缩频繁,机身磨损较大,相对来说,一体机寿命要比传统摄像机短。

5) 其他特形摄像机(如图 2-20 所示)。

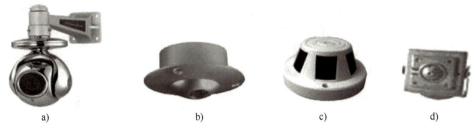

图 2-20 其他特形摄像机

a) 抗爆型摄像机 b) 飞碟型摄像机 c) 烟感型摄像机 d) 针孔型摄像机

① 抗爆型摄像机。抗爆型摄像机外罩的材料及密封都优于普通球形摄像机,如图 2-20a 所示,因此适用于易燃、易爆环境。

② 飞碟型摄像机。飞碟型摄像机集摄像机、防护罩和镜头于一体的飞碟型设计,如图 2-20b 所示。适合隐蔽安装,主要应用于电梯轿厢、楼道等场所。

③ 烟感型摄像机。烟感型摄像机的工作状态其实与烟雾丝毫无关,只不过是外形借烟感探头的外壳进行了巧妙的伪装而已,如图 2-20c 所示。其工作原理、技术指标与普通半球形摄像机并无多大差异。

④ 针孔型摄像机。

针孔型摄像机如图 2-20d 所示。它在用途上与烟感型摄像机有相似之处,用于需要伪装和隐蔽的地方。为隐蔽上的需要,它的体型显得更小,因此机内配置的 CCD 图像传感器尺寸也较小,通常只有 1/4 in,内置纽扣式镜头直径仅为 0.7 mm(不同机型参数略有差异)。

为配合伪装上的需要,针孔型摄像机通常还与其他物品结合,制成领带式、纽扣式、公文包式等形形色色的式样。

6) 红外一体化摄像机。

红外一体化摄像机指的是摄像机与红外补偿灯组合在一起的一种摄像机,如图 2-21 所示。安装时无需再配置红外补偿灯。

在摄像机安装之前镜头可选配安装。光圈为固定式,不可调。在选购时,要确定好监视的距离,一般有 10 m、20 m、30 m、50 m 和 60 m。

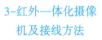

图 2-21 红外一体化摄像机

3-红外一体化摄像机及接线方法

7) 网络摄像机。

可将网络摄像机看作是一台普通摄像机与网络技术的结合体,它能够像其他任何一种网络设备一样直接接入网络中。网络摄像机拥有自己独立的 IP 地址,除了具备一般传统摄像机所具有的图像捕捉功能外,机内还内置了数字化压缩控制器和基于 Web 的操作系统,使得视频数据经压缩加密后,不仅可基于计算机局域网,而且可通过互联网送至远端用

4-网络摄像机的安装与调试

户。远端用户也可在自己的 PC 上根据网络摄像机带的独立 IP 地址，无需专业软件，即可对网络摄像机进行实时监控现场、图像编辑和存储的操作，还可以通过授权控制摄像机的云台和镜头。

网络摄像机由镜头、图像传感器、声音传感器、A-D 转换器、图像、声音、控制器和网络服务器、外部报警以及控制接口等部分组成，与前面介绍的摄像机工作原理基本相同，只是视频信号后期处理有所不同。普通摄像机把转换获得的电信号加工成电视标准信号，传至终端显示；而网络摄像机则是把这些电信号压缩编码转换为可在网络上进行传输的数字信号。网络摄像机如图 2-22 所示。

图 2-22　网络摄像机

网络摄像机用于住宅小区、办公楼、银行、商场和生产单位的现场监控场所。由于采用网络进行视频信号的传输，所以在很大程度上省去了布设同轴电缆的工程量。

8）DSP 摄像机（数字摄像机）。

数字摄像机是在模拟制式摄像机的基础上，引入部分数字化处理技术，故也称为数字信号处理（Digital Signal Processor，DSP）摄像机。

DSP 摄像机通常把各种参数存放在存储器里，调节时采用数字设定、计算机控制，取消了大量的调节电位器，减少了调节点，也减少了调节量。另外，许多无法以模拟方式处理的工作可以在数字处理中实现，例如采用二维数字滤波、肤色轮廓校正、细节补偿频率微调、准确的彩色矩阵和精确的 γ 校正等技术，因此大大提高了图像的质量。

9）昼夜型摄像机。视频监控使用的昼夜型摄像机，在昼夜两用技术上采用的办法是，摄像机内置红外滤光片，白天或光源充足时滤光片启用，避免白光过冲，造成图像偏色，这时它是一台良好的彩色摄像机；当夜晚降临或照度不足时，滤光片自动移开，让红外光进入，以提高 CCD 的感知度，但所摄图像为黑白，此时它又成为一台地地道道的黑白摄像机。

10）无线小型摄像机。无线小型摄像机由 3 大部分构成，即图像和音频信号采集、发射器以及接收器，如图 2-23 所示。

发射器的工作频率为 2.4~2.483 GHz，属于 S 频段。通常发射器与接收器成对使用，也可以一台发射器和多个接收器同频道接收使用；一台发射器通常置有多个频道供用户选择。

图 2-23　无线小型摄像机

无线小型摄像机的特点是，前端与后端之间不需要布线，使用灵活方便，可以自由移动，特别适用于临时应急情况。

(9) 摄像机的选用

根据环境照度选用摄像机，分为以下几种情况，基本原则如下。

1）根据现场光线选用。对于光线不理想（地下车库、浓荫下）场合，应尽量选用照度较低的摄像机，如带红外补偿的彩色摄像机，或昼夜型摄像机、两用型摄像机以及黑白摄像机。

一般的监视场合，选用照度 0.1 lx 的摄像机即可。

2）根据清晰度要求选用。若遇用户对图像的清晰度有特别要求的情况，则宜选用黑白摄像机，因为黑白摄像机在清晰度上要优于彩色摄像机，需要高清晰度画面的场合，推荐采用黑白摄像机，而不要追求画面是否为彩色。

3）根据使用时段选用。若遇需要摄像机全天候工作的情况，则应特别关注夜间或光线较弱情况下的监视效果，宜选用白天和晚上都能使用的昼夜两用摄像机或黑白摄像机。

4）根据特殊场合选用。在某些场合下，监控主体会被强烈亮光所掩蔽，如夜间汽车大灯照射下的车体、车牌部分就难以辨别，这时应选用具有强光抑制功能的摄像机。

另外，需要隐蔽的场合可选用半球形或针孔摄像机。

5）根据安装方式选用。对于固定安装及无特殊要求的场合，可选用普通枪式摄像机或半球形摄像机。

若遇安装空间狭小的情况，则可选择内置云台、解码器的球形摄像机。

6）根据安装地点选用。普通枪式摄像机，既可壁式安装又可吊顶安装，不受室内、室外的限制。

半球形摄像机，只能顶棚安装，故多用于室内且安装高度受到一定限制。但和枪式摄像机相比，不需另配镜头、防护罩和支架，安装方便，美观隐蔽，同时有较好的性价比。

常用摄像机使用场合参考表，根据安装地点选用摄像机参考表和室内外照度参考表，分别如表2-2~表2-4所示。

表2-2 常用摄像机使用场合参考表

摄像机类型	应用场合
半球形摄像机	电梯、有吊顶且照度变化不大的室内
枪式摄像机	室内外任何场合，但不适合环境狭窄的场合
一体化摄像机	在室内监控动态范围较大的场合
红外一体化摄像机	照度变化大的室内、室外
网络摄像机	远程监控
昼夜型摄像机	环境亮度变化较大场合，如室内外晚上灯光较弱，白天亮度正常的场合

表2-3 根据安装地点选用摄像机参考表

安装地点	监控需求特点	选用摄像机类型	选用原因
小区入口	车辆监控	定焦、背光补偿	便于车型、车牌的采集，进出图像对照
室内停车场	照度稳定	红外一体化摄像机	停车场照度变化不大
大堂	照度稳定、人员流动量大	一体化摄像机	一体化摄像机内置变焦镜头，适合动态范围大的场合，可对现场进行细节放大
主要路口	全天候监控	红外一体化或昼夜型摄像机	适合全天候监控人流、物流
休闲景观	照度变化大	昼夜球形摄像机	利于昼夜和人性化监控
电梯	监控范围固定，照度稳定	小型半球形摄像机	电梯轿厢狭小，宜安装小型半球形摄像机
楼道走廊	监控范围固定，光线较为稳定	半球形摄像机	过道上方顶棚安装半球形摄像机，与环境相协调，安装、调试和维护简单

表 2-4 室内外照度参考表

室内照度/lx		室外照度/lx	
仓库	20~75	夏日阳光下	100 000
通道	30~75	阴天	10 000
楼梯走廊	75~200	黎明、黄昏	10
商店	75~300	满月之夜	0.1~1
办公室	300~500	多云之夜	0.01~0.1
银行营业厅	200~1000	晴天星光之夜	0.001~0.01
会议室	300~1000	阴天无星光之夜	0.0001

2. 防护罩

防护罩用于保护摄像机和镜头，一是确保设备可靠性；二是为延长设备使用寿命；三是提防摄像机和镜头的人为破坏。防护罩的分类如下。

（1）按安装环境划分

1）室内型防护罩。室内型防护罩的主要作用是防止沙尘、杂质、腐蚀性气体入侵和外力损坏。

室内型防护罩一般使用涂漆、塑料或经氧化处理的铝材、涂漆钢材制成。

塑料防护罩应满足以下要求，即耐火或阻燃，且具有足够的强度和清晰透明。

2）室外型防护罩。室外型防护罩必须适应各种气候，如风、雨、雪、霜、低温、曝晒和沙尘等。为适应不同使用环境，可选择相应功能的防护罩，如遮阳罩、降温电风扇、加热器、除霜器、刮水器和清洗器等。

防护罩内装加热器，用于温度较低时进行加热，以提高防护罩内的温度，确保摄像机/镜头正常工作；内装或外装风扇可以使防护罩内空气流通，降低防护罩内的温度。

目前较好的全天候防护罩是采用半导体器件加温和降温的防护罩。这种防护罩内装有半导体元器体，可自动加温，也可自动降温，并且功耗较小。

室外型防护罩的辅助设备控制功能分自动控制和手动控制两部分：加热器/除霜器、风扇由防护罩内部的温度传感器自动启闭；刮水器、清洗器等动作则由管理人员通过控制设备完成。

另外，为增加防护罩的安全性能，防止人为破坏，很多防护罩上还装有防拆开关，一旦防护罩被非法打开就会发出报警信号。

（2）按外形分类

按防护罩的形状划分，一般可分为枪式、半球形、全球形和坡形等防护罩，摄像机防护罩如图 2-24 所示。

图 2-24 摄像机防护罩
a）枪式防护罩 b）半球形防护罩 c）全球形防护罩 d）坡形防护罩

1）枪式防护罩。枪式防护罩是视频监控系统最为常见的防护罩。它的开起结构有顶盖拆卸式、前后盖拆开式、滑道抽出式、顶盖撑杆式和顶盖滑动式等。

由于枪式防护罩视窗为平板状，所以光学失真小，图像保真度高。在室外使用时，还便于安装刮水器。

枪式防护罩可使用在非隐蔽和无特殊要求的任何场合。

2）球形防护罩。球形防护罩有半球形和全球形之分。室外通常采用全球形球罩，室内则根据现场需要可选择半球形或全球形。全球形防护罩通常采用支架悬挂，半球形防护罩多为吸顶式和顶棚嵌入式安装。

根据透光要求，塑料球罩有3种类型，即透明、镀膜（半透明）和茶色。当选用只作为保护摄像机而不需要隐蔽监视目标时，通常采用透明球罩；而对一些要求隐藏摄像机的监视场合，可选用镀膜或茶色球罩。

球形防护罩视窗与枪式防护罩视窗使用的平板塑料（或玻璃）透光不同。由于结构上的原因，采用球形罩所摄的图像都会带来一定程度的光学失真。此外，球形罩不能像枪式防护罩那样安装刮水器，因此一般都配有防雨檐。

3）坡形防护罩。坡形防护罩通常采用吸顶嵌入式安装，防护罩的后半部分隐藏在顶棚内，只暴露正面窗口部分，比较隐蔽。坡形防护罩由于其结构的原因，俯、仰角度不能调整，所以使用环境受到限制，只适合于楼道走廊和电梯轿厢使用。

此外，还有一些特殊用途的防护罩，如防尘防护罩、防爆防护罩和高温防护罩等。这些防护罩很少用于小区安防系统，这里就不作详细介绍了。

3. 安装支架

安装支架是用于固定摄像机的部件，有壁装式、顶棚、壁装式及顶棚嵌入式等多种形式，如图2-25所示。安装支架的选择比较简单，首先应根据安装环境选择支架的形式，其次选择支架的承载能力应大于支架上所有设备总重量，否则易造成支架变形及云台转动时产生抖动，影响监视图像质量。

图2-25 安装支架
a) 壁装式　b) 顶棚、壁装式　c) 顶棚嵌入式

4. 立杆

立杆用作室外摄像机的支撑物。立杆要求摄像机离地高度一般不低于3.5m，立杆下端管径应在220mm±10mm，端管径应在120mm±5mm，管壁厚度应大于或等于4mm。立杆表面应进行防腐处理，杆基础深度应不低于1.0m，基础直径应大于0.5m，采用混凝土灌筑，以确保立杆的抗风能力。

2.2.2 传输系统

传输系统的作用是将视频监控系统的前、后端设备可靠的连接起来。传输的信号有音、视频信号和控制信号。常用的传输线缆有同轴电缆、双绞线和光纤。传输方式有视频基带传输、宽频共缆传输、网络传输和无线传输等。

1. 同轴电缆

同轴电缆有射频同轴电缆和视频同轴电缆之分。视频电缆和射频电缆通常用于有线电视传播，视频电缆则是目前视频监控系统应用广泛的传输线。

同轴电缆结构图如图2-26所示。由内及外看分别是，单根或多根铜线绞合的芯线、塑料绝缘介质等构成的屏蔽层，最外层为护套。

同轴电缆的命名通常由以下4部分组成。

第1部分，用字母表示，分别代表电缆的代号、芯线绝缘材料、护套材料和派生特性。

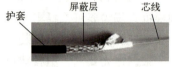

图2-26 同轴电缆结构图

芯线绝缘材料按其绝缘介质划分如下。

SYV型，其绝缘层为实芯聚乙烯，按导线的线径分有SYV-75-3、SYV-75-5、SYV-75-7和SYV-75-9。

SYK型，其绝缘层为聚乙烯藕芯。

SBYFV型，其绝缘层为泡沫聚乙烯。视频监控系统中常用的是SYV和SBYFV型75Ω的同轴电缆。

第2、3、4部分均用数字表示，分别代表电缆的特性阻抗（Ω）、芯线绝缘外径（mm）和结构序号。

例如，SYV-75-7-1的含义如下。

"SYV"表示该电缆绝缘材料为塑料聚乙烯。

"75"表示电缆的特性阻抗为75Ω，常见的特性阻抗有50Ω、75Ω和150Ω等，视频监控系统常用的是75Ω。

"7"表示芯线绝缘外径为7mm，常用的有3mm、5mm、7mm和9mm等规格。

"1"表示芯线结构序号，"1"表示单芯；"2"表示多股细线，用在经常处于移动状态的地方，如电梯视频线等。

同轴电缆内芯铜线（单根或多根铜线构成），型号扩展名的数字（如3、5、9）越大，内芯越粗。可见，SYV-75-5比SYV-75-3直径粗。同轴电缆越细越长，损耗就越大，传输的距离也就短。当使用同轴电缆传输图像时，距离在300m以下的一般可以不考虑信号的衰减问题。当传输距离增加时，可以考虑使用大直径、低损耗的同轴电缆，如SYV-75-9、SYV-75-18等，或者加入衰减补偿器。

同轴电缆有效传输距离参考值是，SYV-75-3型最远传输距离为200m；SYV-75-5型最远传输距离为400m；SYV-75-7型最远传输距离为500m。

2. 光纤传输

光纤中应用的是850nm、1310nm、1550nm共3种波长的光，都是红外光。

（1）光纤结构及种类

1）光纤结构。光纤裸纤一般分为3层，即中心高折射率玻璃芯（芯径一般为50μm或62.5μm），中间为低折射率硅玻璃包层（直径一般为125μm），最外是加强用的树脂涂层。

2）数值孔径。入射到光纤端面的光并不能全部被光纤所传输，只是在某个角度范围内的入射光才可以被传输，这个角度就称为光纤的

5-光纤熔接机使用操作实例

数值孔径。光纤的数值孔径大些对于光纤的对接是有利的。

3）光纤的种类。按光在光纤中的传输模式可将光纤分为单模光纤和多模光纤。

单模光纤。中心玻璃芯较细（芯径一般为 9 μm 或 10 μm）只能传一种模式的光。因此，其模间色散很小，适用于远程通信，其色度色散起主要作用，这样单模光纤对光源的谱宽和稳定性有较高的要求，即谱宽要窄，稳定性要好。

多模光纤。中心玻璃芯较粗（50 μm 或 62.5 μm）可传输多种模式的光。但其模间色散较大，这就限制了传输数字信号的频率，而且随距离的增加此现象会更加严重。

例如，600 MB/km 的光纤在 2 km 时就只有 300 MB 的带宽了。因此，多模光纤传输的距离比较近，一般只有几千米。

(2) 光纤传输系统的主要特点

1）因为传输的是光信号，所以光纤不容易分支，一般用于点到点的连接。

2）传输距离长、损耗低。如单模光纤每千米衰减在 0.2~0.4 dB 以下，是同轴电缆每公里损耗的 1%。多模光纤传输距离可达 4 km，单模光纤传输距离达 60 km。

3）传输容量大。一根光纤就可以传送监控系统中所需（如多路图像、音频和控制数据）的全部信号。如果采用多芯光纤，其容量就将成倍增长。这样，用几根光纤就完全可以满足相当长时间内对传输容量的要求。

4）传输质量高。长距离的光纤传输不需要多个中继放大器，因而没有噪声和非线性失真叠加。加上光纤系统的抗干扰性能强，基本上不受外界温度变化的影响，从而保证了传输信号的质量。

5）抗干扰性能好。光纤传输不受电磁干扰，不会产生电火花，适合在有强干扰的环境中使用。

6）在施工过程中容易人为造成弯曲、挤压和对接的损耗，因此施工技术难度较大，且造价高。

(3) 光纤视频传输原理

光纤传输系统（如图 2-27 所示）由 3 部分组成，即光源（光发送机）、传输介质和检测器（光接收机）。其中光源和检测器的工作都是由光端机完成的。

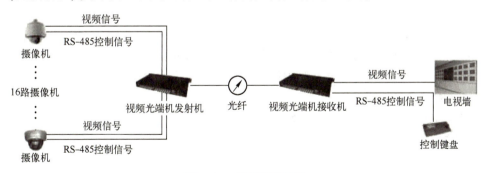

图 2-27　光纤传输系统

按传输信号划分，可将光纤视频传输分为模拟传输系统和数字传输系统。

在模拟传输中，模拟光端机采用的是基带视频信号直接进行发光强度调制（AM）。光源的调制功率随调制信号的幅度变化而变化。由于光源的非线性较严重，所以信噪比、传输距离和传输频率都受到限制。

数字传输系统是把输入的信号变换成"1"和"0"表示的脉冲信号,并以它作为传输信号。在接收端再把它还原成原来的信号。这样光源的非线性对数字码流影响很小,再加上数字通信可以采用一些编码纠错的方法,且易于实现多路复用,因此得到广泛的应用。

3. 网络传输

网络传输采用音视频压缩方式来传输监控信号,适合远距离及监控点位分散的监控。

其优点是,采用网络视频服务器作为监控信号的上传设备,有互联网网络的地方,安装上远程监控软件就可进行监看和控制。网络监控示意图如图 2-28 所示。

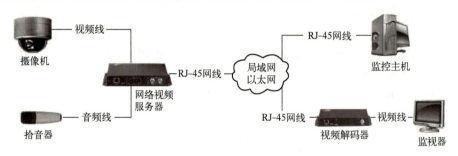

图 2-28 网络监控示意图

按以太网标准传输视频信号,常用超五类(Cate5e)或六类双绞线进行传输,有些摄像头可以直接通过同一根网络线进行供电,即 PoE 供电技术。

4. 微波传输

微波传输是解决几千米甚至几十千米不易布线场所监控传输的解决方式之一。它采用调频调制或调幅调制的办法,将图像搭载到高频载波上,转换为高频电磁波在空中传输。

优点是,省去了布线及线缆的维护费用,可动态实时传输广播级图像。

缺点是,采用微波传输,频段在 1 GHz 以上常用的有 L 波段(1.0~2.0 GHz)、S 波段(2.0~4.0 GHz)、Ku 波段(12~18 GHz)。由于传输环境是开放的空间,所以很容易受外界电磁干扰(微波信号为直线传输,中间不能有山体或建筑物遮挡)。

5. 无线传输

无线传输又称为开路传输方式。无线传输流程是,音、视频信号 → 调制 → 高频信号→接收 → 解调 → 音、视频信号→在终端设备上播出或显示。

无线传输主要用于线缆敷设不便的场合(如河流、高大障碍物及移动的检测点)以及在一些特殊的场合(如暗访侦察)。

它的特点是安装简便,但发射功率受严格控制,距离一般不超过 500 m。

无线传输一般用于单监控点,即只有一个前端和一个后端。

2.2.3 视频监控终端组成

视频监控终端设备的主要任务是,把前端摄像机输出的图像信号送到监视器,供控制中心管理人员现场监视。另外,管理人员根据监视情况,通过控制中心,把控制信号传递到前端的解码器,再由解码器输出模拟信号控制云台和摄像机,以便对现场进行监视及人工技术处理。

传统视频监控终端主要由视频分配器、画面分割器、硬盘录像机（或磁带录像机）、显示器和监视器（或电视墙）以及报警处理器等组成，其组成框图如图2-29所示。

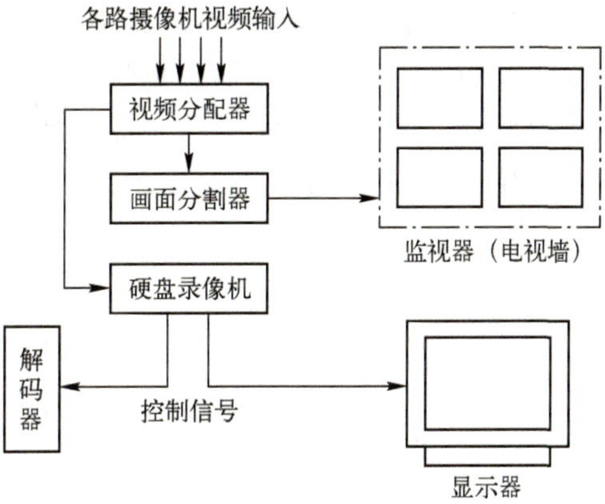

1. 视频分配器

分配器的任务是将单路信号在没有信号损失的情况下分成多路相同的信号，供给多个用户使用。

视频监控系统常用分配器可分为AV分配器、VGA视频分配器及一些专用分配器（如长距离分配器）。

图2-29 视频监控终端的组成框图

（1）普通视频分配器

当系统中某一路图像需要供给多个设备（如监视器、录像机）使用时，就需要对视频信号进行等量分配，类似有线电视的分配器。图2-30所示为一进二出视频分配器连接图。

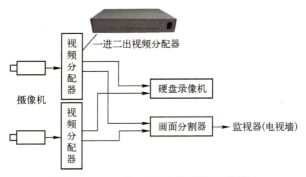

图2-30 一进二出视频分配器连接图

分配器输出的每一路视频信号仍与输入的信号完全相同，即保留原来的视频带宽（6MHz）、电压幅度值1V（p-p）和特性阻抗（75Ω）。

普通视频分配器一般为无源设备。

（2）VGA信号分配器及延长器

VGA信号分配器是专门分配VGA信号和转换信号接口形式的设备，它可将一路信号分配给4台显示器，如图2-31a所示，从而显示4组相同的画面。图2-31b所示为只接两路显示的VGA分配器接线框图。VGA分配器传送的距离一般在5m以内。

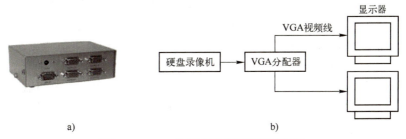

图2-31 VGA信号分配器及其接线框图
a) VGA分配器　b) 接线图

在视频监控中，经常遇到管理中心以外还需建立一个分控中心，而且两地的距离比较远，显然 VGA 分配器的传输距离受到一定的限制。通常的办法是，采用 VGA 延长器代替 VGA 分配器，如图 2-32a 所示。将硬盘录像机出来的 VGA 视频信号接到 VGA 延长器上，将延长器的普通端口接到本地显示器上，将延长端口接到远端的显示器上。VGA 延长器配置框图如图 2-32b 所示。

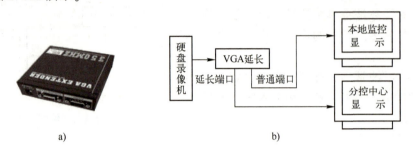

图 2-32　VGA 延长器及其配置框图
a) VGA 延长器　b) VGA 延长器配置框图

2. 画面分割器

原则上，录一个信号的方式是 1 对 1，也就是用一个录像机录取单一摄像机摄取的画面，每秒录 30 个画面，不经任何压缩，解析度越高越好（通常是 S-VHS）。但如果需要同时监控很多场所，用一对一方式就会使系统庞大、设备数量多、耗材以及使人力管理上费用大幅提高。为解决上述问题，画面分割器应运而生。画面分割器最大限度地简化系统，提高系统运转效率。一般用一台监视器显示多路摄像机图像或一台录像机记录多台摄像机信号。

四画面分割器接线图如图 2-33 所示。

画面分割器是在视频信号的行、场时间轴上进行图像压缩，同时进行数字化处理，经像素压缩法将每个单一画面压缩成全屏的 1/4 画面大小，这样全屏就能容纳 4 路的视频信号，实现一台监视器可显示 4 个不同的小画面。

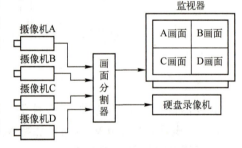

图 2-33　四画面分割器接线图

图 2-34a 所示为画面分割器实物图。图 2-34b 所示为最常用的四画面分割器原理框图。由图可见，画面分割器的核心是单片机。摄像机送入（也可以是 VCD 或 DVD）的视频信号，经缓冲、A-D 转换，并按电视帧为单位（也有以电视场为单位）进行切割。

画面分割器有的还带有内置顺序切换器的功能，可将各摄像机输入的全屏画面按顺序和时间间隔轮流输出，显示在监视器上（如同前面谈到的矩阵切换主机轮流切换画面那样），同时录像机按顺序和时间间隔（间隔时间可调）进行记录，并进行字符和当前时间的叠加。

画面分割器通常有两个混合输出端口。其中一个为监视器接口，监视器可以同时显示 4 个画面，也可以单独显示一个画面；另一个混合输出端口的信号输出接到硬盘录像机。输出的信息与另一个的接口完全相同。

四画面分割器一般还设置有 4 路报警输入及联动功能。联动的目的是，当连接在报警输入口的某一路探测器发生报警时，此时监控系统出现这样一个局面，即无论画面分割器处于

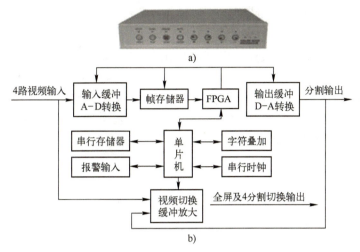

图 2-34 画面分割器实物图及画面分割器原理框图
a) 实物图 b) 原理框图

何种显示状态,都将自动切换到报警画面,并全屏显示;画面分割器内的蜂鸣器发出鸣叫声;录像机自动转入报警记录;现场灯光被打开。

由于监视器屏幕的宽高比为4:3,因此为使分割后的小画面仍然保持4:3状态,画面分割器在对画面分割后,应必须满足在水平方向和垂直方向上,小画面的数量相等,即2×2(4个画面)、3×3(9个画面)、4×4(16个画面),如图2-35所示。而不能是2×3或2×4。如图2-36所示,屏幕上的小画面水平方向要么被压缩,要么被拉长,图像明显失真。这里有个问题,如果监控点是8个画面,就可用两个四画面分割器,或采用一个九画面分割器,余下一个窗口可作为备用。

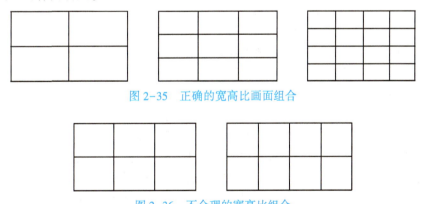

图 2-35 正确的宽高比画面组合

图 2-36 不合理的宽高比组合

值得一提的是,上述所谓画面分割实质上是"多路图像组合器",它使多路的视频信号得以在一个屏幕上显示。另一种画面分割器与之正好相反,它是把一路的视频信号分割后送到大屏幕上,由图2-37所示的大屏幕分割图可以看出,一个完整的画面被分割为4块,也就是一幅完整的画面由4个画面组成。

常见画面分割器有四画面分割器、九画面分割器和十六画面分割器。视频监控系统多半采用四画面分割器。

多数画面分割器具备以下所述的全部或部分功能。

1）除同时多画面显示图像外，还可以显示单幅画面。

2）通常有两个视频输出端子，一路输出供硬盘录像机使用；另一路输出供监视器使用。

3）可以显示当前时间、摄像机号及位号。

4）具有双工性能，回放时既可放送四分割画面，又可只播放单一画面。由于图像经过压缩，细

图 2-37　大屏幕分割图

节大为减少，所以当播放单一画面时，需采取电子放大才能满屏播放，但画质相对粗糙，因此画面分割器分割的数量越多，单一画面回放时画面就越显得粗糙。

5）蜂鸣器与警报输入联动。

6）影像移动自动侦测（Motion Detection）与报警探测器报警系统联动。

7）快速放像功能、静止画面功能和单声道音频输出功能。

8）图像丢失报警功能，但保留最后画面。

9）具备 RS-232 接口与计算机的连接功能。

3. 硬盘录像机

视频监控系统用于记录、存储的设备常见的有磁带录像机（VCR）、硬盘录像机（DVR）。

硬盘录像机根据其操作系统不同，分为 PC 式硬盘录像机、类 PC 硬盘录像机和嵌入式硬盘录像机。其中磁带式录像机由于检索困难，维护费用高，录像带重复使用差，所以已呈退市之势，后面就不再作介绍。

硬盘录像机与传统的模拟录像机相比具有较大优越性，具体表现在，录像时间长，最长录像时间取决于连接的存储设备的容量，一般可达几百小时；支持的视音频通道数多，可同时进行几路、十几路、甚至几十路同时录像；记录图像质量不会随时间的推移而变差；功能更为丰富。因此已成为视频监控的主流产品。本书重点介绍硬盘录像机。

（1）PC 式硬盘录像机

PC 式硬盘录像机又称为工控机、插卡机，一般基于 Windows 操作系统，文件系统一般采用 NTFS 或 FAT32。其应用框图如图 2-38 所示。通常是在计算机内插有一块或几块视频采集卡，它是介于摄像机与 PC 硬盘录像机之间的一个 A-D 转换和图像压缩设备。

采集卡的工作流程是，视频信号首先经低通滤波器滤波，之后按照应用系统对图像分辨率的要求，对视频信号进行采样/保持，和对连续的视频信号在时间上进行间隔采样，由时间上连续的模拟信号变为离散的模拟信号，进而将这些音、视频转换为数字化的信息流，但这些数据流是不能直接进行传送和存储的，因为未经压缩的图形、视频和音频数据会占据非常多的存储容量。

目前流行的视频采集卡是视频采集和压缩同步进行，也就是通过特殊芯片进行硬件实时数据压缩处理，通常称之为硬压缩。不具备实时硬件压缩功能的卡，则可通过软件和 CPU 的运算对视频信号进行压缩处理，这种处理方式通常称之为软压缩。

视频采集/处理卡在具有 A-D 转换功能的同时，还具有对视频图像进行分析和处理的功能。

一般的视频采集卡采用帧内压缩算法，把数字化的视频存储成 AVI 文件，高档一些的视频采集卡可直接把采集到的数字视频数据实时压缩成 MPEG-1 格式的文件。

视频采集卡按其连接类型来划分，可以分为外置式采集卡和内置式 PCI 接口视频采集卡。这两种产品各有优缺点。内置式 PCI 接口采集卡不占用外部桌面空间，而且不需外接电源。内置式视频卡的弱点是安装采集卡时必须要拆开机箱才可以进行安装，且在安装软件时容易和其他计算机设备发生冲突。外接式采集卡的主要优点是，安装简单，且在外置采集卡盒面板上有各种运行状态指示灯，操作直观。主要缺点是，它还需要外接专门的电源和占用计算机上的一个资源口，且价格较高。

按照用途可将视频采集卡划分为广播级、专业级和民用级。它们的主要区别是采集的图像指标性能不同。

PC 式硬盘录像机硬件可由人员自行组装，因此可根据实际需要对硬件进行扩充。PC 式硬盘录像机往往附带的功能多，兼容性好，接口齐全，单机路数最高可达 64 路，维修方便，界面直观。

在 PC 式硬盘录像机中，由于运行软件的很多功能是监控系统不需要的，这些功能不但影响运行速度，而且是引起监控系统不稳定的主要原因之一（如死机），所以当采用 PC 式硬盘录像机时，切忌使用非法的软件或上网下载资料。

PC 式硬盘录像机工作原理框图如图 2-38 所示。图 2-39 所示为显示器显示的四画面效果。

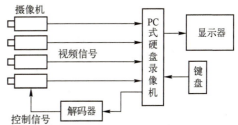

图 2-38　PC 式硬盘录像机工作原理框图

图 2-39　显示器显示的四画面效果图

（2）嵌入式硬盘录像机

嵌入式硬盘录像机（又称为一体化硬盘录像机）及其接口如图 2-40 所示。与 PC 式硬盘录像机不同，它已完全脱离 PC 平台，有自己的操作系统，常用的有 PSOS、Linux、VxWorks 等，采用的文件系统则有较多种类，如 MS-DOS 兼容文件系统、UNIX 兼容文件系统、Windows 兼容文件系统，还有各种专用的文件系统等。

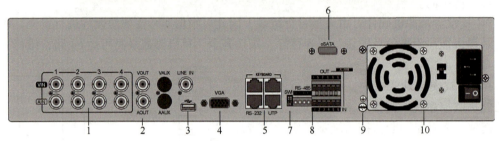

图 2-40 嵌入式硬盘录像机及其接口

嵌入式硬盘录像机接口说明如表 2-5 所示。

表 2-5 嵌入式硬盘录像机接口说明

序号	物理接口	连接说明
1	视频输入（VIDEO IN）	连接（模拟）视频输入设备，标准 BNC 接口
	音频输入（AUDIO IN）	连接（模拟）音频输入设备，标准 BNC 接口，音频输入电压在 2~2.4V，如有源送话器、拾音器等
2	视频（VOUT）、音频（AOUT）输出	视频（VOUT）：连接监视器、本地视频信号及菜单输出；音频（AOUT）：连接音频设备，本地音频信号输出
3	语音输入（LINE IN）	连接有源语音输入设备，要求音频输入电压在 2~2.4V，如有源送话器、拾音器等
	USB 接口	连接 USB 存储设备，如用于备份或升级。可以热插拔
4	VGA 接口	连接 VGA 显示器，如计算机 VGA 显示器等
5	键盘接口（KEYBOARD）	两个，任意选择其中一个用于连接（485）控制键盘，使用 RJ-45 接口的 3、4 线（接收信号）接控制键盘的 Ta、Tb；另外一个用于设备间的级联，级联的设备两端均使用 RJ-45 接口的 3、4 线
	RS-232 接口	连接 RS-232 设备，如调制解调器、计算机等
	UTP 网络接口	同 LAN 网络接口，连接以太网络设备，如以太网交换机、以太网集线器（HUB）等
6	eSATA（可选）	外接 SATA 硬盘口
7	匹配电阻开关（SW1）	RS-485 总线的终端匹配电阻开关。开关向上（出厂默认）为断开电阻连接，开关向下为接通本端电阻（120Ω）

(续)

序号	物理接口	连接说明
8	RS-485 接口	连接 RS-485 设备，如解码器等，可使用 RS-485 接口的 T+、T-线连接解码器
	报警输入（IN）	接报警输入（4 路开关量）
	报警输出（OUT）	接报警输出（2 路开关量）
9	接地端	硬盘录像机接地端子
10	电源	输入的交流电压为 220V

嵌入式硬盘录像机的功能基本上与 PC 相似，两款相比，各有长短。

嵌入式实际上是把视频卡以芯片的模式集成在机器里面，配上专门的操纵系统，所以嵌入式录像机不再赋有计算机的其他功能，避免了操作人员将其他不良软件携入，具有较好抗病毒性，因此嵌入式硬盘录像机运行的稳定性较高。嵌入式录像机也可以采用键盘和鼠标操作，操作直观方便。由于嵌入式硬盘录像机软、硬件是一次性开发集成的，所以其扩展性低，附带的功能也较少。

嵌入式硬盘录像机工作原理图如图 2-41 所示。

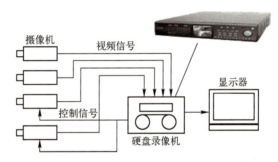

图 2-41　嵌入式硬盘录像机工作原理图

(3) 硬盘录像机的主要技术参数

硬盘录像机的主要技术参数如表 2-6 所示。

表 2-6　硬盘录像机的主要技术参数

型　号	HF-S
视频压缩标准	H.264
实时监视图像分辨率	PAL：704×576 像素　NTSC：704×480 像素
回放分辨率	QCIF/CIF/2CIF/DCIF/4CIF
视频输入	1/2/4/6/8/10/12/16 路，BNC（电平为 1.0V（p-p），阻抗为 75Ω），支持 PAL、NTSC 制
视频输出	1 路（DS-8001HF-S），2 路（DS-8002/4/6/8/10/12/16），BNC（电平为 1.0V（p-p），阻抗为 75Ω）
视频环通输出	4/8/16
视频帧率	PAL：1/16~25 帧/s，NTSC：1/16~30 帧/s
码流类型	视频流/复合流

(续)

型 号	HF-S
压缩输入码率	32 kbit/s~2 Mbit/s 可调，也可自定义（上限为 8 Mbit/s）
音频输入	1/2/4/6/8/10/12/16 路，BNC（电平为 2 V(p-p)，阻抗为 1 kΩ）
音频输出	1 路（DS-8001HF-S），2 路（DS-8002/4/6/8/10/12/16），BNC（线性电平，阻抗为 600 Ω）
音频压缩标准	OggVorbis
音频压缩码率	16 kbit/s
语音对讲输入	1 路，BNC（电平为 2 V(p-p)，阻抗为 1 kΩ）
通信接口	1 个 RJ-45 10 Mbit/s/100 Mbit/s 自适应以太网口，1 个 RS-232 口，1 个 RS-485 口
键盘接口	1 个（支持级联）；1/2/4 路设备两个（支持级联）
硬盘接口	8 个 SATA 接口，支持 8 个 SATA 硬盘，每个硬盘容量支持高达 2000 GB
USB 接口	1 个，支持 U 盘、USB 硬盘、USB 刻录机、USB 鼠标
VGA 接口	1 个，分辨率为 800×600 像素/60 Hz、1024×768 像素/60 Hz、1280×1024 像素/60 Hz
报警输入、输出	报警输入为 4/16 路，报警输出为 2/4 路
电源	AC 90~135 V 或者 AC 180~2651V，47~63 Hz
功耗（不含硬盘）	20~51 W
工作温度	−10~+55℃
工作湿度	10%~90%
机箱	19in 标准机箱
尺寸	90 mm（高）×441 mm（宽）×470 mm（深）

(4) 硬盘录像机的选用与配置

1) 硬盘录像机的选用。

前面对 PC 硬盘录像机和嵌入式硬盘录像机进行了对比，可见这两种设备各有优缺点。有几点比较突出。

从使用、管理和维护的角度看，嵌入式硬盘录像机使用简单，设备运行稳定，日常一般免维护，反之，PC 硬盘录像机操作相对复杂，需要有较高素质的操作及管理人员。从设备扩充性能看，PC 硬盘录像机要优于嵌入式录像机，如监控输入路数增减十分方便，而嵌入式硬盘录像机如果要增加输入路数，就非得增加一台设备不可。

上述选择主要基于硬盘录像机的自身特点。实际上，在选用中还必须根据视频输入的路数、录像的存储时间、配套的外围设备（如报警联动）来选择机型，否则会造成功能闲置或不足。

2) 硬盘的配置。

PC 嵌入式硬盘录像机机动性比较好，它可以根据用户的需求改变硬件。在录像保存时间上同样表现出它的优势，即可根据录像保留时间和配置硬盘的大小。

计算方法如下。

一般情况下，一路视频信号以每小时大概需要 80~120 MB 的图像文件计，设某监控点有 6 台摄像机连续记录，每天 24 h，一个月 30 天，产生的图像文件为

$$120 \times 6 \times 24 \times 30\,\text{MB} = 518.4\,\text{GB}$$

因此要选用 1 个 1 TB 硬盘。

如果采用移动侦测录像，当没有出现移动目标时，录像机是不录像的（存储一副静态画面即可），从这一点上考虑，还可以节省许多硬盘空间。

值得一提的是，摄像机采集的图像质量还与记录的信息量有关，如信噪比很低噪点很多的时候，将会翻倍占用硬盘的空间。此外，硬盘录像机的性能也会影响录像占用的硬盘空间，这些都是在配置硬盘时必须充分加以考虑的。

4. 监视器

监视器是视频监控系统的终端设备，其作用是将前端摄像机拍摄的画面再现出来。监视器的配置，涉及监视器本身的技术指标、屏幕尺寸、监视器数量与摄像机的配比等方面。下面介绍这几个方面。

（1）CRT 彩色监视器

由于监视系统的前端（摄像机）清晰度比较高（通常大于 400 线），监视器监视的图像画面又多数处于静态（动态的色彩要求相对低），并且是连续工作（24 h，全年无休），所以监视器在功能上虽然比电视机简单（少了高频头和中放电路），但在性能上却比电视机要求更高，其主要区别反映在图像清晰度、色彩还原度及整机稳定度方面。此外，由于监视器工作环境的特殊性，如金属机柜的漏磁等均会使电子枪电子束产生附加偏转，影响色纯度和电子枪 R、G、B 共 3 束电子束的运动轨迹精度，造成色纯不良，所以监视器还必须采用金属外壳加以屏蔽，减少外界磁场对电子束偏转的影响。CRT 彩色监视器如图 2-42 所示。

图 2-42　CRT 彩色监视器

（2）LCD 彩色监视器

在小型视频监控系统中，当只有数路的监控点时，配上分割器，把几路的画面集合到一个屏幕上，就组成一个理想的监视系统。但由于造价的原因，用 LCD 组合电视墙的例子并不多见。

（3）监视器的分类与主要技术指标

1）监视器的分类。

① 从使用功能上分可分为黑白监视器与彩色监视器、带音频与不带音频监视器和专用监视器与收/监两用监视器（接收机）。

② 从监视器的屏幕尺寸上分有 9 in、14 in、17 in、18 in、20 in、21 in、25 in、29 in 和 34 in 等 CRT 监视器，还有 34 in、72 in 等投影式监视器。

此外，还有便携式微型监视器及电视墙监视器等。

③ 从性能及质量级别上分有广播级监视器、专业级监视器和普通级监视器。其中以广播级监视器的性能最高。

④ 从扫描方式划分有隔行扫描和逐行扫描两种监视器。

隔行扫描是指将一幅图像分成两场进行扫描，第一场（奇数场）扫描 1、3、5 等奇数行，第二场（偶数场）扫描 2、4、6 等偶数行，两场合起来构成一幅完整的图像（即一帧)。因此对于 PAL 制而言，每秒扫描 50 场，场频为 50 Hz，而帧频为 25 Hz；对 NTSC 而言，场频为 60 Hz，而帧频为 30 Hz。虽然在人的视觉上屏幕重现的是连续的图像，但由于奇数场与偶数场切换时间有先后之分，行与行之间并不是同时再现，所以造成闪烁现象，使人观看时容易疲劳，损伤眼睛。

逐行扫描则指其扫描行按次序一行接一行进行扫描。隔行扫描监视器有图像质量差、清晰度低和图像闪烁严重等缺点。为了消除隔行扫描的缺陷，逐行扫描监视器将模拟视频信号转换为数字信号，通过数字彩色解码，借助数字信号存储和控制技术实现一行或一场信号的重复使用（即低速读入、高速读出）的 50 Hz 逐行扫描方式。还有一种办法是提高帧频，实现 60 Hz、75 Hz 乃至 85 Hz 的逐行扫描方式。

逐行扫描技术将输入信号通过 A-D 转换变成数字视频信号，再通过解码和数字图像处理电路对行、场扫描进行处理，通道带宽、清晰度和噪声都得到改善，同时消除了行间隔线和行间闪烁，而帧频的提高（如 60~85 Hz）则减少或消除了大面积的图像闪烁现象。

2）监视器的主要技术指标。

① 清晰度（分辨率）。清晰度即指"中心水平清晰度（或分辨率）"。按我国标准最高清晰度以 800 线为上限。在视频监控系统中，根据 GB 50198—2011《民用闭路监视电视系统工程技术规范》的标准，对清晰度（分辨率）的最低要求是：黑白监视器水平清晰度应 ≥400 线；彩色监视器应 ≥270 线。

此外，监视器的清晰度（分辨率）不同于计算机显示器的分辨率。计算机显示器的分辨率通常以像素为指标给出（如 1024×768 像素等）。这是因为两者的工作方式及分辨率的计算方法不同，二者不能混淆。

② 灰度等级。这是衡量监视器能分辨亮、暗层次的一个技术指标。最高为 9 级。一般要求 ≥8 级。

③ 通频带（通带宽度）。这是衡量监视器信号通道频率特性的技术指标。因为视频信号的频带范围是 6 MHz，所以要求监视器的通频带应 ≥6 MHz。

除上述 3 个主要的技术指标之外，对监视器还有亮度、对比度、信噪比、色调及色饱和度和几何失真等方面的技术指标与要求。

（4）监视器的选用

监视器的选择总原则是，符合系统技术要求及长时间连续工作。

若系统前端采用黑白摄像机的，则应选用黑白监视器；若系统前端采用彩色摄像机的，则应选用彩色监视器；若摄像机为彩转黑的，则也可选择黑白监视器。

监视器屏幕尺寸的选择原则如下。

- 监视 4 个画面，监视器屏幕不宜小于 18 in。
- 监视 9 个画面，监视器屏幕不宜小于 25 in。
- 监视 16 个画面，监视器屏幕不宜小于 29 in。

对抗干扰性能选择，应选用金属外壳（主要是薄钢板类外壳）的监视器，因为它具有较好的屏蔽性能（特别是在其外壳接地之后），一是它不易受空间磁场干扰；二是其机内的电磁场，不会辐射干扰系统的其他设备。

另外，关注一下监视器是否采用隔离变压器。因为监视器电源若采用隔离变压器，则可较好把电源的一、二次进行隔离。如果有隔离变压器的隔离，在电网与监视器内部电路之间就不构成闭合回路，可克服"地环路"引入的 50 Hz 交流干扰。

在一些要求不高的场合，可采用带视频（AV）输入端子的普通电视机，而不必采用造价较高的专用监视器。

（5）摄像机与监视器的配比关系

一个小区视频监控防范系统往往需要配置多台的摄像机，那么是否必须一台摄像机对应一台监视器呢？由多台摄像机组成的视频监控系统，一般不是一台监视器对应一台摄像机显示的，而是几台摄像机的图像信号，用一台监视器轮流切换或同时显示在同一屏幕上。这样处理，一是为节省设备，减少占有空间；二是现实中没有必要一一对应显示。因为被监视场所同时发生意外情况的概率极低，所以监视器平时只需间隔一定的时间（比如几秒、十几秒或几十秒）显示一次即可。

当被监视场所发生情况时，可以通过切换器将这一路信号切换到监视器的主画面上，并给予保持，同时跟踪记录。因此，系统中摄像机与监视器的配比通常都为 4:1（4 台摄像机配一台监视器）、9:1（9 台摄像机配一台监视器），甚至 16:1（16 台摄像机配一台监视器）。

采用画面分割器，大大节省了监视器的数量，但不宜在一台监视器上同时显示太多的分割画面，否则画面太小，影响监视效果。在视频监控系统中，摄像机与监视器的比例数为 4:1 居多，效果比较好。

（6）彩色监视器与计算机显示器的区别

1）输入信号不同。彩色监视器输入 AV 模拟视频信号，计算机显示器输入 R、G、B 三原色的 VGA 信号。

2）分辨率不同。普通彩色监视器的分辨率一般是 420 线或 480 线，而计算机显示器至少是 800×600 像素的分辨率。

3）辐射程度不同。彩色监视器一般没有防辐射处理，而计算机显示器必须有辐射检测认证，或采用液晶显示器（根本就没有辐射）。

4）刷新频率不同。普通彩色监视器的刷新频率应在 50 Hz 以下，一般的计算机显示器的刷新频率轻松达到 75 Hz。

5. 电视墙

当视频监控系统的监控点比较多时，虽然采用了画面分割器，但已超过监视器画面尺寸的容许度，这时候就应当考虑使用"电视墙"。这也是当今较大小区视频监控系统常用的办法。所谓的电视墙，指的是用多台（几台、十几台甚至几十台）监视器组合一个监视平面体。

电视墙的监视器数量一般是这样确定的，即摄像机与监视器数量配比为 4:1，也就是 4 台摄像机应配一台监视器。若有 24 台摄像机，则配 6 台监视器及 6 台四画面分割器；若摄像机只有 22 台，则监视器和画面分割器的数量不变，余下的两个画面（黑屏）只是空置而已，不会影响系统的使用，还可为以后系统扩充预留空间。

在监控系统中，每路前端设备（如摄像机）等输出的图像信号中的场同步信号如果存在相位差，那么当矩阵控制器切换各路图像信号时，监视器便会出现一段时间的不同步现象，相位差越大，不同步的时间就越长。因此建议在构建电视墙监控系统时，应尽量选用带有外同步（GEN-LOOK）输入的前端设备，并且所有的前端设备均使用外同步方式，即各路图像信号的同步都受同一同步信号的控制。

6. 报警处理器

报警处理器是将所有前端报警信号收集起来，并对发生报警通道的信号进行处理，同时输出多个开关量，以控制灯光、录像机等设备的联动。

报警处理器按处理方式不同，可分为总线式和多线式。

1）总线式。由一对双绞线负责传输前端各探头的信号，同时每个探头配有解码器和自己相应的地址码；处理器则有对应的识别电路用来处理各探测器的信息，然后根据探测器的地址码作出相应的响应。总线式的优点是可大大节省电缆，降低费用，并给施工带来方便，适用于前端探头多且集中的情况。缺点是设备多，调试相对复杂。

2）多线式。处理方式是各个探头互不干扰地将信号线和电源线汇集至控制室，并分别将探头信号线与报警处理器对应通道的输入端相连。多线式仍为现今报警处理的主导方向。

报警处理器既可作为单一的控制设备使用，又可与切换器等其他设备共同组成综合性监控系统。

2.2.4 视频监控中心

视频监控系统的终端设备置于视频监控系统的指挥中心（或称为监控中心、监控室和主控台），它通过集中控制的方式，将前端设备传送来的各种信息（图像信息、声音信息、报警信息等）进行处理和显示，并向前端设备或其他有关的设备发出各种控制指令。因此，中心控制室的终端设备是整个视频监控系统的中枢，视频监控中心如图2-43所示。

此外，视频监控中心还应该是人防与技防的完美结合点。因此，对于管理中心的建设，在注重设备配置的同时，也必须考虑设备与人之间的友好相处。

图 2-43 视频监控中心

1. 视频监控中心的布局和基本要求

视频监控中心设备布局的基本要求如下。

（1）有利于监控画面的监视

监视器或电视墙的安装必须符合人视觉生理要求，如应考虑电视墙的宽高比、电视墙与管理人员的视觉距离。受到现实的限制，监控室的空间很难保证有足够的宽高比和视距，但应尽量满足电视墙宽高比为4:3；主监控人员与主监视器的视距应为该监视器对角线的3~6倍。

（2）方便设备操作

设备的开关、按钮位置与操作人员的操作半径布置要合理，操作路径要顺畅。也就是说，除了一些不常用的设备外，其他大部分设备都应安放在主操作控制台上。

（3）方便日常设备维护

通常，视频监控系统处于不间断工作状态，设备的通风、散热问题就显得十分重要，如电视墙设置时，应与墙体保持有60~80cm的距离，一来可通风，二来便于设备的技术维护。

此外，由于监控室的线缆较多，如不进行合理的规划，既影响室内美观，又会影响系统运行的可靠性，所以敷设在中心控制室的视频线缆和电源线缆，可采用桥架方式，以便于对所有线缆统一防护。

2. 视频监控中心的主要设备

对于一个综合型的视频监控中心而言，其主要设备应包括视频分配、放大器、视频矩阵（或画面分割器、视频切换器）、监视器（电视墙）、监听器、硬盘录像机、报警盒、扩音机、音源、电源（含UPS）、通信及控制柜等。

监控中心设备的配置应根据系统的大小、功能要求全面考虑，不可生搬硬套。如在信号比较正常且传输距离较短的情况下，视频信号需要两路输出时，可直接用同轴电缆并联，传输给两个终端用户，这时视频分配器就可用可不用，同时视频放大器也可省去。但必须指出，这种连接方法，对电路会造成一定的负面影响，如信号衰减、特性阻抗发生变化。

视频监控中心的建立，最终以监控中心管理人员的正确操作得以实现。典型的视频监控系统为管理人员提供如下功能。

1) 确定摄像机序号（位置）与监视器间的对应关系，以便管理人员识别。
2) 通过画面分割器，实现视频信号的重新组合。
3) 通过采集卡、硬盘，对前端已采集到的信号进行、A-D转换、压缩、记录和存储。
4) 控制监视器（电视墙）的画面。
5) 通过键盘显示某路的摄像机图像。
6) 通过键盘控制某路摄像机的动作方向（含预置位的设定）。
7) 通过键盘调整某路摄像机的画面。
8) 通过键盘调看显示器全路画面或单路画面。
9) 经授权回放记录画面。
10) 经授权处理布防和撤防。

3. 分控制台的主要设备及其功能

由于工作上的需要，监控系统只设立一个视频监控中心是不够的，往往还设立一个甚至几个分控制台（或称为分控台、分控点）点。分控点实际上就是一个小型的监控中心。一个分控点一般只设一台监视器和一个分操作控制键盘。由于主操作控制键盘与分操作控制键盘一般采用总线连接方式，所以两者之间具有相同的功能。如果系统主控台不接主控键盘，利用分控键盘也可以对整个系统进行权限范围之内的任意控制。各分控制台与主控制台之间，根据需要和可能还可设定优先控制权。

例如，某一分控制台专供主管使用，就可把它设置为第一优先控制权。当该分控制台对系统进行操作控制时，主控制台和其他的几个分控制台将暂时失去对系统的操作和控制能力。

2.3 网络视频监控系统

2.3.1 网络视频监控系统的原理

利用TCP/IP网络作为传输媒介的视频监控系统称为网络视频监控系统。

网络监控系统通过IP网络把原来分散的模拟视频监控组成一个互联互通、具有灵活权限管理的有机的系统,借助 IP 网络实现多级远程监控,从而使用户可以在任意位置通过网络实现视频监控和视频图像的存储、查看。

网络视频监控系统主要功能包括远程图像控制、录像、存储、回放、实时语音、图像广播、报警联动、电子地图、云台控制、数据转发、拍照以及图像识别等。目前主流的网络视频监控产品有网络视频服务器、网络摄像机(IP-CAMERA)、网络硬盘录像机(NVR)、IP 网络的视频管理服务器、IP SAN 网络存储平台、高清网络矩阵、智能网络矩阵、网络键盘、高清网络解码器和网络视频监控管理平台软件。

网络远程视频监控系统如图 2-44 所示。

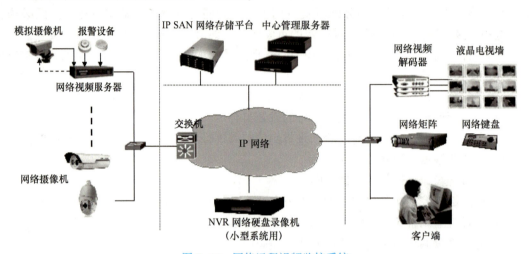

图 2-44 网络远程视频监控系统

2.3.2 网络视频监控组成

网络视频监控系统主要由前端系统、远程传输系统及中心控制系统 3 部分组成。

1. 前端系统

前端系统主要由网络摄像机或是模拟摄像机与网络视频服务器的组合构成,配以安装支架和供电电源。

(1) 网络摄像机(IP-CAMERA)

1) 网络摄像机简介。

网络摄像机是传统摄像机与网络视频技术相结合的新一代产品,除了具备一般传统摄像机所有的图像捕捉功能外,机内还内置了数字化压缩控制器和基于 Web 的操作系统,使得视频数据经压缩加密后,通过局域网、Internet 或无线网络送至终端用户。而远端用户可在自己的 PC 上使用标准的网络浏览器,根据网络摄像机带的独立 IP 地址,对网络摄像机进行访问,实时监控目标现场的情况,并可对图像资料实时编辑和存储,另外还可以通过网络来控制摄像机的云台和镜头,进行全方位地监控。

从外部结构来看,目前市面上的网络摄像机有一种为内嵌镜头的一体化机种,这种网络摄像机的镜头是固定的,不可换;另外一种则可以根据需要更换标准的 C/CS 型镜头,只是 C 型镜头必须与一个 CS-C 转换器搭配安装。但从内部构成上说,无论是哪种机型,网络摄像机的基本结构大多都是由镜头、滤光器、影像传感器、图像数字处理器、压缩芯片和一个具有网络连接功能的服务器所组成。

网络摄像机作为摄像机家族中的新成员,也有着与普通摄像机相同的操作性能,例如,具有自动白平衡、电子快门、自动光圈、自动增益控制和自动背光补偿等功能。另一方面,由于网络摄像机带有的网络功能,因此又可以支持多个用户在同一时间内连接,有的网络摄像机还具有双通道功能,可同时实现模拟输出和网络数字输出。

常见的网络摄像机如图2-45所示。

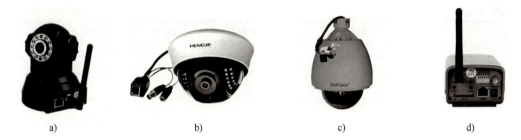

图2-45 常见的网络摄像机
a) 带云台网络摄像机　b) 网络半球摄像机　c) 网络球形摄像机　d) 网络枪机

2)网络摄像机的主要技术参数(大华 DH-IPC-HFW1235M-A-I1 为例)。

网络摄像机的主要技术参数见表2-7。

表2-7 网络摄像机的主要技术参数

参 数 名 称	参 数 值
摄像机	
外观	枪型
传感器类型	1/2.8" CMOS
像素	200万
数码图像最大分辨率	1920×1080像素
扫描方式	逐行扫描
电子快门	1/100000~1/3 s(可手动或自动调节)
最低照度	0.01Lux(彩色模式);0.001Lux(黑白模式);0Lux(补光灯开启)
信噪比	>56 dB
最大补光距离	50 m(红外)
补光灯	1盏(红外灯)
镜头	
镜头类型	定焦
镜头接口	M12
镜头焦距	3.6 mm
镜头光圈	F2.0
视场角	水平84°×垂直45°×对角100°

(续)

参 数 名 称	参 数 值
镜头	
光圈控制	固定光圈
近摄距	0.8 m
视频	
视频压缩标准	H.265；H.264；H.264B；MJPEG（仅辅码流支持）
智能编码	H.264：支持；H.265：支持
视频帧率	50 Hz 主码流（1920×1080 像素 25FPS），辅码流（704×576 像素 25FPS）；60 Hz 主码流（1920×1080 像素 30FPS），辅码流（704×480 像素 30FPS）
视频码率	H.264：32 Kbit/s～6144 Kbit/s；H.265：12 Kbit/s～6144 Kbit/s
日夜转换	ICR 自动切换
背光补偿	支持
强光抑制	支持
宽动态	支持
白平衡	自动；自然光；路灯；室外；手动；区域自定义
增益控制	自动；手动
降噪	3D 降噪
默认分辨率下默认码流	4096 Kbit/s（1080 P）
图像翻转	支持
走廊模式	90°/270°（1080 P）
镜像	支持
隐私遮挡	4 块
音频	
内置 MIC	支持
音频压缩标准	G.711A；G.711Mu；G.726；AAC；PCM
音频采样率	8 kHz/16 kHz
报警	
报警事件	网络断开；IP 冲突；非法访问；动态检测；视频遮挡；音频异常侦测；安全异常
网络	
网络接口	1 个（RJ-45 网口，支持 10 MB/100 MB 网络数据）
网络协议	IPv4；IPv6；HTTP；TCP；UDP；ARP；RTP；RTSP；SMTP；FTP；DHCP；DNS；NTP；Multicast；DDNS
接入标准	ONVIF（Profile T；Profile S）；CGI；GB/T 28181—2011；乐橙
预览最大用户数	6 个（总带宽：36 MB）

(2) 网络视频服务器（DVS）

1) 网络视频服务器简介。

网络视频服务器主要功能是，将输入的模拟音、视频信号经数字化和视频 MPEG-4 压缩算法和音频 G.729/ADPCM 压缩算法处理后（或其他如 MJPEG、MPEG-1 压缩算法），通过

IP 网将低码率的视音频编码数据以 IP 包的形式传送给多个远端 PC 或网络视频解码器,实现音视频的远程传送、网络视频监控和存储,从而实现远程实时监控。

从某种角度上说,视频服务器可以看作是不带镜头的网络摄像机,或是不带硬盘的 DVR,它的结构也大体上与网络摄像机相似,是由一个或多个模拟视频输入口、图像数字处理器、压缩芯片和一个具有网络连接功能的服务器所构成。由于视频服务器将模拟摄像机成功地"转化"为网络摄像机,因此它也是网络监控系统与当前 CCTV 模拟系统进行整合的最佳途径。

视频服务器除了可以达到与网络摄像机相同的功能外,在设备的配置上更显灵活。网络摄像机通常受到本身镜头与机身功能的限制,而视频服务器除了可以和普通的传统摄像机连接之外,还可以和一些特殊功能的摄像机连接,例如:低照度摄像机、高灵敏度的红外摄像机等。

目前市场上的 DS-6704HW 网络视频服务器(如图 2-46 所示)以 1 路和 4 路视频输入为主,通常具有在网络上远程控制云台和镜头的功能。另外,有些视频服务器还可以支持音频实时传输和语音对讲功能以及动态侦测和事件报警功能。

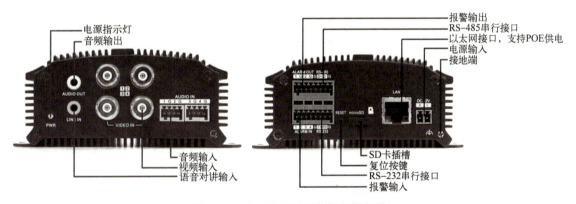

图 2-46　DS-6704HW 网络视频服务器

2)网络视频服务器的主要技术参数(大华 DH-NVR2104HS-HD/C)。

网络服务器的主要技术参数见表 2-8。

表 2-8　网络服务器的主要技术参数

参 数 名 称	参　数　值
系统参数	
主处理器	工业级嵌入式微控制器
操作系统	嵌入式 Linux 操作系统
操作界面	Web 方式/本地 GUI 操作
视频参数	
网络带宽	40 Mbit/s 接入、40 Mbit/s 存储、20 Mbit/s 转发
解码能力	1 路 6MP、25FPS 或 1 路 5MP、25FPS 或 2 路 4MP、25FPS 或 2 路 3MP、25FPS 或 4 路 1080P、25FPS 或 8 路 720P、25FPS

(续)

参 数 名 称	参 数 值
视频参数	
视频输出	1路VGA输出，1路HDMI输出，其中VGA和HDMI同源输出，最大输出分辨率1080P
接入路数	4路
分辨率	6MP/5MP/4MP/3MP/1080P/960P/720P/D1/VGA/CIF
画面分割	1、4分割
三方摄像机接入	ONVIF、RTSP
压缩标准	
视频压缩标准	Smart H.265/H.265/Smart H.264/H.264
音频压缩标准	G.711A/G.711U/PCM/G726
网络	
网络协议	HTTP、HTTPS、TCP/IP、IPv4、RTSP、UDP、NTP、DHCP、DNS、P2P
接入标准	ONVIF（profile S）、CGI、SDK
录像回放	
多路回放	最大支持4路回放
录像方式	录像方式和优先级：手动录像>报警录像>动态检测录像>定时录像
存储方式	本机硬盘、网络等
备份方式	外接USB存储设备
回放功能	1. 支持播放/暂停/停止/快进/快退/倒放/逐帧播放 2. 支持全屏、备份（剪切/文件）、局部放大、开关音频功能
报警	
普通报警	支持动检、视频遮挡、视频丢失、PIR报警、IPC外部报警
异常报警	支持前端设备掉线、存储错误、存储空间满、IP冲突、MAC冲突、登陆锁定、网络安全异常
报警联动	录像、抓图、日志记录、预置点、轮巡

知识拓展：

D1、CIF是常用的标准化图像格式中，视频采集设备的标准采集分辨率。

CIF=352×288像素，D1=720×576像素

码流：经过视频压缩后每秒产生的数据量。

帧率：每秒现实图像的数量。

分辨率：每幅图像的尺寸（即像素数量）。

设置帧率表示想要的视频实时性，设置分辨率是表示想要看的图像尺寸大小，而码率的设置取决于网络、存储的具体情况。

标清与高清的区别如图2-47所示。

2. 远程传输系统

由于网络视频监控是建立在网络的基础上，因此只要网络可以覆盖的地方，信号就能畅通无阻。若是基于广域网的远程视频监控系统，在世界上任何一个地方只要有网络就可以监控。可以看出，远程监控不需要有自己的专用传输线，它需要的是一个良好的网络环境。

图 2-47 标清与高清的区别

（1）网络视频监控传输方式

网络视频监控主要的传输方式是通过有线网络、无线 IP 网络和光纤通信技术等把视频信息以数字化的形式来进行传输。只要是网络可以到达的地方就一定可以实现视频监控和记录，并且这种监控还可以与很多其他类型的系统进行完美的结合。

（2）实现远程视频监控传输的关键技术

在远程网络视频监控系统中，需要采用许多先进的技术，主要有数字视频压缩编码技术、网络传输技术、IP 组播技术以及多线程技术。

1）数字视频压缩编码技术。

由于流媒体信息源所产生的数据量非常大，如果直接进行传输或存储，将会对网络带宽和存储空间带来很大的负担。因此，流媒体数据在传输或存储之前，先要进行压缩处理，以便存储和传输，传送到目的地后再解压缩播放出来。在本系统中采用 MPEG-4 编解码技术。

2）网络传输技术。

视频图像的传输质量直接影响系统的监控质量，数字视频信号虽然已经过压缩，但数据量还是很大，特别是当几路视频信号同时在网络上传输时，大量的数据传输会使得传输网络变得拥挤，这会造成数据的延迟及丢失，因此良好的网络通信通道和通信协议的选择至关重要，IP 协议是 IP 层通用的协议；常用的传输层协议有 TCP、UDP、实时传输协议 RTP（Real-time Transport Protocol）和实时传输控制协议 RTCP（Real-time Transport Control Protocol）等。

3）IP 组播技术。

在 IP 协议下，视频数据的传送采用组播（Multicast）方式，对那些要接收视频流的客户机，传输端通过一次传输就可以将信息同时传送到一组接收者；这样可以有效地减轻网络负担，避免网络资源的浪费；也使发送端编程更简洁。IPv4 中的 D 类地址即是组播地址，最高位为 1110，范围是 224.0.0.0～239.255.255.255。

4）多线程技术。

为了使编解码和数据的传输能同步进行，应用程序采用多线程结构。进程是应用程序的执行实例，线程是 Win32 的最小执行单元，一个进程包含一个主线程，可以建立另外的多个线程。线程是系统分配处理器时间的基本单元，并且一个进程中可以有多个线程同时执行代码。Win32 API 可提供多线程编程，但是开发难度大，MFC 对其进行了封装，并且封装了事件、互斥和其他 Win32 线程同步对象，提供了 CwinThread 类，使编程更加方便、快捷。

3. 中心控制系统

中心控制系统是整个远程监控系统的大脑，包含控制子系统、存储子系统以及显示子系统等。

（1）控制子系统

控制子系统主要指的是视频监控系统的管理平台软件和配套设备，如网络矩阵、网络键盘等。

1）管理平台软件。

视频监控系统的管理平台软件是整个视频监控系统的核心。系统内任何的操作、配置和管理都必须在平台上完成，或通过平台注册，由其他设备或软件客户端完成。软件具备 C/S、B/S 两种架构，支持报警系统与视频监控系统的联动管理。软件采用模块化设计，可以分服务器安装系统模块，以降低服务器的资源处理压力。

大华 DSS7016 平台客户端如图 2-48 所示。

图 2-48　大华 DSS7016 平台客户端

2）网络键盘。

系统可采用网络键盘，支持中/英文操作界面和中/英文 Web 设置界面，接入系统中的交换机，经平台注册后，可以通过网络方式控制智能网络矩阵、嵌入式 DVR、NVR、网络高清球机、网络标清球机、客户端软件、网络高清解码器和数字矩阵（虚拟矩阵），可以通过 RS-485 通信方式的直接控制前端球云台/解码器、控制串口矩阵和控制主流品牌嵌入式 DVR。

大华 DH-NKB5000 网络键盘如图 2-49 所示。

3）网络音视频解码器。

网络音视频解码器的主要作用是接收流媒体服务器或编码器上的媒体流或网络摄像头信

号并解码，经自适应解码后，将视频和音频输出至 SDI、DVI-I、HDMI 接口到达显示设备。编码器和解码器是一个相反的过程，由前端信号源输入图像，编码器进行编码，通过网络传输到远端，再通过解码器进行解码，输出图像。

大华 DH-NVD0605DH-4I-4K 网络音视频解码器如图 2-50 所示。

图 2-49　大华 DH-NKB5000 网络键盘　　图 2-50　大华 DH-NVD0605DH-4I-4K 网络音视频解码器

网络音视频解码器的主要参数（大华 DH-NVD0605DH-4I-4K）见表 2-9。

表 2-9　网络音视频解码器的主要参数

参 数 名 称	参 数 值
系统参数	
主处理器	高性能嵌入式处理器
操作系统	嵌入式 Linux
功能参数	
视频输出路数	6 路 HDMI
接入标准	GB/T 28181—2011；ONVIF；General；大华私有；海康私有
视频压缩标准	MPEG2；SVAC；MPEG4；MJPEG；H.264；H.265
音频压缩标准	PCM/G711/AAC
输出支持分辨率/像素	1024×768、1280×720、1280×1024、1920×1080、1920×1200、2048×1152、3840×2160、4096×2160，默认为 1920×1080
码流类型	复合流/视频流
视频输入	2 路 DVI-I 输入口，2 路 HDMI 输入口
画面分割	单屏支持 1/4/6/8/9/16/25/36 固定分割 支持 M×N 自定义分割，M×N<=36
拼接能力	支持最大 6 块屏的任意拼接显示
开窗漫游	支持任意开窗、漫游，最大支持 36 路开窗
预案轮巡	支持预案保存，预案轮巡，定时预案，支持设置轮巡间隔时间
小间距 LED	支持自定义分辨率输出，支持小间距 LED 对接
底图底色	支持电视墙默认底色设置，支持高清底图显示
智能功能	支持对智能前端人脸、人群密度、智能规则等智能码流进行大屏展现
虚拟 LED 功能	支持在大屏上叠加 OSD 文字信息，支持位置、字体大小等自定义设置
输入支持分辨率/像素	3840×2160、1920×1080、1600×1200、1680×1050、1440×900、1400×1050、1366×768、1280×1024、1280×960、1280×800、1280×720、1152×864、1024×768、800×600
接口	
视频输出	6 路 HDMI

(续)

参 数 名 称	参 数 值
接口	
音频输出	6路 HDMI
报警输入	4路
报警输出	4路
网络接口	2个 RJ-45 10 MB/100 MB/1000 MB 自适应以太网口
RS-232 接口	3个（1个 DB9 接口，2个 RJ-45 接口）
USB 接口	2个 USB 接口
TF 卡插槽	无
RS-485 接口	1个

(2) 存储子系统

存储子系统是为监控点提供存储空间和存储服务的系统，是为用户提供录像检索与点播的系统。网络视频监控系统提供前端存储、中心存储和客户端存储3种方式。

前端存储就是将视频录像存储在 DVR 自带的硬盘中；中心存储是将视频录像存储在中心平台的录像服务器所支持的硬盘阵列中或者是网络存储所支持的磁盘阵列中；客户端存储是将视频录像存储在客户端浏览地监控机器中的磁盘。

一般确定存储地点的原则如下：前端存储，如果用户对存储图像实时性要求较高，同时前端设备的可靠性能够得到保证，采用前端存储；中心存储，如果前端没有存储功能一般采用中心存储，另外中心存储可以作为前端存储的备份；客户端存储，一般作为临时性的视频图像的存储，如抓拍、手动录像。

目前视频监控的存储技术有数字硬盘录像机（DVR）硬盘存储、直接附加存储（DAS）、网络附加存储（NAS）和存储区域网络（SAN）等，各有利弊。视频监控系统主要包括本地存储和网络存储两种存储模式，除 DVR 硬盘存储为本地存储模式外，其余均为网络存储模式。

1) 数字硬盘录像机（DVR）硬盘存储。

DVR 硬盘存储为本地存储模式，数字硬盘录像机内设置硬盘，DVR 根据硬盘地址顺序规划逻辑盘符。图像数据根据盘符顺序，依次写入硬盘。DVR 视频数据的存储结构大多使用 IDE 硬盘和 E-IDE 硬盘总线完成硬盘控制和扩展功能，对硬盘在振动、散热等方面均有较高要求。具体来说主要存在以下弊端。

① 故障率高：采取硬盘顺序储存的方式，故障较多，而且发生故障就需要更换硬盘，数据丢失不可恢复。

② 数据分散：视频图像管理存在困难，难以实现集中控制。

③ 存储量小：无法在线扩容。

但是由于其设备便宜，维护成本低，目前仍较为广泛地应用于视频监控系统中，适合用于数据安全性、实时性要求不高，传输量较小的视频监控系统。

2) DAS。

直接附加存储（Direct Attached Storage，DAS）架构出现比较早，指将存储设备通过 SCSI 接口或光纤通道直接连接到一台计算机上，是通过硬盘录像机或服务器，直接连接磁盘阵列柜实现存储的模式。DAS 示意图如图 2-51 所示。

DAS 技术的适用条件为：

① 数台服务器在地理分布上很分散，通过其他方式使它们之间建立联系非常困难。

② 存储系统必须直接连接到应用服务器。

③ 存储设备无需与其他服务器共享。

DAS 技术主要优点是存储容量扩展的实施简单，投入成本少，见效快。但这种存储技术中存储设备依赖服务器，与服务器主机之间的连接通道通常采用 SCSI 连接，带宽为 10 MB/s、20 MB/s、40 MB/s 和 80 MB/s 等。其本身是硬件的堆叠，不带有任何存储操作系统，SCSI 通道资源有限会成为系统 I/O 的瓶颈。具体来说主要存在以下弊端：

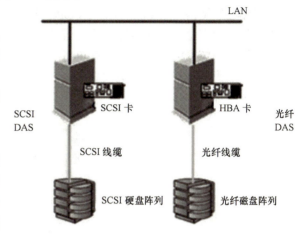

图 2-51　DAS 示意图

① 资源无法实现共享，尤其是跨平台文件。

② 服务器效能低，而且因数据量存在差异而造成各服务器管理存储空间使用不均衡。

③ 用户需要不断及时备份数据和存储数据，存在一定困难，容易造成数据丢失。

④ 为了拓展业务增加服务器或者存储设备，使得数据管理更加复杂，无法实现集中管理。

3）NAS。

网络附加存储（Network Attached Storage，NAS）是一种将分布、独立的数据整合为大型、集中化管理的数据中心的技术，其服务器与存储之间的通信使用 TCP/IP 协议，以便于对不同主机和应用服务器进行访问。简单来说，NAS 拥有独立嵌入式操作系统，通过网线连接磁盘阵列，不需要依靠任何其他主机设备，可以无需服务器直接上网。NAS 示意图如图 2-52 所示。

NAS 技术适用条件为：

① 能够满足那些无法承受 SAN 昂贵价格的中小企业的需求，性能价格比较高。

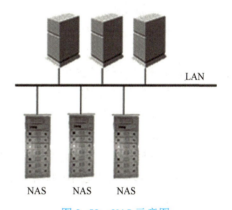

图 2-52　NAS 示意图

② 不要求特定的客户端支持，即可供 Windows、UNIX、Linux 和 Mac 等操作系统访问。

③ 客户端数目或来自客户端的请求较少。

NAS 最主要的应用就是中小企业或部门内部的文件共享，具体来说主要存在以下弊端。

① 采用 File I/O 方式，客户端或客户请求较多时，服务器承载能力仍显不足。

② 进行数据备份时需要占用局域网的带宽，造成 I/O 响应时间长。

③ 只能对单个 NAS 内部设备中的磁盘进行资源整合，进行独立管理。

4) SAN。

存储区域网络（Storage Area Network，SAN）是一种与局域网分离的专用网络，它将几种不同的数据存储设备和相关联的数据服务器都连接起来，是一个连接了一个或者几个服务器的存储子系统网络，具有高带宽和高性能，很好的扩展性，对于数据库环境、数据备份和恢复存在巨大的优势。SAN 是独立出一个数据存储网络，网络内部的数据传输率很快。SAN 存储示意图如图 2-53 所示。

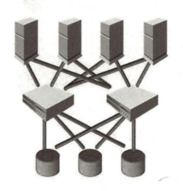

图 2-53　SAN 存储示意图

SAN 存储技术适用条件为：

① 存储量大的工作环境，使用存储的服务器相对比较集中。

② 对数据备份、共享与带宽、可扩展性等系统性能要求极高。

③ 有一定经济承受能力的企业或公司。

但 SAN 存储技术也存在以下弊端。

① 成本较高，需要专用的连接设备如 FC 交换机、HBA 卡（主机通道适配器）等，价格昂贵。

② 构成 SAN 存储区域孤岛。

③ 操作系统仍停留在服务器端，管理复杂，需要专业技术人员维护。

SAN 存储技术根据其传输介质的不同又可以细分为 FC-SAN 和 IP-SAN。所谓 FC-SAN 即采用光纤传输，其主流产品带宽目前一般提供 2~4 Gbit/s 的传输速率。IP-SAN 中所采用通信协议实际上是一个互联协议，通过将 SCSI 协议封装在 IP 包中，使得协议能够在 LAN/WAN 中进行传输，即通过 IP 网络来实现。

5) iSCSI。

iSCSI 存储使用专门的存储区域网成本很高，利用普通的数据网来传输 SCSI 数据实现和 SAN 相似的功能，提高系统的灵活性。它将原来用存储区域网来传输的 SCSI 数据块改为利用普通的 TCP/IP 网来传输，成本相对 SAN 来说要低得多。目前该项技术存在的主要问题是：

① 通过普通网卡存取 iSCSI 数据时，解码复杂，增加成本。

② 存取速度等受网络运行状况的影响。

6) 网络硬盘录像机（NVR）。

网络视频监控系统中心控制具有代表性的设备是网络硬盘录像机（NVR）。NVR 最主要的功能是通过网络接收 IPC（网络摄像机）设备传输的数字视频码流，并进行存储、管理，从而实现网络化带来的分布式架构优势。与网络摄像机或视频编码器配套使用，实现对通过网络传送过来的数字视频的记录。网络硬盘录像机如图 2-54 所示，图 2-55 系统结构图为 NVR 的典型应用。

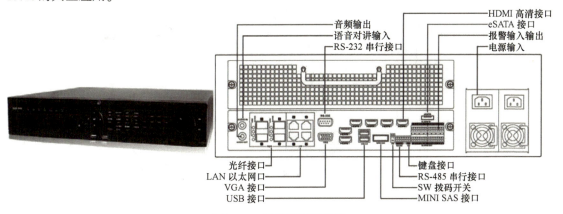

图 2-54　网络硬盘录像机

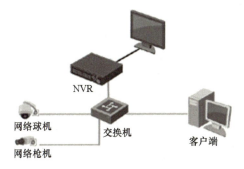

图 2-55　NVR 典型应用结构示意图

7）IP SAN。

IP SAN 基于十分成熟的以太网技术，由于设置配置的技术简单、低成本的特色相当明显，而且普通服务器或 PC 只需要具备网卡，即可共享和使用大容量的存储空间。由于是基于 IP 协议的，能容纳所有 IP 协议网络中的部件，因此，用户可以在任何需要的地方创建实际的 SAN 网络，而不需要专门的光纤通道网络在服务器和存储设备之间传送数据。同时，因为没有光纤通道对传输距离的限制，IP SAN 使用标准的 TCP/IP 协议，数据即可在以太网上进行传输。大华 DH-EVS5016S 的 IP SAN 如图 2-56 所示。基于 IP SAN 的网络视频监控系统如图 2-57 所示。

图 2-56　大华 DH-EVS5016S

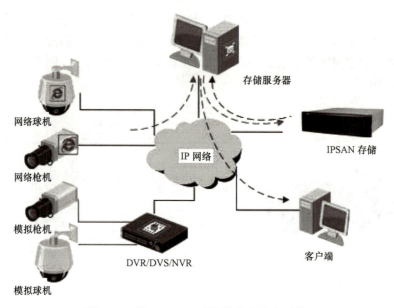

图 2-57　基于 IP SAN 的网络视频监控系统

IP SAN 的主要参数见表 2-10（大华 DH-EVS5016S）。

表 2-10　IP SAN 的主要参数

参 数 名 称	参　数　值
功能特性	
RAID 即建即用	RAID 创建后可以直接使用，无须等待
集群服务	支持 N+M 集群功能
抽帧存储	支持抽帧存储功能，支持时间及抽帧率可设定
IPSAN 功能	支持逻辑卷的动态在线扩展
RAID 写同步	支持 RAID 写同步技术，确保数据安全
RAID 重建	支持动态调整 RAID 重建速度，保证系统负载均衡
断网续传	支持前端断网时间段内 SD 卡中的录像回传到设备中
流媒体协议	海康等接入协议；GB/T 28181—2011；ONVIF
网口特性	支持负载均衡、容错等网口绑定模式
录像回放	支持 Web 端录像回放；支持录像秒级检索，回放速度可调节
一键 RAID 功能	支持一键快速创建 RAID
视频流模式	支持视频流直存
前智能接入	支持 MPEG4、MJPEG、H.264、H.265、SVAC 编码格式的前端网络摄像机接入；支持双目、三目、热成像、守望者系列等前端网络摄像机接入；支持前智能人脸检测、人体检测、通用行为分析、车辆检测
硬盘参数	
硬盘安装	独立硬盘支架
硬盘处理	支持磁盘坏道映射，延长硬盘使用寿命
硬盘个数	支持 16 块企业级硬盘

(续)

参数名称	参数值
硬盘管理	非工作盘休眠，利于散热和降低功耗，延长硬盘寿命
硬盘兼容性	支持 SATA 盘混插，支持 SSD 硬盘，支持 2.5、3.5 英寸硬盘，不支持 SAS 盘
硬盘热插拔	支持硬盘热插拔、在线更换
硬盘状态检测	支持硬盘使用前预检、使用中周期性巡检
硬盘使用模式	SRAID；Hot-Spare（热备）；JBOD；RAID6；RAID5；RAID1；RAID0；单盘
网络	
网络协议	NFS；SMB；RTP；RTCP；SNMP；FTP；iSCSI；NTP；UDP；RTSP；HTTP

（3）显示子系统

显示子系统包括监视器和液晶拼接屏。

视频监控显示子系统对监视器显示要求高，具有超高亮度、超高对比度、超耐用性以及超窄边应用，专业液晶监视器即使是在强光照射下也清晰可见（显示子系统关于大屏幕显示部分可参见本书第 8 章）。

2.3.3 网络视频监控系统与传统视频监控系统的区别

传统的闭路监控系统（包括以 DVR 为主的区域监控系统）采用视频线缆或者光纤传输模拟视频信号的方式，对距离十分敏感，相比于网络视频监控系统，跨地域长距离传输不够经济便利，一般以局部的区域进行集中监控，远距离的传输一般采用点对点的方式进行组网，整个系统的布线工程大，结构复杂，功耗高，费用高，需要多人值守；整个系统管理的开放型和智能化程度较低。

网络视频监控系统采用灵活的租用方式（主要采用 IP 宽带网），多个用户可以共用一套中心控制平台，用户投入、使用简便，用户能远程进行浏览与控制，原则上任何可以上网的地方都可以进行浏览与控制。它还引入了许多新的数字化技术成果（如图像识别技术），弥补了传统视频监控系统的不足，提供了增值业务能力，扩展了功能和范围，提高了系统的性能和智能化。

此外，网络视频监控系统中网络摄像机采用了数字信号处理器，更方便进行图像处理，从而实现智能化监控，例如采用图像识别进行越界侦测、场景变更侦测、区域入侵侦测、音频异常侦测、移动侦测、人脸侦测、动态分析及遮挡报警等智能化分析。

2.4 视频监控系统的配置设计与实施

当今，视频监控是安防系统不可或缺的组成部分，它有时在小区内与楼宇对讲、周界防范、电子巡更一起构成一个大的防范体系，但在更多的场合是以独立的形式承担技术防范任务，这主要得益于它的实时性和高度的准确性，又兼有可记录且能长时间存储的特点。因此，视频监控防范越来越备受人们的青睐。下面以某小区的视频监控建设为例，分别对项目概况、设计依据、设计原则、系统功能、系统特点、系统原理图、系统构成及方案说明进行介绍。

1. 项目概况

某小区面积 2 万平方米，住有 300 来户人家，拥有较大的休闲活动草坪，一座可停放 100 余辆小车的地下停车场。小区有一个主入口，一个副入口，9 部电梯，东、西、北合计两千余米的围墙。

2. 设计依据

以设计的图样和投标的文件为基础，并依据下述国家有关标准进行工程设计。
- GA/T 74—2017《安全防范系统通用图形符号》。
- GB 12663—2001《防盗报警控制器通用技术条件》。
- GA 308—2019《安全防范系统验收规则》。

GB 50303—2015《建筑电气工程施工质量验收规范》。

GB/T 50314—2006《智能建筑设计标准》。

GB 50339—2013《智能建筑工程质量验收规范》。

GB 50348—2018《安全防范工程技术规范》。

3. 设计原则

对弱电系统的深化设计及设备配置，必须遵循国家有关标准、规范和规定，做到技术先进、安全可靠、使用方便、实用性强和性价比高。弱电技术系统的设计应具有可扩展性、开发性和灵活性，为系统集成、升级及增容预留空间。

1）先进性与实用性。系统设计强调先进性，且符合当前的技术主流和今后发展趋势，具有一定的超前性，同时注重系统的实用性。

2）安全性。在软件方面，系统对数据的存储和访问，应具有相应的安全措施，以防止数据被破坏、窃取。在硬件方面，设备运行应稳定可靠，故障率低，容错性高，且具有破坏报警的功能。

3）兼容性和扩展性。根据视频监控设备制造厂家众多的特点，系统应具备开放性和兼容性，采用模块化设计，尽可能兼容多个厂家的产品，为日后设备扩展、维护预留空间。各子系统采用结构化和标准化设计，子系统之间留有接口，为子系统扩充、集成提供一个良好的环境。

4. 系统功能

系统实现的功能主要有：
- 主、副入口的人、物、车辆 24h 不间断监控。
- 草坪夜视隐蔽监控。
- 区内主路口夜视监控。
- 电梯轿厢视频监控。
- 实时显示和录像达到 24 路视频。
- 同时视频回放和录像。
- 报警触发录像。
- 报警输入/输出接口。
- 视频移动探测报警录像。
- 支持多种语言（简体中文、繁体中文和英文）。
- 支持电话线、公网（ADSL 和宽带网）和计算机局域网进行交互式在线访问和录像回放。
- 支持云台预置位、巡航扫描等功能。
- 移动报警、探头报警均支持联动选择报警盒输出。

5. 系统特点

1）多通道实时性。系统采用实时并行处理技术、实现 1~24 路的实时压缩处理。每个通道均可独立操作且互不干扰，可对每个通道的高度、对比度、色度和饱和度进行调整。

2）长时间录像存储。每路每小时占用的空间在 800~900 MB。

3）智能录像管理。每路均可根据独立的时间表在一周内灵活安排录像日程；每天可在 24 h 内任意设置录像时段；系统自动删除过时的录像文件；系统可根据每路的报警设置进行报警录像联动处理。

4）精细查询、回放功能。用户可根据摄像枪编号、时间段和事件等条件准确快速查找到所需要的录像文件，并回放。回放时可随意采用快进、慢放、逐帧、逐秒和重复等方式，图像可以全屏放大。

5）高效成熟的压缩算法。系统采用 MPEG4/H.265 算法，压缩比高，图像质量好。

6）系统稳定性。系统设计时充分考虑了长时间运行的稳定性问题，在硬件和软件中设有异常检测和系统自逾功能，系统一旦有严重异常故障，会在 20 s 内复位，并在重新启动后记录下最后的运行资料。

6. 系统原理图

根据项目要求，某小区视频监控系统配置示意图如图 2-58 所示。

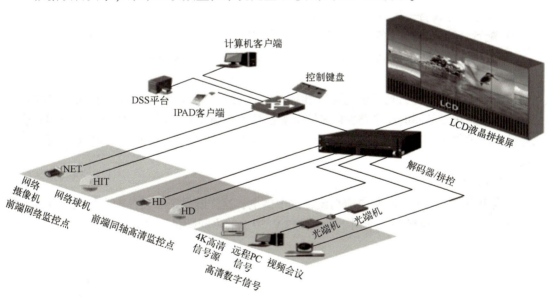

图 2-58 某小区视频监控系统配置示意图

7. 系统构成及方案说明

视频监控系统由前端、控制、显示录像、存储、传输和电源 6 大部分组成。

（1）前端部分

前端部分由摄像机、云台镜头和解码器等设备组成。系统以防范为目的，摄像机重点安装在人群主要活动区域，如车库、主要路口和管理死角等场所，同时应利于图像采集，便于事后取证和核查。此外，摄像机及相关设备位置的设置应在满足技术的条件下，尽量与周边建筑物、景观协调一致。根据甲方招标图样要求，项目一期为1~6号楼的周界以及停车场、电梯轿厢的监控。

具体安排如下。
- 停车场进、出口以及周界安装200万像素红外定焦海螺网络摄像机，共9台。
- 停车库内安装200万像素的红外定焦枪型网络摄像机，共6台。
- 电梯内安装彩色半球摄像机，共9台。
- 休闲草坪安装一体化球机，共两台。

（2）控制部分

控制部分设在控制室，根据甲方要求控制室应具备以下的功能：

1）提供系统设备所需的电源，包括前端摄像机在内都统一供电（包括POE供电）。

2）监视和录像，并能显示时间、位置信息。

3）通过NVR和计算机、PAD等对前端设备进行操作控制，输出联动和报警信号。

（3）显示录像和存储部分

在视频显示画面数与前端摄像机进行搭配时，做到配比合理，即合乎人的视觉生理特点，也保证甲方投入的实用性和经济性。各摄像机信号输出经传输系统至主控室后，在进行录像的同时，以多画面的形式在液晶屏上显示，并可将任一图像切换出来单独显示，还可对前端球机进行操作控制。

1）录像存储设备采用NVR录像机和4块4 TB的硬盘。

2）配置计算机、PAD各1台，可进行操作控制。

3）采用3×3、55 in液晶拼接屏进行显示，配备解码和拼接控制器。

（4）传输部分

传输部分由网络线、光纤、电源线和网络交换机、网桥等组成（根据现场情况配置）。传输网络是系统设备间的高速路，它连接前端设备和控制设备。所有的传输线缆必须符合国家标准和相关规定。网络线采用6类线，电源线为RVV 2×1.0，POE供电部分则不用电源线。

（5）电源部分

根据甲方要求，由控制室向前端设备集中供电，这样既保证了监控前端稳定，又便于管理。系统共有26个摄像头，采用1个DC 12 V/30 A的不间断稳压电源。

2.5 实训

2.5.1 各种典型摄像机的安装与调试

1. 实训目的

1）熟悉各种典型摄像机的种类。

2）熟悉各种典型摄像机的安装方式。

3）掌握各种典型摄像机的基本调试方法。

6-云台一体化摄像机

2. 实训设备

1）各种典型摄像机（半球摄像机、枪式摄像机、带红外补偿摄像机、一体化摄像机、快速球形摄像机、网络摄像机以及烟感型摄像机）。

2）各种摄像机电源。

3）监视器。

4）便携式万用表、一字螺钉旋具、十字螺钉旋具以及视频线等。

3. 实训步骤与内容

7-网线制作实例

（1）了解各种摄像机的应用

（2）摄像机、镜头的安装调试

1）镜头的安装调试。

① 去掉摄像机及镜头的保护盖。

② 将镜头轻轻旋入摄像机的镜头接口，并使之到位。

③ 对于自动光圈镜头，还应将镜头的控制线连接到摄像机的自动光圈接口上。

2）调整镜头光圈与对焦。

① 关闭摄像机上电子快门及逆光补偿等开关。

② 将摄像机对准欲监视的场景，调整镜头的光圈与对焦环，使监视器上的图像最佳。此时，镜头即调整完毕。

3）摄像机本体安装。

① 在摄像机下部或上部都有一个安装固定螺孔，用一个 M6 或 M8 的螺栓加以固定。一般标准的支架、吊架或防护罩均配有这种专门用于固定摄像机的螺栓。

② 摄像机应先安装于防护罩内，然后再安装到云台或支架上。

（3）摄像机防护罩、支架的安装调试

1）普通枪机式防护罩的安装。

① 打开防护罩的上盖。

② 将紧固摄像机滑板的螺钉拧松，取下摄像机滑板。

③ 用装配螺钉（一般防护罩的配件包中均配有）将摄像机固定在滑板上，将滑板及摄像机放入防护罩内。

④ 若镜头可调，则将镜头扩大至最大长度，滑动摄像机滑板，使摄像机、镜头与滑板处于防护罩内的最佳位置，将其固定牢固。

⑤ 将出线护口安装在防护罩底槽上，连接摄像机的视频电缆，将摄像机的电源线、控制电缆连接到防护罩的接线排上。

⑥ 将防护罩的出线孔锁紧，调整好摄像机的焦距，关闭防护罩的盖子。

2）摄像机支架的安装。

① 采用 4 个螺栓安装支架，并固定。

② 将摄像机放入防护罩中，再安装在支架上。

（4）摄像机的基本连接

1）使用同轴电缆（75Ω）将摄像机的 VIDEO OUT（BNC 接口）连接到监视器或录像机的 VIDEO IN 端子上。

2）将电源接入摄像机的电源接线端子上，加电后摄像机的 POWER 灯将点亮。接入电源时要注意摄像机的供电电压的极性（摄像机的供电一般有 DC 12 V、DC 24 V 或 AC 220 V 三种方式）。若电源连接错误，则会导致摄像机损坏。

（5）安装摄像机应注意的问题

1) 应满足监视目标现场范围的要求，使安装的摄像机具有防损坏、防破坏的能力。室内摄像机的安装高度以 2.5~5 m 为宜，尽可能不低于 2.5 m；室外安装以 3.5~10 m 为宜，距离地面应不低于 3.5 m。

2) 安装在电梯轿厢内的摄像机，应安装在其顶部，与电梯操作器成对角处，且摄像机的光轴与电梯的两壁及顶棚成45°。各类摄像机的安装应牢固，注意防破坏。摄像机配套设备（防护罩、支架、刮水器等设备）安装应灵活可靠。

3) 摄像机在安装前，应逐个通电检查和粗调。在调整后，焦面、电源同步等参数处于正常工作状态后方可进行安装。

4) 摄像机在功能检查、监视区域的观察及图像质量达标后方可进行固定。

5) 在高压带电地设备附近安装摄像机，应遵守带电设备的安装规定。

6) 摄像机的信号线和电源线应分别引入，并用金属管保护，以便不影响摄像机转动。

7) 摄像机镜头应避免强光直射和逆光安装。

4. 实训结果

写出实训结果、遇到的问题、解决方法以及实训心得体会。

2.5.2 硬盘录像机的基本操作

1. 实训目的

1) 了解硬盘录像机的作用及其应用。
2) 掌握硬盘录像机的基本操作方法。

2. 实训设备

1) 硬盘录像机、监视器和摄像机。
2) 便携式万用表、一字螺钉旋具、十字螺钉旋具、插接线和视频线等。

3. 实训步骤与内容

1) 熟悉硬盘录像机、监视器、摄像机等设备以及它们的外观及引线端子。
2) 硬盘录像机的基本操作。

要求教师按照图 2-59 所示将系统连接好并完成相应设置，然后再由学生完成如下操作。

① 开机。打开后面板电源开关，设备开始起动，"电源"指示灯呈绿色。

② 预览。设备正常启动后会直接进入预览画面，在预览画面上可以看到叠加的日期、时间、通道名称。屏幕下方有1行表示每个通道的录像、报警状态图标、系统当前时间及主口和辅口输出状态。

按数字键可以直接切换通道并进行单画面预览。

按〈编辑〉键，可以按通道顺序进行手动切换。

按〈多画面〉键，可以对显示的画面数进行选择、切换。

③ 关机。当系统处于停止录像状态时，按下面板或遥控器上的开关键，系统关闭。

④ 录像操作。可按照设置好的时间定时录像或报警触发时自动录像。

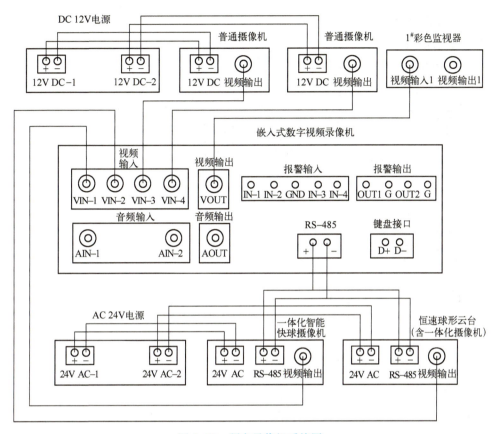

图 2-59 硬盘录像机系统图

⑤ 停止录像。对于定时录像，时间一到，录像停止；对于报警录像，在报警消除后，录像停止。

⑥ 放像操作。选择某一通道进行放像操作。

4. 实训结果

写出实训结果、遇到的问题、解决方法以及实训心得体会。

2.5.3 硬盘录像机的连接与调试

1. 实训目的

1) 熟悉硬盘录像监控系统的组成与原理。
2) 掌握硬盘录像监控系统的连线方式。
3) 熟悉数字硬盘录像机面板和遥控器上各按键的功能。
4) 掌握硬盘录像机的定时录像功能和查看录像记录的各种方法。
5) 掌握一体化智能快球摄像机和恒速球形云台及镜头的控制操作。
6) 掌握硬盘录像机移动侦测、外部报警的功能。

2. 实训设备

1) 硬盘录像机、监视器和摄像机。
2) 便携式万用表、一字螺钉旋具、十字螺钉旋具、插接线和视频线等。

3. 实训步骤与内容

（1）实训连接图

按照图 2-60 所示进行硬件连接。

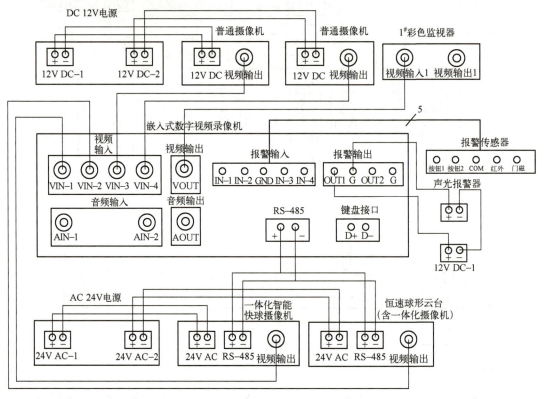

图 2-60　硬盘录像机系统接线图

（2）系统调试

1）系统正确连线及通电。

见监视器的基本操作部分。

参考图 2-60 所示的连线图接线，确保无误后再通电，并打开监视器的视频输入 1 通道和浏览开关。

2）启动系统并登录（见硬盘录像机用户使用手册之基本设置）。

注意：设备出厂时已经建有一个管理员用户，其名称为 admin，密码为 12345，强烈建议不要修改密码。

3）启用遥控器。

将遥控器对准硬盘录像机的接收窗，先按〈设备〉键，再按设备号，然后确认，此时硬盘录像机的状态灯呈绿色，遥控器上的按键有效。

注意：设备号是硬盘录像机的 ID 号，默认的设备号是 88。在录像机断电后，遥控器需重新启用，否则按键无效。

4）本地预览设置。

① 设置视频的输出制式。我国的视频输出制式为 PAL 制。

② 选择 VGA 参数。主要是分辨率和屏幕保护时间。

③ 设置日期和时间。如将日期设置成××××年××月××日，时间设置成××时××分××秒。

④ 设置通道标题。如将通道 1 标题设置成"AA"，通道 2 标题设置成"C2"，通道 3 标题设置成"pp3"，通道 4 标题设置成"RT"等。各通道的画面根据实际情况和需求决定是否开启遮盖和插入时钟等。

⑤ 视频输入参数设置。包括亮度、色调、对比度和饱和度，修改视频输入参数不仅会影响到预览图像，而且会影响到录像图像。

⑥ 预览属性设置。本实训装置的输出端口为主输出，根据需要选择预览模式、切换时间等参数。

5）摄像机切换设置。

按〈多画面〉键可以对显示的画面数进行选择和切换。

6）一体化智能快球摄像机的控制及调试。

① 一体化智能快球摄像机的地址码默认设置为 1，所以必须确定一体化智能快球摄像机接在录像机视频输入 1 通道上，一体化智能快球摄像机的 RS-485 通信线连接在录像机的 RS-485 接口上。

② 通道 1 的解码器设置（见硬盘录像机用户使用手册关于云台控制设置部分），通过菜单对一体化智能快球摄像机选择合适的协议及波特率，即 PELCO-D 9600，解码器地址为 01，其他选项为默认值，无须修改。

③ 一体化智能快球摄像机的常用功能。

● 使用遥控器在监视器上显示一体化智能快球摄像机的监控画面。

● 按键〈光圈+/光圈-〉用于控制镜头的光圈，〈调焦+/调焦-〉用于控制镜头的聚焦，〈变倍+/变倍-〉用于改变镜头的倍数（能拉近或者推远观察画面）。

④ 完成 3 个预置点的设置、调用以及删除，并用设置好的预置点完成巡航功能。

7）录像及回放的实验。

见硬盘录像机用户使用手册之手动录像、回放和录像设置部分。

① 录像参数设置（见硬盘录像机用户使用手册之录像设置部分）。根据实际需求进行选择。

② 定时录像设置。如每周一至周五上午 08:10~11:40、下午 14:10~16:45 对通道 3 进行录像。

③ 查看通道 3 某天的录像记录。可根据需要，进行选时播放、慢速播放、快进播放、单帧播放。

8）报警联动的实验。

① 报警设置（见硬盘录像机用户使用手册之信号量报警部分）。

以第一路报警输入为例，选择报警类型为常开型，布防时间为星期一~星期日的 8:00~22:00，触发通道 1 进行录像，PTZ 联动为预置位 1，触发报警输出为 1~4，报警输出设置为星期一~星期日的 8:00~22:00。

② 按下手动按钮 1，观察报警联动输出设备，即监视器画面的变化及声光报警器的状态。

③ 门磁、被动红外探测器的报警联动实验参照上述的操作。

9）移动侦测报警联动的实验。

见硬盘录像机用户使用手册之移动侦测报警部分。

① 以通道 2 为例，设置通道 2 的移动侦测的有效区域为全屏，移动侦测灵敏度为 5，移动侦测的布防时间为星期一——星期日的 8：00—22：00，触发通道 2 进行录像，触发报警输出为 1~4，报警输出设置为星期一——星期日的 8：00—22：00。

② 用手在通道 2 摄像机的摄像头前晃动，观察报警联动输出设备，即监视器画面的变化及声光报警器的状态。

③ 同理，可以测试通道 1、3 和 4 的移动侦测功能。

10）视频信号丢失报警联动的实验。

见硬盘录像机用户使用手册之视频丢失报警部分。

① 以通道 3 为例，设置通道 3 的视频丢失为处理，视频丢失的布防时间为星期一——星期日的 8：00~22：00，触发报警输出 1~4，报警输出设置为星期一——星期日的 8：00—22：00。

② 将视频输入 3 电缆撤去，观察报警联动输出设备，即监视器画面的变化及声光报警器的状态。

11）遮挡报警联动的实验。

见硬盘录像机用户使用手册之遮挡报警部分。

① 以通道 4 为例，设置通道 4 的遮挡报警为处理，区域为全屏，遮挡报警的布防时间为星期一——星期日的 8：00—22：00，触发报警输出 1~4，报警输出设置为星期一——星期日的 8：00—22：00。

② 用书本将通道 4 的摄像机镜头遮挡起来，观察报警联动输出设备，即监视器画面的变化及声光报警器的状态。

12）日志查询。

见硬盘录像机用户使用手册之日志查询部分。

进入"日志"界面可以查看硬盘录像机上记录的工作日志，可按"类型""时间""类型 & 时间"进行查询。

（3）注意事项

1）本实验装置中一体化智能快球摄像机的地址为 01、协议及波特率为 PELCO-D 9600。

2）各类摄像机电源不同，连接时不能出错。

4. 实训结果

写出实训结果、遇到的问题、解决方法以及实训心得体会。

2.5.4 设计并组建一个视频监控系统

1. 实训目的

1）熟悉整个视频监控系统的设计流程。

2）综合考查学生对视频监控系统的掌握程度和实际应用能力。

2. 实训设备

1）视频监控系统的实训装置。

2）便携式万用表、一字螺钉旋具、十字螺钉旋具、插接线和视频线等。

3. 实训内容

由指导老师给定住宅小区（或写字楼、图书馆等）的平面图，对此区域进行视频监控系统设计，并在某些区域可进行报警录像。

1）功能要求如下。

① 至少可监视 3 处的视频情况，并且至少有一路摄像机可设置预置位。

② 至少有两处可进行报警，报警时能联动监视器监视报警画面，并进行报警画面录像。

2）将选择的设备记录下来。

3）绘制相应的系统连接图。

4. 实训结果

写出实训结果、遇到的问题、解决方法以及实训心得体会。

2.5.5　网络硬盘录像机的连接与调试

1. 实训目的

1）了解网络硬盘录像系统的组成与原理。

2）熟悉网络硬盘录像机的基本操作。

3）掌握网络视频监控系统的连线方式。

4）掌握网络硬盘录像机的调试方法。

2. 实训设备

1）网络硬盘录像机（NVR）、网络摄像机（IP-CAM）、网络交换机和监视器。

2）便携式万用表、一字螺钉旋具、十字螺钉旋具、插接线和网线等。

3. 实训步骤与内容

（1）熟悉网络硬盘录像机、监视器、网络摄像机等设备以及它们的外观和接线端子。

（2）实训连线图

按照图 2-61 所示进行硬件连接。

（3）系统调试

1）系统正常连线及通电。

参考图 2-61 所示的连线图接线，确保无误后再通电，并打开监视器进行浏览操作。

2）启动网络硬盘录像机（NVR）

启动网络硬盘录像机系统并登录，参见网络硬盘录像机用户使用手册完成基本设置。

3）启动 IPCAM 设置。

在计算机上启动 IPCAM 设置软件，根据产品说明书完成网络摄像机的设置。

4）设置网络硬盘录像机的监控功能。

将网络摄像头与网络硬盘录像机调试成功后，参照"2.5.3 硬盘录像机的连接与调试"的实训内容，在网络硬盘录像机中完成相应的功能设置。

4. 实训结果

写出实训结果、遇到的问题、解决方法以及实训心得体会。

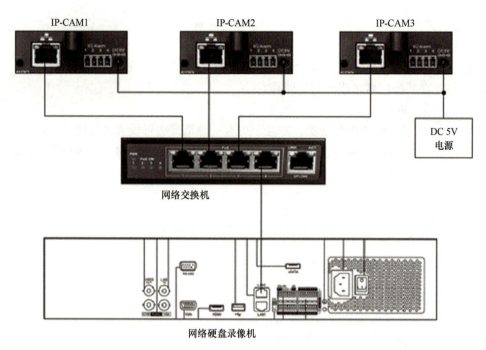

图 2-61　网络视频监控系统连线图

2.6　思考题

1. 当镜头一定时，所摄制的目标要大，试问焦距应如何调整？为什么？

2. 若要鉴别 6 m 处的汽车正面（可识别车型、车牌号），假设车身宽度为 2 m，高为 1.6 m，CCD 尺寸为 1/3 in，应配置多大焦距的镜头？

3. 自动光圈的驱动方式有几种？驱动方式有何不同？

4. 彩转黑摄像机、彩色摄像机、黑白摄像机各有何特点？在工程配置中如何选择它们？

5. 系统主机（硬盘录像机）的报警联动指的是什么？

6. 网络视频监控系统与传统视频监控系统的区别？

7. 网络视频监控系统的存储技术有哪些？并简述其各自的优缺点。

8. 某视频监控系统共有 16 台摄像机，业主要求 24 h 实时记录，存储时间为 15 天，试配置相应容量的硬盘。

9. 什么是视频监控报警联动？简述报警联动的过程。

10. 为某单位设计一个视频监控系统。

（1）系统包括以下内容

1）电梯 6 部，分别置于 3 栋大楼内。

2）重要路口为 3 个。

3）不规则 1000 m² 广场。

4）主入口 1 个，副入口 3 个。

5）办公楼内重要仓库为两间，分别在底楼和最高一层。

6）周界为1 200 m。
7）一个地下500 m² 停车场。
（2）具体要求
1）根据上述条件自构一幅平面图。
2）设计标准、设备配置均合乎经济性、先进性、兼容性和可扩充性。
3）编写设计报告，必须有设计依据、系统特点、系统功能、系统配置图和系统平面图（可自构一幅平面图作为蓝本）等材料。

第3章 入侵报警系统

入侵报警系统、出入口控制系统和视频安防监控系统等构成对场所（公共场合、生产园区、办公场所、住宅小区）的技术防范系统。入侵报警系统是利用传感技术和电子信息技术，探测并指示非法入侵或试图非法入侵设防区域的行为、处理报警信息、发出报警信号的电子系统或网络。入侵报警系统的核心作用是保障安全，在即将发生危险前提前告知，或发生危险后及时处理，将损失降到最低。入侵报警系统在整体的安防体系中起到至关重要的作用。

3.1 入侵报警系统的组成

传统的入侵报警系统一般由前端报警探测器、信号传输介质和终端的管理及控制部分组成，如图3-1所示。

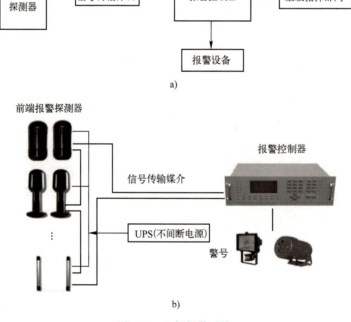

图3-1 入侵报警系统
a) 组成框图　b) 周界入侵报警系统示意图

3.1.1 前端报警探测器

常用的安防系统的前端设备有红外探测器、微波探测器、振动探测器、泄漏电缆探测器以及门磁探测器、烟感探测器和气体泄漏探测器等。传统探测器易受树叶、虫鸟等因素的干扰,且缺乏有效的追溯手段。近年来,基于智能摄像机和热成像摄像机,根据视频图像分析和热属性分析的智能探测器颇受用户喜爱。而新型的雷球联动周界方案则进一步提高了探测范围,加强了入侵防范预警机制。下面对小区安全防范中常见的探测器进行介绍。

1. 主动式红外对射探测器

红外探测器是一种辐射能转换器材,它主要通过红外接收器将收到的红外辐射能转换为便于测量或观察的电能和热能。根据能量转换方式不同,红外探测器可分为光子探测器和热探测器两大类,即平常所说的主动式红外对射探测器和被动式红外探测器。

(1) 主动式红外对射探测器工作原理

主动式红外对射探测器又称为光束遮断式感应器,由一个发射器和一个接收器组成,其组成示意图如图3-2所示。

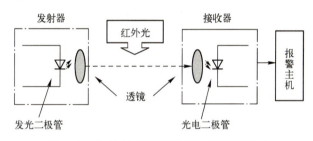

图3-2 主动式红外对射探测器组成示意图

发射器内装有用来发射光束的红外发光二极管,其前方安装一组菲涅尔透镜(其原理示意图如图3-3所示)或双元非球面大口径二次聚焦光学透镜,其作用是将发送端(主机)发射的呈散射的红外光线进行聚焦,呈平行状发射至接收端(从机)。

接收端内置有光电二极管,用于将红外光转换为电流,其受光方向同样装有一组镜片,其作用是对环境强光进行过滤,避免受强光(如汽车灯光)的影响;另一个作用主要用于聚焦,即把主机发来的平行红外光聚焦到接收端的光电二极管上。

主动式红外对射探测器的工作过程是,发射器的发光二极管作为光源,由自激多谐振荡器电路直接驱动,产生脉动式红外光,经过透镜进行聚焦处理,将散射的红外光束聚焦成较细的平行光束,由接收器接收。一旦光线被遮断时,接收器电路状态即发生变化,就会发出警报。

在图3-4a中,由发射器发送的两束红外线至接收器,形同一道栅栏,只是看不见而已,构筑了这一区段的防范。如果有人企图跨越该区域,且两束的红外线被同时遮断,接收器由于无法收到发射器发送的光束,如图3-4b所示,随即由接收器输出报警信息,

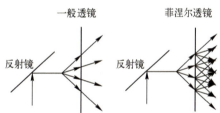

图3-3 菲涅尔透镜原理示意图

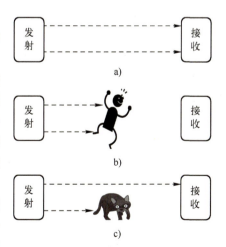

图3-4 主动式红外对射探测器入侵报警工作原理示意图

触发管理中心报警主机。图 3-4c 则表示，若当有小猫（或飞禽、落叶）跨越保护区域时，其体型较小，仅能遮断一束红外射线（或时间短促），则接收器视为正常，不进行异常处理，管理主机当然不会做出报警处理。

同样一道防线，当人与小动物通过时，会产生两种完全不同的结果，这一结果正是我们所企盼的；反之，两者产生的结果相同，周界防范将这一现象称为误报，显然这是我们所不希望的，也是尽量要避免的。

为了减少漏报或误报现象，接收器的响应时间（短遮光时间）往往做成可调的，通常在 50~500 ms 的范围内调整。

多光束探测器，还可设置完全被遮断或按给定百分比遮断红外光束报警。近来又运用了数字变频的技术，即发射器与接收器的红外脉冲频率经过数字调制后是可变的，接收器只认定所选好的频率，而对于其他频率则不予理会，这样可以有效防止入侵者有目的地发射某种频率的红外光入侵防区，而使防区失去防范能力。

"捕捉"非法入侵者的过程是通过探测器发射红外线，在第一时间内把来者拒之门（墙）外，不让他有机可乘。通常把这种防范方式称为主动式。主动式红外探测器因此而得名。

红外探测器除主动式对射探测器外，还有一种称为被动式红外探测器的安防设备。由于它的工作方式有别于主动式红外探测器，主要用于室内，所以将在家居安全防范一节中详细介绍。

此外，为解决单方向红外光束不能解决太阳光的干扰问题，最近出现一种互射式红外对射探测器。这种探测器在主机与从机之间互射红外光束，其原理示意图如图 3-5 所示，它的防范机理和主动式红外对射探测器相同。

图 3-5　互射式红外对射探测器原理示意图

（2）主动式红外对射探测器的结构

主动式红外对射探测器有红外发射器（主机）、红外接收器（从机）、信号处理电路及与之配套的光学镜片、受光器校准（强度）指示灯、防拆开关以及用来调试技术参数的相关单元（如发射距离及发射功率调整、光轴水平/垂直角度调整、射束周期及遮断检知调整）等。尽管主动式红外对射探测器型号各有不同，但其内部器件、电路和结构大同小异。

由于红外对射探测器多半工作在室外，长期受到太阳光和其他光线的直接照射，容易引起接收器的误动作，所以其外罩材料都添加可以过滤外界红外干扰和辐射的物质，在图 3-6 所示的主动式红外对射探测器结构图中，双光束探测器外部采用黑色装饰也是基于此理，以减少漏报或误报。

（3）主动式红外对射探测器的类型

1）主动式红外对射探测器按光束数分类有单光束、双光束、三光束、四光束和四光束以上［习惯上将四光束以上称为红外栅栏（杆）］，如图 3-7 所示。

多光束与单光束主要是在使用场合上有所区别。

当单光束工作时，只需遮断一束红外线，探测器就有输出，所以小物体穿越时很容易产生误报。另外，由于只有一条光束，也容易从光束的上部跨过而发生漏报。

双光束的使用可以较好地解决小物体产生误报的问题。双光束报警器在电路上是一种与

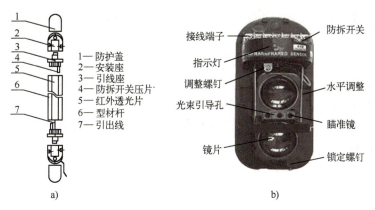

图 3-6 主动式红外对射探测器结构图
a) 栅栏型 b) 双光束聚光型

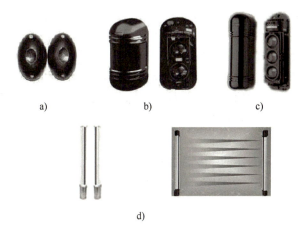

图 3-7 主动式红外对射探测器
a) 单光束 b) 双光束 c) 三光束 d) 多光束（栅型）

门结构，由双光束组成一组双光束警戒线，只有同时遮挡两束光时，才产生报警信号。这在一定程度上大大克服了单光束误报或漏报的缺点，但是由于双光束也仅为一组警戒线，所以仍然存在跨过或钻过警戒线造成漏报的可能。

四光束提出的目的在于，克服单光束和双光束存在漏报的缺陷。四光束红外探测器光束结构是，上、下两光束各为一组，两组电路在逻辑上为"或"的关系，即当同时遮挡上面两束光或同时遮挡下面两束光时才会产生报警信号，这就大大改善了双光束只有一组警戒线容易造成的漏报状况。

六光束则需完全或按设定的百分比同时被遮断时，探测器才会进入报警状态（如果只触发 5 个或 5 个以下，而触发持续过了特定时限，系统就被判定为报警）。很明显，如果将单光束的探测器装在室外，当一只小猫甚至是小鸟、落叶、大雨、冰雹或一只小老鼠通过时，都会引起报警而产生误报。可以想象，一只小猫或一只小鸟在同一时间内完全遮断两束红外线的概率非常小，更不用说同时遮断 6 束红外线了。因此，多光束探测器的误报率比较低，适合室外安装使用。当然，也不是红外线的光束越多越好，如有 10 束的红外线，假设需百分百光束遮断，当有人非法入侵时，只要 10 束的红外线不完全遮断，探测器显然是不会报警的。

2）按红外波长分常用的有 840 nm 和 960 nm 波段的红外发光管或激光管。

3）按安装环境分类有室内型和室外型。室内型多半为单束光型。

4）按光束的发射方式分有调制型和非调制型。

5）按探测距离分，主动式红外对射探测器的探测距离规格有 10 m、20 m、30 m、40 m、60 m、80 m、100 m、150 m、200 m 和 300 m 等。

6）按传输方式分有有线式、无线式及有线与无线兼容式。

7）按发射器与接收器设置的相对位置不同，可分为对射型安装方式和反射型安装方式。

当进行反射型安装时，接收器不直接接收发射器发出的红外光束，而是接收由反射镜或其他反射物（如石灰墙、表面光滑的油漆层等）反射回的红外光束。当反射面的位置与方向发生变化或红外发射光束和反射光束之一被阻挡而导致接收器无法接收到红外反射光束时，即发出报警信号。

此外，还有一种脉冲计数型探测器。脉冲计数是指探测器接收到多少个报警脉冲后发出报警。如设脉冲数目为 3 个，则探测器必须收到第 3 个脉冲后才会报警。脉冲数目是可调节的，脉冲的数目越多，通常它的灵敏度就越低；脉冲的数目越少，灵敏度就越高，在防范环境不稳定的情况下，要将灵敏度调得低一点。

（4）性能指标

宏泰主动式红外对射探测器的主要性能指标如表 3-1 所示。

表 3-1 宏泰主动式红外对射探测器的主要性能指标

型　号			HT-60	HT-80	HT-100	HT-150
警戒距离			室外 60 m	室外 80 m	室外 100 m	室外 150 m
光束数			两束			
探测方式			红外线脉冲变调方式			
遮光时间			50~500 ms（可调）			
警报输出			IC 无电压输出接点（报警时——开及关），接点容量为 AC/DC、50 V 0.25 A（阻抗负载）			
警报保持时间			2 s±1 s，带报警器记忆功能			
光轴调整范围			水平方向 180°（±90°，其中微调范围为 ±5°）垂直方向 10°±5°			
电源电压			DC：10.5~26 V 无极性或 AC：8~18.5 V			
指示灯		受光器	报警时亮灯（红色）			
		投光器	投光时亮灯（绿色）			
最大消耗电流（DC 12 V 输入时）	投光器	警戒时　调整时	30 mA/40 mA			
	受光器	警戒时　调整时	20 mA/40 mA		30 mA/50 mA	
使用场所			室外			
使用环境			−25~55℃			

(续)

型　号	HT-60	HT-80	HT-100	HT-150
安装方式	墙壁安装			
外观	黑色（聚碳酸酯树脂）			
重量	3.9 kg（受光器 2.0 kg+投光器 1.9 kg）			
选择配件（支架安装用配件）	支架后罩、上盖、安装金属部件（φ42.7 mm JIS32AU 形金属部件或 φ42.7 mm、φ60.5 mm 铁环或 φ42.7 mm、φ60.5 mm 铁环）			

表中性能指标不同的品牌略有差异。

除以上主要技术参数外，许多主动式红外对射探测器还在一些功能上作了许多改进，主要体现在以下几方面。

1）欠电压报警功能。用于提醒管理人员对系统及时维护，以免造成系统的瘫痪。

2）防雷击电路。主要防止感应雷产生的浪涌电流对系统的破坏。

3）预先定义光束路径阻断数量。这种工作方式适用于红外栅栏，可根据环境或时段需要对有效光束条数重新设置。如根据环境需要可设置为：

① 将最下面的 1 条光束单独设定为延时报警模式或立即报警模式。

② 当两束或 3 束光被阻断时将产生报警信号。

③ 当某一束光被长时间遮断时报警。

4）设置自动增益控制电路（AGC）。用于跟踪环境、气候的变化，自动调整探测器的灵敏度，从而降低系统误报率。

5）设置自动环境识别电路（EDC）。可以避免墙壁等反光干扰。

6）模块化设计。便于探测器的添加及层叠配置。

7）射束遮断数据周期可调。

（5）主动式红外对射探测器的选用

周界防范宜采用防水室外型。

在过道、大门或窗门使用，可选用室内型。

在空旷地带或高围墙、屋顶上使用时，应选用带有防雷装置的主动式红外对射探测器。

在室外使用且经常有烟、雾的场合，宜选择具有自动增益控制功能电路的探测器。

此外，若两组主动式红外对射探测器同时在同一水平面上使用时，可选用有数字变频功能的主动式红外对射探测器，调试时还得把各组探测器调至不同的频率上，以免相互干扰，导致系统误报。

光束选择应根据使用场合而定，如当用于周界围墙防范时，可选双光束主动式红外对射探测器。若选用单光束探测器，则由于环境比较复杂（如小动物攀爬、树叶飘落等），随时可能遮断仅有的一条光束而导致频繁误报；如选用四光束或多光束主动红外对射探测器，根据国人的身材，则可能不会遮断所有的光束而导致漏报。为保证探测器的可靠和稳定性，一般用于周界防范场合，选择双光束探测器还是比较合理的。

若用于封门（过道），则应选用多光束探测器，也就是栅栏型，或采用双光束叠层处理。将所选设备的探测距离较实际警戒距离留出 20% 以上余量，以减少气候变化等因素而引起的系统误报警。设计配置时多半选用 100 m 以下的产品。

对于红外对射探测器，除特殊情况外，一般不选用无线传输方式，应首先考虑采用有线传输方式。

除此之外，部分厂家还开发了各种外观造型的红外防盗栅栏探测器产品，如路灯式、仿古灯杆式、草坪灯式和内藏式等，与自然环境更加协调，其原理和使用方法与前面介绍的相同。

2. 被动式红外探测器

（1）被动式红外探测器工作原理

被动式红外探测器主要由光学系统（菲涅尔透镜）、热释电红外传感器（PIR）、信号处理和报警电路组成，其框图如图 3-8 所示。

图 3-8 被动式红外探测器组成框图

被动式红外探测器与主动式红外对射探测器工作原理其实很相似，主动式的红外辐射是由专用发射器完成的，而被动式红外探测器虽然没有这一设施，但却巧妙地利用了人体具有红外发射的这一自然现象。可见，两者区别只在红外发射的方式不同，辐射的强度和辐射的波长不同。主动式红外探测器的接收器接收的是发射器的红外线，被动式红外探测器的接收器接收的是人体的红外辐射，手段不同，结果与目的却完全相同。可以看出，被动式红外探测器本身是不发射任何能量的，只是被动地接收和探测来自环境红外辐射的变化，这也就是之所以被称为被动式红外探测器的原因。

被动式红外探测器示意图如图 3-9 所示。

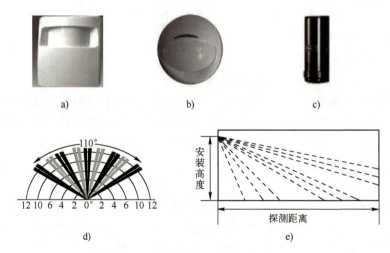

图 3-9 被动式红外探测器示意图
a) 壁挂式 b) 吸顶式 c) 室外型 d) 俯视图 e) 侧视图

被动式红外探测器实施布控过程主要依赖两个部件：热释电红外传感器和菲涅尔透镜。

热释电红外传感器是其中一个重要器件。该传感器由两个（即双元）特征一致的探测元子组成，反向串联或接成差动平衡电路方式，只有在这两个探测元子同时都被触发后，探测器才能判断是否报警。由于探测元子接成差动平衡电路方式,所以探测元子产生的噪声互相抵消,因此比单元结构式探测器误报率更低。

当探测器在工作时,以非接触方式可检测出 $8\sim14\,\mu m$ 红外线能量的变化,并将它转变为电信号。人体辐射的红外线为 $10\,\mu m$ 左右,正好落在其接收的波长内。被动式红外探测器正是根据这一物理现象实现其探测功能的。

被动式探测器另一个重要器件是菲涅尔透镜。菲涅尔透镜的作用是,对红外辐射进行聚焦,以起到增强作用,然后辐射到热释电红外传感器的探测源上,从而使热释电红外传感器电信号输出加大。

被动式探测器在加电数秒钟后,首先必须自行适应环境温度,在无人或动物进入探测区域时,由于现场的红外辐射稳定不变,所以传感器上输出的是一个稳定的信号,形成一个俯视时呈一扇面的警戒区域,如图 3-9d 所示。它表示警戒覆盖的范围(通常用角度表示,角度大,其探测覆盖的范围大;反之,则探测的范围小)。图 3-9e 所示表示探测的距离,表示非法入侵者在多远的探测距离内,探测器能作出响应。由此可见,警戒区域内一旦有人或物入侵,在原始环境温度之外,这时增加了人或物体的红外辐射温度。这一变化,就被热释电红外传感器所感知,从而输出相应的电信号。

被动式红外探测器的另一个重要问题是,如何防止小动物闯入而导致误报。因为它们也会产生红外光辐射,其波长也与人体辐射相近。要区别它们,技术上有两种解决方法。一种是在探测器的透镜结构上,自上而下分为几排,对准防范区域上部设置较多透镜,下部设置相对较少透镜。人体红外辐射集中在脸部、膝部、手臂,这些部位是捕捉红外辐射的重点部位,正好对应上部的透镜;下部透镜较少,接收的红外辐射相对也少,从而弱化了地面小动物红外辐射的接收。第二种办法是,对探测信号进行处理、分析、数据采集,然后根据信号周期、幅度和极性、移动物体的速度、热释红外能量的大小以及单位时间内的位移,由探测器中的微处理器综合比较分析,最终判断出移动物体是人还是小动物。

此外为了防止误报,被动红外探测器还可通过菲涅尔透镜将探测覆盖范围分成一定数量的探测区,当温度变化在两个区之间发生时,探测器电路就触发一个信号脉冲,探测器根据信号脉冲触发报警输出。

由于被动式红外探测器对于温度比较敏感,当防范区域温度上升(如夏天)到与人体温度接近时,就可能出现误报,所以被动式红外探测器往往设置有温度补偿电路,用于消除这一隐患。

为了防止空气流动、环境温度的改变和小动物(如老鼠)等引起的误报,有的报警器还设置有"交替极性脉冲计数"电路,若有入侵者进入时,则产生一正、一负的脉冲信号。防范时,根据设置,只有在一定时间内,当探测到连续两个或两个以上的脉冲时才会触发报警,可见脉冲计数防范方式与环境温度无关。不过要注意的是,采用这一措施,若脉冲个数设置不当,则会导致灵敏度下降,因此需要做步行测试来保证不出现漏报。

热释电红外传感器的探测扇区可视为无限大,直至被物体阻断为止,被动式探测器在室外使用时可形成很大的防范区域,这是主动式红外探测器不可比拟的。

此外,与主动式红外探测器相比,被动式红外探测设备只需要一个探测器,而主动式红外探测器则需要发射器和接收器两部分,因此被动式红外探测器安装成本较低,造价低廉。

被动式红外探测器的优点是,由于探测器本身不发生任何辐射,所以元器件功耗小;结构简单体积小，安装时隐蔽性好。

缺点是，容易受各种热源、光源、射频辐射或环境温度改变的干扰而造成误报；被动式红外线穿透力差，人体若进行伪装遮挡，则不易被探头感知；当环境温度（如夏天）和人体温度接近时，探测灵敏度将明显下降；热释红外报警器只能安装在室内，其误报率与安装位置、方式有很大关系。

（2）被动式红外探测器的分类

1）按信号传输方式可分为有线和无线两种。

2）按安装方式可分为壁挂式和吸顶式。

3）按使用环境可分为户内防范型和户外防范型。

4）按结构、警戒范围及探测距离的不同可分为单波束型和多波束型两种。

单波束型被动红外探测器，采用反射聚焦式光学系统，利用曲面反射镜将来自目标的红外辐射汇聚在红外传感器上。这种方式的探测器境界视场角较窄，一般在5°以下，但作用距离较远，可达百米。因此称为远距离控制型被动红外探测器，适合狭长走廊、通道和围墙使用。

多波束型被动红外探测器，则采用具有多层光束结构的菲涅尔透镜，它由若干个小透镜组合在一个弧面上，对警戒范围来说呈多个单波束状态，由此组成一个立体扇形呈广角状的热感应区域。多波束型热释电红外传感器的警戒视场角比单波束型大得多，水平方向视场角可大于90°，垂直视场角最大可以达到90°，但作用距离较短。

5）根据探测范围可分为广角式（空间式）、幕帘式和方向式幕帘。幕帘式红外探测器探测示意图如图3-10所示。方向式幕帘红外探测器报警示意图如图3-11所示。

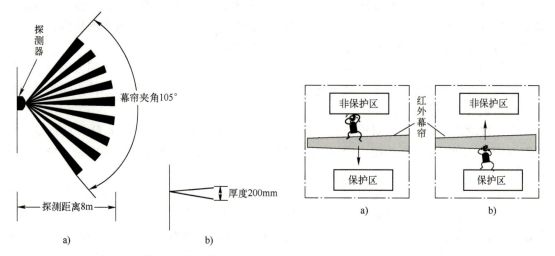

图3-10 幕帘式红外探测器探测示意图　　图3-11 方向式幕帘红外探测器报警示意图

幕帘式红外探测器与其他被动式红外探测器技术相同，外观也基本相似，只是它的防范区域类似一道帘子，较适用于防护如门、窗等平面的防范。它的红外幕帘探测器探测方式是，以透镜为始点，展开一个幕帘夹角，有一定厚度和一定距离，形成一堵红外感应幕墙，分别如图3-10a（夹角为105°、距离为8m）和图3-10b（厚度为200mm）所示。在这区域内，只要是带热能的物体从这一区域内经过，其散发的热能将被接收，导致报警。

在幕帘式红外探测器家族中，还有一种方向幕帘探测器，又称为双幕帘式红外探测器。方向识别帘采用的是"移动矢量判断"技术，把移动方向识别技术应用于幕帘探测器中，这样探测器可识别不同的移动方面。如图3-11所示，当非法入侵者从探测器的非保护区域向保护区域移动、穿越幕帘探头的探测区域时，此探测器立即触发报警，如图3-11a所示。而主人从探测器的保护区域向非保护区域移动、穿越幕帘探头的探测区域时，触发探测器设置了延时功能，在延时期间，从保护区进入幕帘探头的探测区域不会触发报警，如图3-11b所示。这样就留给室内保护对象的主人有更大的活动空间，不必担心触发探测器报警。

幕帘式红外探测器根据安装方式分为墙壁式和吸顶式，如图3-12所示。

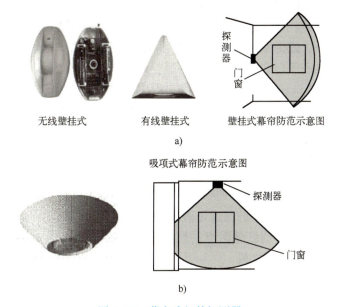

图 3-12　幕帘式红外探测器
a）墙壁式　b）吸顶式

（3）技术参数

表3-2所示为被动式红外探测器常用技术指标。

表 3-2　被动式红外探测器常用技术指标

项　目	技　术　指　标
探测距离	60~150 m
传感器	低噪声、高灵敏度、抗电磁干扰双元热释电传感器
检测速度	0.2~2.5 m/s
灵敏度	频率跟踪自适应
报警输出	常闭（NC）触点容量 AV/DC 28 V/0.2 mA
工作电压、电流	DC 9~15 V/30 mA
工作温度、湿度	-30~70℃ 5%~95%（RH）
安装高度	1.8~2.4 m

(续)

项　　目	技　术　指　标
安装方式	壁挂式
防拆输出	常闭（NC）触点容量 AV/DC 28 V/0.2 mA
防宠物	15~25 kg
抗白光干扰	≥8 000 Lx

(4) 被动式红外探测器的安装与调试

1) 安装注意事项。

① 探测器不要对准强光源，如避免正对阳光或阳光反射的地方。

② 红外光穿透力差，在防范区内不应有高大物体，否则将造成警戒盲区。

③ 不要对准窗外，因为室外的人员流动、车辆来往，也会产生红外辐射而产生干扰。

④ 不宜正对冷热通风口或冷热源（如冷暖空调），被动式红外探测器感应作用与温度变化密切相关。冷热通风口和冷热源均可能引起探测器的误报。

当采用双鉴（微波与被动红外）探测器时，还要注意探测器不宜正对处于旋转、摆动的物体（如电风扇），否则这一信息将被微波探测器所侦测，造成误报。

此外，安装前应探究可能非法入侵路线，确认安装地点。根据被动红外探测器的工作特点，所有的被动式红外探测器其探测范围从俯视图看都是一个扇形，要让探测器具有最佳的捕捉能力，必须使入侵路径横切该扇形的半径，被动式红外探测器的安装方向如图3-13所示。

另外，需要注意的是，合理的高度是离地面2.0~2.2 m，如图3-14a所示，入侵者在非法入侵时都会被探测器捕捉到红外信息；而图3-14b所示则不然，由于探测头安装过高，无疑会给非法入侵者留下可乘之机。

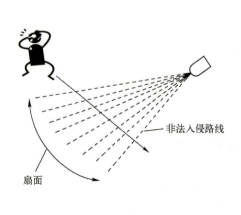

图3-13　被动式红外探测器的安装方向

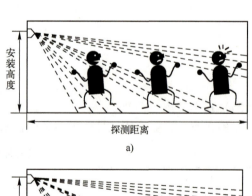

图3-14　被动式红外探测器安装示意图
a) 探测头高度适中　b) 探测头偏高

2) 调试。

被动式红外探测器的调试有两种方法。

第一种是步测，方法是调试人员在警戒区内走 S 形状的线路，感知警戒范围的长度、宽度、微波灵敏度，检测报警是否可靠、有无存在死角等问题。步测调整过程要注意的是，过高或过低的灵敏度都将影响防范效果。

第二种方法是仪表测量，有的探测器有背景噪声电压输出接口，用万用表的电压档来测试，当探测器在警戒状态下，它的静态背景噪声的输出电压大小表示干扰源的干扰程度，以此判断这一位置是否适合安装这类的探测器。

3. 泄漏电缆探测器

泄漏电缆探测器是一种隐蔽式的周界非法入侵探测传感器，适用在不规则的周界处。它的结构特殊与普通的同轴电缆不同的是，泄漏电缆其外导体上沿长度方向周期性地开有一定形状的槽孔，称为泄漏孔（见图 3-15a）。泄漏电缆探测器原理示意图如图 3-15 所示。

泄漏电缆探测器由一台报警主机、探测主机和两根泄漏电缆 3 部分组成，如图 3-15b 所示。探测主机由电源单元、发射单元、接收单元、信号处理单元和检测单元组成。其中泄漏电缆由两段各 5 m 的非泄漏电缆、两段各 100 m 的泄漏电缆和两只终端器组成。当实施安装时，可将两根电缆在平行距离 1~5 m 内敷设，一根用来发射无线电信号，另外一根用于接收信号。

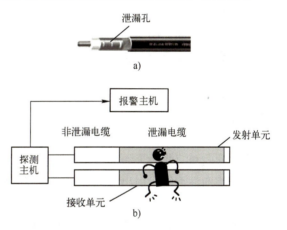

图 3-15 泄漏电缆探测器原理示意图
a) 泄漏孔 b) 原理示意图

工作时，发射单元将产生的高频能量进入泄漏电缆，并在发射电缆中传输。当能量沿着电缆传输时，部分能量通过泄漏电缆的泄漏孔进入空间，在被警戒空间范围内建立电磁场，其中一部分能量被安装在附近的接收泄漏电缆接收，通过泄漏孔接收空间电磁能量，收发电缆之间形成一个椭圆形的电磁场探测区。当非法入侵者进入由两根电缆构成的感应探测区域时，电磁场能量的分布发生了波动，接收电缆所接收的磁场能量必然发生同步变化，信号处理单元在提取它的变化量、变化率和持续的时间后，作出是否报警的反应。

泄漏电缆探测器可全天候工作，抗干扰能力强。由于小动物或鸟类扰动的电磁能量很小，所以误报和漏报率较低。

由于泄漏电缆为地埋式，不破坏周边的景观，所以较适合不规则和较长的周界防范。此外，必须将泄漏电缆穿管敷设，不能直接裸露敷设在地里。

4. 微波探测器

微波的波长很短，其波长与一般物体的几何尺寸相当，因此很容易被物体反射。当信号源发送的电磁波（微波）以恒定的速度向前传播时，遇到不动的物体，即被该物体反射回来，而且被反射的信号频率是不变的。若遇到移动物体，如果移动物体朝信号源方向做径向运动，那么被反射回来的频率要高于信号源的频率，反之，则低于信号源的频率。

微波探测器分为两类，即反射式（又称为移动型、雷达式和被动式）微波探测器和遮断式（又称为主动式）微波探测器。

(1) 反射（雷达）式微波探测器

反射式微波探测器是一种将微波接收与发射装置合二而一，收、发共处的探测器，通过对被测物反射回来的微波频率或时间间隔的比较分析，从而获取被测物的位置及厚度等信息。

微波由于波长很短，对一般的非金属物体，如玻璃、木板和砖墙等非金属材料都可穿透，所以在安装微波探测器时，不要面对室外，以免室外有人通过时引起误报；也不应对准带有高频干扰的荧光灯、汞灯等气体放电灯光源。

反射式微波探测器对于金属物体有较强的反射能力，因此探测器防范区域内不要摆放大型金属物体（如金属档案柜），否则其背面会形成探测盲区，导致漏报。

反射式微波探测器属于被动式探测器，与被动式红外探测器类似，主要应用室内应用型，不宜在室外使用。除用于安全防范外，在公共场合，通常还与自动门配合，安装在玻璃大门内外侧的上部，探测来往人员的进出，实现大门的启闭。

(2) 遮断式微波探测器

遮断式微波探测器又称为微波墙式报警器，它是通过检测接收天线接收到的微波功率大小，达到判断发射天线与接收天线之间有无被测物或被测物位置的目的。其工作框图如图3-16所示。

遮断式微波探测器由微波发射机、发射天线、微波接收机、接收天线和报警控制器组成。

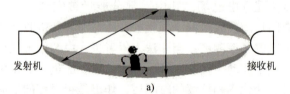

图3-16 遮断式微波探测器工作框图

微波指向性天线发射出定向性很好的调制微波束，工作频率通常选择在9~11 GHz，微波接收天线与发射天线相对放置。若接收天线与发射天线之间出现阻挡物，则会干扰微波的正常传播，导致接收到的微波信号发生变化，以此判断为非法入侵。

遮断式微波探测器所发射的微波，不像主动红外那样为光束状，而是呈一个范围，中心位置可达高3 m、宽8 m或高1.8 m、宽5 m，相当于微波接收机与发射机之间形成一道无形的"墙"，如图3-17a所示。因此，它是一种很好的周界防范报警设备，适用于露天仓库、施工现场、飞机场或博物馆等大楼墙外的室外周界场所的警戒防范工作，如图3-17b所示。

遮断式微波探测器一般采用脉冲调制微波发射信号。当防范区域比较开阔平坦和平直时，根据微波射束具有的直线传播特性，宜采用对射式（遮断式）微波射线组成警戒墙。若防范区域地形复杂，如周边曲折过多或地面凹凸起伏，则不宜采用微波墙。

微波探测器的主要缺点是，它会发出对人体有危害的微量电磁波，因此在

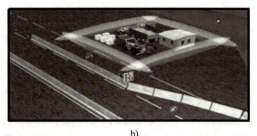

图3-17 遮断式微波探测器
a) 微波墙示意图 b) 防范图

调试时一定要将其控制在对人体无害的水平上。

5. 振动探测器

振动探测器是用于探测入侵者走动或进行各种破坏活动时的机械冲击而引起报警的探测装置。例如，入侵者在进行凿墙、钻洞、破坏门窗、撬保险柜等破坏活动时，都会引起这些物体的振动，这种设备把这一振动现象转换为电信号，故称为振动探测器。

振动探测器通常由两大部分构成，即振动分析器和传感器，其组成框图如图 3-18 所示。振动传感器是振动探测器的核心部件。

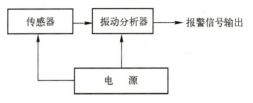

图 3-18 振动探测器组成框图

常用的振动探测器有机械式、电动式和压电式。机械式常见的有水银式、重锤式和钢球式。当直接或间接受到机械冲击振动时，水银珠、钢珠和重锤都会离开原来的位置而出发报警。机械式探测器灵敏度低、控制范围小，只适合小范围控制，如门窗、保险柜和局部的墙体。电动式探测器一般由永久磁铁、线圈、弹簧、阻尼器和壳体组成，这种探测器灵敏度高，探测范围大，稳定性好，但加工工艺较高，价格较高。压电式探测器是利用压电材料因振动产生的机械形变而产生电荷，振动的幅度与电荷的数量成正比。

振动探测器属于面（宛如一面墙）控制型探测器。在室内应用中，明装、嵌入式均可，通常安装于入侵概率较高的墙壁、顶棚、地面或保险柜上。在安装于墙体时，距地面高度 2~2.4m 为宜，将探测器垂直于墙面。当保护的范围或面积不大时，可采用单只安装办法；当保护的范围较大时，可采用多支传感器连接办法；当围墙较长时，可按每 10~15m 的距离安装一个振动探测器，但最后一个探测器离传感器不要超过 100m。

振动探测器不宜用于附近有强振动干扰源的场所，如旋转的电动机、变压器、电风扇和空调。埋入地下使用时的深度为 10cm 左右，不宜埋入土质松软地带。

6. 双鉴探测器

双鉴探测器又称为双技术报警探测器、复合式探测器或组合式探测器，如图 3-19 所示。

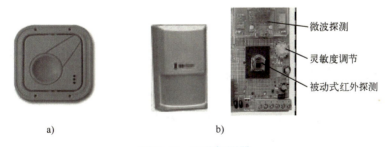

图 3-19 双鉴探测器
a) 吸顶式 b) 普通型

前面介绍的各种探测器各有优缺点，但它们有一个共同特点是防范的手段单一。例如，只有单一技术的微波探测器，面对活动的物体，如门、窗的开关、小动物走动，都可能触发误报警；被动式红外探测器对防范区域内快速的温度变化或强烈热对流的产生也可能导致误报警。于是人们提出互补组合办法，把两种不同探测原理的探测器巧妙结合，即形成了"双鉴探测器"。这种探测器的报警条件发生了根本性的改变，只有入侵者既是移动的、又有不断红外辐射的物体才能产生报警。因而两者同时发生误报的概率也就大大降低了。

因探测技术组合内容不同，双鉴探测器可分为微波-被动式红外双鉴探测器和超声波-被动式红外双鉴探测器。

为了提高运行可靠性，双鉴探测器还设有自动转换工作模式，即当探头自检出其中一种的探测技术出现故障时，会及时自动转换至另一种探测技术的工作状态上。

此外，为克服微波探测与被动式红外探测防范区域无法完全重合的问题，在机内设有调节两者重叠的装置。

双鉴探测器的缺点是其功耗相对较大，但是随着电子技术的发展，该问题已经得到比较好的解决。

7. 门磁探测器

门磁探测器用于检测门、窗的开、闭状态，属于开关式报警器。门磁探测器通常安装在家居的大门或门窗上，其安装示意图如图 3-20 所示。

常见的门磁探测器有有线门磁、无线门磁和无线卷帘门磁探测器。

（1）有线门磁探测器

有线门磁探测器的结构简单，通常由干簧管（如图 3-21 所示）和永久磁铁（或线圈）构成。

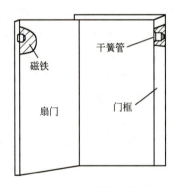

图 3-20 门磁探测器安装示意图

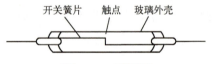

图 3-21 干簧管

门磁探测器的工作原理很简单，通常把带有永久磁铁的小盒子装在移动一方（如门扇），带有干簧管的小盒子则安装在固定处（如门框），并有两根导线与相关电路连接。安装时两者相向安装，通常动作距离为 10~45 mm，以保证平常大门（门窗）关闭时干簧管处于闭合（断开）状态，在门或门窗被推开、磁铁相对于舌簧管移开一定距离后，随即引起开关状态（闭合或断开）的变化，利用这一变化控制有关电路，即可发出报警信号。

有线门磁是所有探测器中最基本、最简单有效而且是较低成本的装置，其外形如图 3-22 所示。类似这一工作方式的探测器还有微动开关型、开关型等。

非铁质门磁

铁质门磁

图 3-22 有线门磁探测器外形图

根据有线门磁的安装场合可将其分为非铁质门磁和铁质门磁。非铁质门磁不能用于铁质结构的窗或门上，铁质门、窗必须采用铁质门磁；铁质门磁的外壳通常采用锌合金制成，而非铁质门磁其外壳多为 ABS（丙烯腈-丁二烯—苯乙烯共聚物）材料制成。

门磁探测器根据干簧管接触点形式可分为以下几种类型。

H 型：常开型触点，表示平常处于开路状态，这种方式的优点是平时开关不耗电，缺点是若电线被剪断或接触不良，则将失效。

D 型：常闭型触点，与常开型触点相反，平常正常状态开关为闭合；异常时打开，电路断开而报警。其优点是当线路被人为剪断或线路有故障时即启动报警，但在断开回路之前用导线将其短路，就会失效。

Z 型：转换型触点，即当发生门、窗被推开时，触点由闭路（开路）状态自动转为开路（闭路）状态。

（2）无线门磁探测器

无线门磁探测器（或称为无线门磁传感器）和有线门磁探测器一样，用来监控门的开关状态，其外形如图 3-23a 所示。

在无线门磁探测器布防后，当门不管何种原因被打开时，无线门磁探测器立即发射特定的无线电波，远距离（开阔地能传输 200 m，在一般住宅中能传输 20 m）向主机报警。

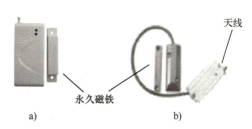

图 3-23　无线门磁探测器
a）非铁质无线门磁探测器
b）铁质无线卷帘门磁探测器

无线门磁探测器一般安装在门内侧的上方，它由两部分组成：体型较小的部件为永磁体，内置一块永久磁铁，提供一个恒定的磁场；体型较大的是无线门磁主体，内置一个常开型的干簧管，当永磁体和干簧管靠得很近（如小于 15 mm）时，无线门磁探测器处于工作布防状态；在永磁体离开干簧管一定距离后，干簧管由常开突变为闭合，无线门磁探测器即把这一信息传至发射器，经调制后发送出去。所发射的信号含有地址编码和自身识别码，接收主机即可通过这个无线电信号的地址码来判断是哪一个无线门磁探测器报警。

无线门磁探测器一般采用省电设计，当门关闭时它不发射无线电信号，此时耗电只有几个微安，当门被打开的瞬间，立即发射 1 s 左右的无线报警信号，然后自行停止，这时即使门一直打开也不会再发射，这是为了防止发射机连续发射造成内部电池电量耗尽而影响报警。无线门磁探测器还设计有电池欠电压检测电路。当电源欠电压时，发光二极管就会被点亮，提示更换新电池。

（3）无线卷帘门磁探测器

无线卷帘门磁探测器实际上是无线门磁技术的延伸，其工作原理相同，只是工作的地点是铁质卷帘门，因此它的外部结构为锌合金，属铁质门磁，如图 3-23b 所示。

无线卷帘门磁探测器通常用于商铺、车库等场所的防范。主体部分安装在卷帘门的底侧，并处于同一水平面，永久磁铁则安装在与主体相对应的地板上。

8. 玻璃破碎探测器

玻璃破碎探测器其核心器件是压电式拾音器。通常将其安装在被检测的玻璃对面，其安装示意图如图 3-24 所示。

玻璃破碎探测器按照工作原理的不同大致可分为两大类：一类是声控型玻璃破碎探测器，即带宽为10～15 kHz的声控报警探测器，属单技术型；另一类是双技术型的玻璃破碎探测器，如声控/振动型和次声波/玻璃破碎高频声响型，外形如图3-25所示。

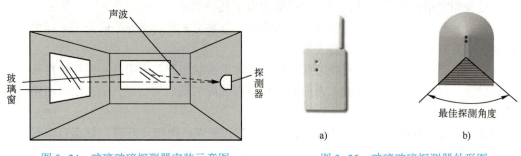

图3-24 玻璃破碎探测器安装示意图

图3-25 玻璃破碎探测器外形图
a) 无线式　b) 有线式

声控/振动型玻璃破碎探测器是将声控与振动探测两种技术组合在一起（玻璃破碎时产生的音频为10～15 kHz，外加振动传感器为开关触点形式），只有同时探测到玻璃破碎时发出的高频声音信号和敲击玻璃引起的振动，才输出报警信号。

次声波/玻璃破碎高频声响型探测器是将次声波探测技术和玻璃破碎高频声响探测技术组合到一起，只有玻璃破碎时发出高频声响信号，同时引起次声波信号，才触发报警。

玻璃破碎探测器通常黏附在门、窗的玻璃上。安装时，应将探测器的声电传感器正对着警戒的主要方向，同时玻璃表面要处于探测器的最佳角度内，如图3-25b所示。安装玻璃破碎探测器时，要尽量靠近所保护的玻璃，并尽量避开噪声干扰源（如尖锐的金属撞击声、电铃声和汽笛声等），以减少误报警。探测器不要对准通风口或换气扇，也不要靠近门铃，以确保工作可靠性。双鉴式玻璃破碎探测器可以安装在室内任何地方，但不要超出防范半径。

9. 气体泄漏探测器

气体泄漏探测器主要用于家居厨房（或卫生间）煤气、石油液化气和天然气泄漏的检测。在这些燃气发生泄漏并达到一定浓度后，如遇明火极易发生爆炸。当空气中浓度较高时，即会引起人体中枢神经麻醉、窒息，更严重的是，倘若燃烧不完全，还会产生CO（一氧化碳）有毒气体，造成人身伤害。

(1) 气体泄漏探测器的分类

气体泄漏探测器按其探测器件不同，可分为以下两种。

1) 半导体气体泄漏探测器。

半导体气体泄漏探测器的探测头由气敏半导体和一根电热丝组成。工作时，电热丝将气敏半导体预热到设防时认定的温度，一旦有害气体接触探测头，且达到一定的浓度时，气敏半导体的体电阻即发生变化，这一变化被相关的电路加以提取放大，从而实现报警。半导体气体泄漏探测器结构简单，对气体的感受度比较高，适应范围广。缺点是，不能分辨区别混合气体的具体成分。

2) 催化型气体泄漏探测器。

催化型气体泄漏探测器以高熔点的铂丝作为探测器的气敏元件。布防后，铂丝被加热到一定的工作温度,当发生气体泄漏时,泄漏气体接触到加热的铂丝,铂丝的表面即发生无烟化学反应,导致铂丝温度急剧升高,使得体电阻增大,这一变化被相关电路放大,从而实现报警。

常见燃气泄漏探测器外形如图 3-26 所示。

(2) 气体泄漏报警器的安装

1) 安装注意事项。

① 应安装在通道等风流速大的地方。

② 避开有水汽和滴水的地方。

③ 远离高温区。

④ 避开有物体遮挡的地方。

2) 安装位置。

① 安装在距离燃气具或气源水平距离 2 m 之外、4 m 以内的墙面或屋顶棚上。

图 3-26　燃气泄漏探测器外形图
a) 有线型　b) 无线型

② 液化气型探测器安装在距地面 0.3 m 以内（因为液化气相对密度比空气大）的地方。

③ 煤气、天然气型探测器应安装在距顶棚 0.3 m 以内（因为燃气密度比空气小）的地方。

在气体泄漏探测器接通电源后,听到"嘀"一声,同时电源灯常亮,功能指示灯呈绿色并闪烁,表示自适应中,功能指示灯约 2 min 后熄灭,表示已进入警戒状态。当感应到燃气泄漏时,探测器即发出"嘀、嘀"报警声,同时功能指示灯呈红色并闪烁。警情排除后自动进入警戒状态。

10. 烟感探测器

烟感探测器由 4 部分组成,即传感器、扬声器、电源（或电池）和控制电路。根据传感器不同可将其分为离子式、光电式和无线等离子式 3 种,其外形如图 3-27 所示。

　　a)　　　　　　　　　b)　　　　　　　　　c)

图 3-27　烟感探测器外形图
a) 离子式　b) 光电式　c) 无线等离子式

(1) 离子式烟感探测器

离子式烟感探测器的电离室内有一对电极,在加电后产生放射现象,并电离了空气。在外加电场作用下,正离子向负电极移动,负离子向正电极移动,可视为两电极间的空气具有导电性能,最终达到饱和状态。当火灾发生时,在烟雾粒子进入电离室后,原先被电离的正、负离子吸附到烟粒子上,破坏了饱和,可认为正负电极之间的电阻加大,其结果是电流减小。当烟雾逐渐加重时,这一现象被进一步加剧,报警扬声器就会响起。

(2) 光电式烟感探测器

光电式烟感探测器由发光器、光接收器和暗室组成。

根据工作方式不同，可将其分为遮光式和散射式。遮光式探测器在发生火灾时，发光器发出的光束被遮断，导致进入接收器的光通量减少，触发报警。散射式报警器中发光器发射的光束并不对准光接收器，平常时，光接收器由于无光束的照射，所以没有输出。当发生火灾时，烟雾进入暗室，造成光束散射到光接收器上。当烟雾的浓度逐渐加重时，就会有更多的光束被散射到光接收器上，达到相当的程度，报警扬声器就会响起。

11. 紧急求助按钮

紧急求助按钮有无线式和有线式两种，其外形如图 3-28 所示。

图 3-28　紧急求助按钮外形图
a) 无线式　b) 有线式

紧急求助按钮和其他多数前端设备一样，不能独立使用，必须依赖于报警主机才能发挥报警作用。用于有线人工紧急报警或紧急求助，有手按式和脚挑开关式，后者一般用于公共场所，如银行出纳员遇到非法入侵人员时，可不动声色的用脚踩动开关，以方便报警。

无线紧急求助，可以做成各种工艺产品或饰品（如钥匙扣、项链等）形状。一般用于银行、珠宝、现金交易场所或突发事件等救急情况。

12. 智能摄像机

智能摄像机（热成像摄像机）采用了非制冷氧化钒红外焦平面探测器，可以实现约 40 m 范围内的火点检测（20 cm×20 cm 火源）。利用摄像机自带的控制器（带算力智能摄像机）还可以完成区域入侵、目标分类等智能监测，其外形如图 3-29 所示。

13. 雷达

雷达可以用无线电的方法发现目标并测定它们的空间位置。相控阵雷达的探测范围广，可同时探测多个目标。结合智能摄像机，可以实现提前预警跟踪及核心区域入侵警示，其外形如图 3-30 所示。

图 3-29　智能摄像机

图 3-30　雷达

3.1.2 报警控制器（报警主机）

在安全防范中，报警控制器是一个核心设备，由信号处理电路和报警装置组成，其外形如图 3-31 所示。

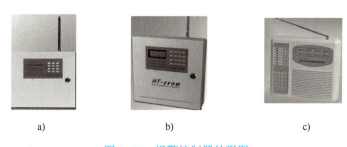

图 3-31 报警控制器外形图
a) 远程无线型　b) 有线、无线兼容型　c) 电话联网型

报警控制器在所承担的安全防范中，应能对直接或间接接收的来自入侵探测器和紧急报警装置发来的报警信号进行处理，同时发出声光报警，并显示入侵发生的位置和性质。管理人员可通过报警控制器的显示结果，对信号进行分析、处理，实施现场监听或监视，若确认属于非法入侵，则应立刻组织相关人员赶赴现场或上传报警；若属于误报，则应复位处理。

形形色色的报警控制器很多，但其功能基本如下所述。

（1）防区容量

防区容量是控制器可容纳报警的路数，如宏泰 HT-110B 报警控制器，拥有无线 256 防区，就是最高可处理 256 个点的报警信息。某报警器可带 4 个防区，简单地说，就是可带 4 对的探测器，这 4 对探测器就代表了 4 个防区。但在实际运用中，并不完全这样处理，如现有的报警主机只有 4 路，而需要布防的却有 5 个不同区域，这时可以把相邻的原先两个（或更多）防区的探测器串接起来，编为同一个防区码，串接后，当任何一对探测器发生报警时，并不代表自身所处位置的防区，而是表示着整个串接后的防区有警讯。

（2）欠电压报警

当报警控制器在防区电源电压等于或小于额定电压的 80% 时，设有欠电压提醒报警，以确保系统的正常运行。

（3）报警部位显示功能

防区容量较小的报警控制器，报警时的报警信息一般显示在报警器面板上（报警灯闪烁）；大容量报警控制器通常配有地图显示，并可显示报警地址、报警类型。

（4）多功能布、撤防方式

1) 具有留守布防、外出布防两种布防方式。
2) 任意一台的探测器可单独布防或撤防。
3) 可遥控分区、分时段布防，如设置夜晚室内探测无效，而窗和门报警有效。
4) 可独立报警，也可报警联网。
5) 可设置 0~255 s（视厂家不同而异）延时时间，即当设备进入布防时，在时间上设置预留，以便使用人员操作布防后有足够撤离现场的时间。

(5) 防破（损）坏报警

遇到由于意外事故造成的传输系统线缆短路、断路，或入侵者拆卸前端探测器、传输线缆等情况，报警控制器都会进行声、光报警。

(6) 联动功能

报警后，可联动其他系统（如启动摄像机、灯光、录像机和录音等设备），实现报警、摄像、录像、录音和资料存储，构成一个完整信息链。

(7) 黑匣子功能

系统若因故停机，则仍然可保留最后记忆的几十条报警与布防/撤防信息，以供事后查询。

(8) 扩展功能

可选购计算机扩展模块，与计算机联机，即能显示用户资料、报警信息、历史记录；既可独立报警，也可组成报警管理中心台。

(9) 远程遥控布防

可直接配用遥控器，实现无线遥控布防和撤防。室内无线传输距离一般为 100 m；若与 8080-2 或 8080-3 探测器配套使用，则无线传输距离可达 2~10 km。

(10) 报警优先

无论电话线处于打进或打出状态，当发生警情时，主机都会优先报警。

(11) 监听功能

报警控制器设有监听功能，在不能确认报警真伪时，通过"报警/监听"开关拨至监听位置，即可监听现场动静。

(12) 自动对码功能

若是无线报警主机，在探测器与控制器之间则采用学习式自动对码方式，安装操作非常方便。

(13) 现场警声阻吓功能

可外接高分贝（如 110 dB）的警笛或声光警笛，实施现场阻吓入侵者。

(14) 键盘密码锁

无论何种情况，若要对报警控制器按键进行功能设置或撤销，都必须先输入有效密码，以识别操作人员的身份与权限。

(15) 内置可充备用电源

备用电源可连续用 24 h 及以上。

(16) 预录语音

在报警主机上由用户进行预先录音，其目的是当发生警情时，通过报警控制器播放预先录制所提示的语言，告知报警的地点，方便管理人员及时救助。录音留言应简明，如"这是×××家××栋××号，住宅有紧急情况发生，请协助处理"。通常用于家居联网型防范系统，详细内容见本章"3.3 家居防盗报警系统"所述。

(17) 电话（网络）布防和撤防功能

可以通过普通电话网或互联网进行布防和撤防操作。

3.1.3 传输系统

传输系统根据传输方式，主要分为有线传输、无线传输和总线制传输，它们各自的特点如下。

1. 有线传输

有线（或称为专线）传输是按照报警需要，专门敷设线缆，将前端探测器与终端报警控制器构成一个体系，主动式红外对射有线传输示意图如图3-32所示。

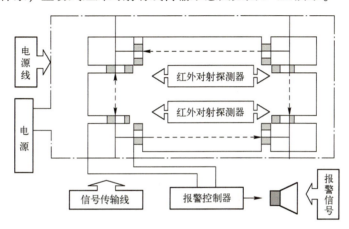

图 3-32 主动式红外对射有线传输示意图

由于自成体系，所以有线传输系统稳定、可靠，但是管线敷设复杂，通常用于家庭安防或住宅小区周界和某些特定保护部门的防范。

2. 无线传输

无线报警控制器可与各种无线防盗探测器、红外对射栅栏、烟感、煤气感及紧急按钮配合使用。

根据系统大小不同，无线报警组成也不同。

在小型系统中（如家居使用），前端的被动红外、门磁、烟感既是一台探测器，也是一台无线发射器，终端则设一台无线报警控制器，既用来接收报警信号，又用于警讯的发布。

对大型系统，只要在小系统的基础上，在管理中心设置一台报警管理主机，用来接收小系统（如家居防范）无线传过来的警讯即可。为了便于识别警讯来自何处，小型系统的每台报警控制器（准确说是报警分机）必须设有一个地址码，而且这个地址码与管理中心管理报警控制器必须是一致的，这个非常重要，也就是说，只有当探测器的IC编码与主机相同时，才能实现报警分机与管理中心主机之间的联络，才有可能正常报警。

图3-33所示为典型无线报警系统示意图。该系统由一台无线接收机（简称为主机）和4台无线红外探测器组成。一旦有盗贼或非法入侵者进入该设防区域，该报警器即向管理中心主机报警。在实际中，应根据现场实际需要，可安排两对红外探测器共用一个发射机，甚至更多对的探测器共用一个发射机，这样做并不妨碍系统的可靠性，相反，由于发射机的台数减少，不但降低了成本，而且对系统的稳定性也是有益的。

无线传输具有免敷设线缆、施工简单、造价低和扩充容易的优点，尤其适合一些已经完工的项目，不需破土敷设管线，损坏原有景观。其缺点是抗干扰能力差，在一定程度上影响系统运行的稳定，因此在周边有较强干扰源的情况下，最好采用有线传输方式。

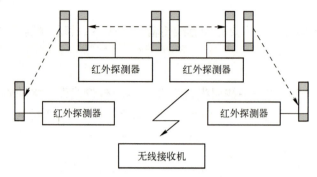

图 3-33　典型无线报警系统示意图

另外，在系统安装时，报警控制器因为采用的是无线传输，所以必须将控制器安置在信号覆盖良好的地方，以保证每个防区信号的正常传输。

3. 总线制传输

总线制传输实际上也是有线传输的一种。通常由主动式红外探测器、总线控制器及普通开关量报警主机构成。前端用户通过 RS-485 总线与主机连接，主机及各用户机上分别设有一总线联接单元，该单元能把用户机发出的报警信号、主机发出的应答控制信号转变为能在总线上进行长距离传递的信号；同时能把总线上的信号转变为用户机和主机能接收的电平信号，以适于大型楼宇及小区安全报警。它采用 CAN 总线方式与 MT 系统中 MTGW CAN RS-485 总线转换器进行通信，通过 MTGW 接收和处理 RS-485 终端设备的事件信息，并输出到 MTSW 智能小区中心管理系统中，同时可以监测和报告 CAN 总线状态以及其他内部系统事件。

总线式报警主机的技术特点是，稳定可靠，报警快捷，设计简单，通信速度快，容量大，施工便利，且有 RS-232 通信接口可与计算机连接，在计算机上显示报警信息。

其优点如下：

- 通信速度快、容量大。采用 RS-485 总线方式，在波特率仅为 2400 bit/s 情况下，上报一条警情信息仅为 0.1~0.3 s，中心基本不占线，适合大容量小区使用。
- 双向通信方式。采用总线制使用报警器不仅可以上报，而且还可以迅速下载信息。
- 集成性能好。由于大多数智能化系统都采用总线制通信方式，所以便于与其他系统进行集成，降低工程费用，增强中心通信控制功能。
- 成本低。总线制报警系统省去了电话线报警系统中的拨号模块，使成本下降很多，便于普及。

其缺点如下：

- 工程施工要求高，对于线路敷设、总线隔离有较高的技术要求。
- 只适合联网使用，不适合住户独家独户使用。
- 不适合长距离报警用户，一般报警器与中心通信距离不能超过 1200 m。

3.1.4　线尾电阻

各个厂家的线尾电阻阻值不一样，常见的为 2.2 kΩ 和 47 kΩ，安在各种探测器上，也就是电路的末端。报警设备接线尾电阻主要作用就是为了安全、防止人为破坏，因为探测器接了线尾电阻后，防区电路无论是短路还是开路，主机都有会报警。

线尾电阻通常安装在探测器内，因为如果把线尾电阻直接跨接在主机的防区端口上，由于常开接法使布线电路处于断路状态，阻值为无穷大，不构成回路，只要防区端口不发生短路，报警主机是无反应的，所以应将线尾电阻接在探测器常开端口上，此时，常开接法由于线尾电阻的跨接使得布线电路构成回路，回路中有较小电流，所以可起到电路的防剪和探测器的防拆功能。

1) 单线尾电阻的接法如图 3-34a 所示。

2) 双线尾电阻的接法如图 3-34b 所示。

使用双线尾电阻接法时，无论是在撤防状态还是在布防状态，只要是线路被剪或探测器被非法打开的情况下都会产生报警，键盘上会显示防拆报警图标。

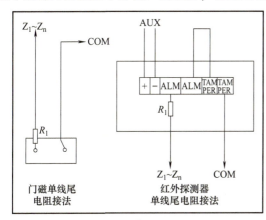 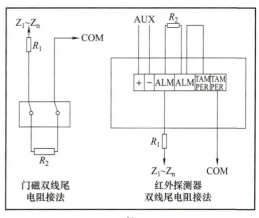

图 3-34 线尾电阻的接法示意图

a) 单线尾电阻的接法示意图　b) 双线尾电阻的接法示意图

3.2 周界防范系统的设计与实施

周界防范系统主要由小区周边或围墙探测装置、报警控制主机、报警联动装置和信号传输等部分构成。在前端探测装置中，以主动式红外对射探测器应用最为广泛，下面将重点进行介绍。

周界防范系统通常称为小区的第一道防线。当周界有人非法入侵时，探测器便发出警示信息，通过管理中心的控制（系统管理）主机和联动设备（如启动警灯、警号、摄像和录像程序），显示非法入侵区域，提供管理人员及时获取警讯，以便第一时间赶赴现场处理。

下面主要介绍周界防范系统常用的前端设备、传输形式、控制原理以及由它们构成的各种安防报警系统。

1. 主动式红外对射周界防范系统的设计

小区周界防范系统解决方案的特点如下。

1) 广泛性。要求被保护区的每个重要部位都能得到保护。

2) 实用性。要求每个防范子系统在发生侵害的情况下都能得到及时报警，报警过程应环节简单，操作方便。

3）系统性。要求每个防范子系统在案情发生时，都有较好的联动性。当发生报警时，即时启动相应的报警设施，如录像机、警号和灯光等装置。

4）可靠性。要求系统设计合理、设备稳定可靠且具有较好的抗人为破坏性能。

5）兼容性和扩展性。现实中，较好的兼容性和扩展性很重要，可为设备的选型和日后维护设备更新提供较大的预留空间。

根据项目环境实际情况进行设计，具体内容包括如下。

1）平面布防图（前端设备的布局图）。

2）系统构成框图（应标明各种设备的配置数量、分布情况和传输方式等）。

3）系统功能说明（包括整个系统的功能及所用设备的功能）。

4）设备、器材配置明细栏（包括设备的型号和主要技术性能指标、数量、基本价格或估价、工程总造价等）。

2. 主动式红外对射周界防范系统的组成

本系统防范区域有两处，即住宅小区的周界和小区的会所。前端由主动式红外对射探测器组成，终端由宏泰 HT-110 报警控制器、警笛或警灯构成一个完整的红外报警系统。宏泰 HT-110 主动式红外对射报警系统组成框图如图 3-35 所示。

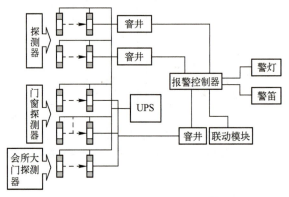

图 3-35 宏泰 HT-110 主动式红外对射报警系统组成框图

该系统在小区周界防范中通常不是孤立地使用，而是与小区管理中心的其他防范系统管理主机联动，如硬盘录像机（工控机或嵌入式硬盘录像机）、警灯、警笛和探照灯，辅以防区追踪摄像、录像与存储及现场灯光照明等设备。本系统联动设备推荐表如表 3-3 所示。

表 3-3 联动设备推荐表

配　　置		控 制 中 心	前端报警主机	探测器配置
增强型配置		主机：工控警用主机软件、ADB 2000 四线卡	HT-110B 固定点防盗报警系统（电话联网型 5.0 版）	根据需要选配
专业配置			HT-110B 固定点防盗报警系统（电话联网型 5.0 版）	
普通配置			HT-110B 固定点防盗报警系统（电话联网型 2.0 版）	
经济配置	企业型		HT-110B 固定点防盗报警系统（电话联网型 2.0 版）	
	家居型		HT-110B-1 固定点防盗报警系统（电话联网型）	

3. 防范系统设备配置

（1）前端设备

在进行配置红外对射探测器时，首先应根据工程所在的环境、气候选择相适应的探测器，对烟、雾气较多的地方，最好带有自动增益控制（AGC）装置的探测器。然后根据防范区域的特点选择红外对射的光束，一般情况下选用双光束。如遇围墙比较容易攀爬的特殊场合，可考虑采用栅栏型探测器。

在光束确定之后，根据围墙（栅栏）的特点（如墙体直线部分的长短和拐角、弯角的数量、围墙高低错落的地方有多少处等）选定探测器数量，这些因素都会影响探测器数量的选定。对上百米或更长的呈直线形的围墙，由于气候环境原因（尤其是常有浓雾的地方），不宜安装长距离的探测器，可按每30 m设置一对；对围墙虽然不长，但有较多拐角或弯角的情况，每逢一个拐角就得安排一对探测器，用以防止出现盲区。

最后，根据需要将防范区域设置为若干个防区。必须注意的是，防区范围不能设定得太大（如上百米的直线围墙），把多对探测器编为一个防区就不适合，万一有非法入侵者攀爬，管理人员赶赴现场处理所在的位置可能离入侵者还有很长的距离，因为管理人员只知道该防区有警情，但不知道具体发生在哪个位置上。还有一种是围墙有多处拐角或弯角，距离却不长，对这种情况配置的探测器往往较多，把它们编为一个防区却是恰当的。可见，防区探测器的多少不是决定防区数量的主要因素。

（2）传输介质的配置

传输方式的选择要根据系统实际情况通盘考虑，可采用有线式、总线式、无线式或有线和无线兼容式。本系统采用有线传输方式，它主要负责把前端探测器的信号传递到报警控制器中。

有线传输方式最为普遍，安装简单，低成本，系统运行稳定可靠。在运用中，通常采用四芯RVV直径0.2~1.0 mm（视距离而定，距离越远，线径就越粗）的铜导线。其中，两根用于电源，另外两根用于信号传输。由于在电缆敷设过程中间不得有接头，通常要一线到底，所以电缆的使用长度比实际测量的长度要长，经验值是预加20%。

电缆在敷设过程还有一个问题，就是窨井的设置。窨井犹如电缆的"交通路口"，可以避免众多防区的电缆直接进入管理中心，其示意框图如图3-36a所示；如果在防区的适当位置设置一个窨井，就可以把几个防区的电缆引入窨井，然后再从窨井中引出一条较大的PVC管把各防区的电缆集中送往管理中心，其示意框图如图3-36b所示，与图3-36a所示相比电缆并没有减少，但大大减少了进入管理中心的管道数量。对已建好的小区，采用这种方法可减少对路面的破坏，大大减少工程量，提高电缆的利用率，同时也便于电缆的维护。

设置窨井的位置应注意隐蔽，以免影响周边的景观。如其他系统同时施工窨井时，则应与其他系统统筹考虑，共同使用，节省投资。窨井可以是方形，也可以是圆形，深约600 mm，直径约300 mm，用砖砌成，面上用水泥板盖上，面盖应有"安防（或其他相应文字）"字样标识，以便于工程人员在日后维护时辨认。

（3）报警控制器配置

报警控制器的配置主要体现在下面几点。

首先，应根据防区的数量，选择控制器的防区路数，留有20%的余量，防止在实施过程中防区数量的增加。如果防区的实际数量超过控制器的路数，就可根据实际情况适当调整防区数量，如把原属某防区的探测器重新调整到邻近防区，以减少防区的数量。

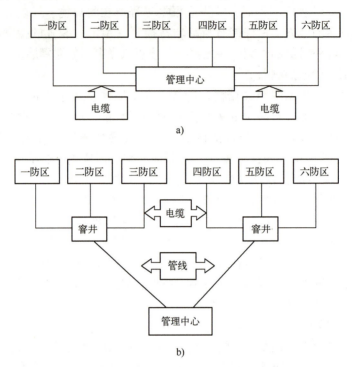

图 3-36 窨井设置示意框图

然后，应选择报警控制器的传输形式。本系统由于采用有线传输形式的有线式控制器，且本系统必须与小区管理中心的其他系统联动，所以控制器要有相应的输出端口。

另外，为了保证系统安全可靠、稳定运行，控制器还必须有欠电压提示、防损坏（包括人为破坏和意外损坏）报警以及报警性质、报警地点显示、报警资料记录和保存等主要功能。

报警控制器其附带功能很多，有些功能只适用于家居户内的防范，对于小区特有的综合管理并不一定合适。在产品配置时，应符合前面设计说明中提到的原则。

(4) UPS 配置

系统配置 UPS（不间断电源）主要是考虑在供电中断情况下，周界防范不应出现失控。

作为红外对射周界防范系统，对 UPS 的类型（如采用在线式或后备式）要求并不是考虑的重点，而重点考虑的应是两点：一个是供电的维持时间，通常规格有 24 h 或 48 h，配置 24 h 即可；另一个是容量的大小，有厂家生产的报警控制器已内置了备用电源，可应急使用，不过其容量往往较小，仅适合小型系统。

4. 设备安装

当安装探测器时，根据防范要求、安装位置和安装环境，应注意以下几点。

1) 窗户入口防范。

对于窗户入口防范，一般将探测器安装在窗户外部左右两侧，如图 3-37 所示，此种防范方法适合二楼以上的窗户。

注意：布防时不应影响窗户的开关（指对外开关窗扇）。

2）过道防范。

在走廊过道或大门安装的探测器，可用多光束栅栏型探测器，也可配置两对双光束主动式红外对射探测器，采用叠层式安装，如图3-38所示。其中一对离地面不高于150 mm，另一对离地面为700~800 mm。采用叠层式安装，误报率要比多光束配置来得低，因为多光束充其量就是一套防范系统，而叠层式用的是独立的两套系统，入侵者只要遮断任意一套，都会发生报警。

图3-37 窗户入口防范安装法

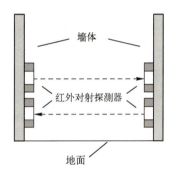

图3-38 过道防范安装法

3）围墙防范。

围墙防范的主要功能是防范人为的恶意翻越。根据安装条件，可采用墙顶安装和侧面（墙的内、外侧）安装两种方法。

① 墙顶安装。

墙顶安装示意图如图3-39a所示。探头的光束应高出栅栏或围墙顶部150 mm，以减少在墙上活动的小鸟、小猫等引起的误报。对墙顶上安装，可选择四光束或双光束探测器，不宜采用单光束探测器，否则误报的概率会大增。

② 侧面安装。

将探头安装在栅栏、围墙靠近顶部的侧面，内、外两个侧面均可，如图3-39b所示。从防范效果上看，外侧安装可以较好地防范恶意攀爬，同时这种方式可以较好地避开小鸟、小猫的活动干扰，但涉及相邻权问题须妥善处理。

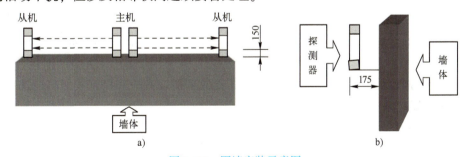

图3-39 围墙安装示意图

a) 墙顶安装示意图 b) 侧面安装示意图

③ 探测距离确定。

根据相关规定，室外型主动红外探测器的最大探测距离为该探测器出厂技术指标的6

倍。如出厂的指标为 30 m，则探测距离理论上可达 180 m。

但在实际应用中，室外型探测器需要考虑到室外环境及天气因素（如风、霜、雨和雪等情况），也能正常工作。所以在实际使用时，按照行规和公安技防规范的要求，实际探测使用距离≤厂方标称值的 70%。例如，标称值 300 m 的探测器，在理想环境条件下能探测的距离应是 1800 m（即标称值的 6 倍），但在实际使用时只能用于保护≤210 m 的围墙（栅栏）。

另外，人的截面尺寸也是主动红外对射探测器安装时要考虑的依据。如果安装在围墙顶部（如图 3-39a 所示），就要求光束距围墙顶端间距为（150±10）mm；如果安装在围墙外侧（如图 3-39b 所示），就要求光束距围墙间距为（175±25）mm。按上述间距安装，一般能保证入侵者在越墙时能有效地遮挡双光束，从而触发报警。

4）交叉防范。

在一些容易造成盲区的地方，两对相邻的主动红外入侵探测器要求交叉安装，一般要求交叉间距≥300 mm，即在至少 300 mm 以内是两对相邻探测器的公共保护区。当然两对相邻探测器光束方向要相反，如图 3-40 所示。

5）避免交叉干扰。

在同一直线上的两对主动式红外对射探测器最容易产生交叉干扰，可采用背靠背布防安装，其安装示意图如图 3-41 所示。否则，容易发生某对探测器发射器的光束进入另一对探测器的接收器，造成互扰。此外，也可以采用具有频率调制功能的探测器，只要将相邻两对探测器的频率错开，也可避免发射和接收之间的互相干扰。

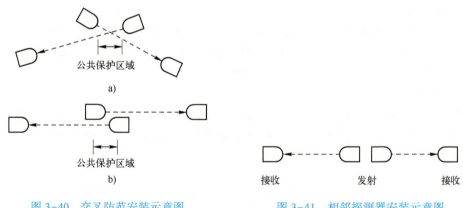

图 3-40　交叉防范安装示意图　　　图 3-41　相邻探测器安装示意图

6）应避免接收端正对太阳光或强光源，若无法回避，则应选择将发射端的功率调大或调小发送端与接收端之间的距离。

7）管线安装。

必须将线缆埋地穿管敷设，不能明装，管道通常采用 PVC 塑料管。

各防区传输线采用 RVV 四芯铜质导线（电源和信号各用两芯），一般线径≥0.75 mm。线路长短与线径息息相关，线路越长，线径要求越粗。在全路满载的情况下，一般以线路末端电压不应低于 9 V 为参考值选配导线，以保证正常工作。

在有条件的情况下，敷设管道与穿线应同步进行，这样可降低敷线的难度。

8) 支架与红外探测器安装。

支架材料通常有圆钢、角钢和方钢多种，安装高度根据探测器的尺寸而定，支架的形状因安装位置（如墙顶、围墙的内侧或外侧）而异。有的红外探测器自身已带有座脚，但要注意根据安装的位置配置，如有的探测器座脚适于墙顶安装，有的则适于墙壁安装。

在现场安装与设计时可能会有差异，经常遇到的有以下几点。

① 在安装支架之前，首先应目测发射器与接收器是否处于同一水平线上，以保证红外探测器发射端与接收端轴线重合，若安装墙体无法保证，则应对安装支架进行相应调整，以满足要求。

② 在主机与从机之间不应有障碍物或隐性障碍物，如刮风时，树叶和树枝会遮断光束通道。

③ 对围墙以弧形方式拐弯的地方需特别注意支架的布点，不要出现零覆盖或交叉干扰现象。弧形围墙的安装方法示意图如图3-42所示。

9) 电路接驳。

安装探测器的电源线或信号线缆基本上大同小异，大部分设备间的线缆接驳可按下述方法进行。

① 电源线连接。

探测器电源供电方式为主、从机和相邻防区之间的主、从机之间均为并联关系，按规定电源正负极连接即可。

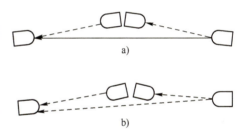

图3-42 弧形围墙的安装方法示意图
a) 安装错误 b) 安装正确

② 主动式红外对射探测器信号线连接。

主动式红外对射探测器属于开关分量型，因此可以把所有的有线探测器输出部分看成一个开关，这个开关有3个接线端子，即COM（公共）端、NC（输出常闭）端、NO（输出常开）端。选用时可以是，COM和NC或COM和NO。红外对射从机可以有两种输出方式，也没有正、负极之分，通常用的是COM和NC（输出常闭）端（视工程而定）。

本防区内在从机之间实施串接连接，探测器之间连接示意图如图3-43a所示。内部接线端子说明如图3-43b所示。

红外对射探测器属于室外安装，环境通常比较恶劣，因此在安装过程中，各个连接线的接头都需用烙铁锡焊焊牢固，并用热缩管密封，严禁采用简单的扭接，否则日久天长，导线表面氧化易造成接触不良，导致系统故障。

如果报警周界有防破坏线尾电阻，那么将接在防区的尾端从机的地方，当输出为常闭时，与从机串联；当输出为常开时，与从机并联，不允许就近接在报警主机输入端上。由图3-44所示可以看出，不管探测器的从机是常闭输出还是常开输出，在布防/撤防状态，报警主机流出的巡检电流都会通过线尾电阻，其电压降为一固定值，该值被视为系统正常值。也就是说，此时的防区安然无事。当有人故意破坏时，不管是电路被剪断或被短接，线尾电阻两端的压降都会发生很大的变化，此时，报警主机即会显示系统被人为破坏，这就是防破坏功能。但有一点必须注意的是，如电路被风刮断，或其他意外造成电路损毁，也会出现同样类型的报警，因此，系统显示的报警信息，不一定就是有人破坏。

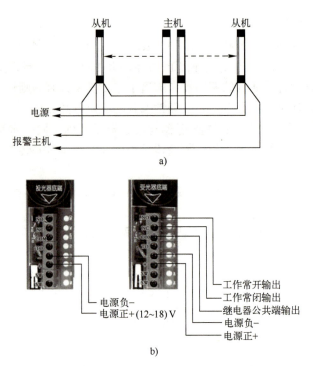

图 3-43 主动式红外对射探测器连接示意图
a) 探测器之间连接示意图 b) 内部接线端子说明

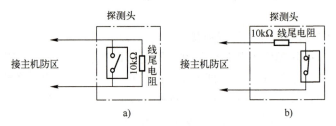

图 3-44 主动式红外对射探测器探头接线法
a) 常开触点 b) 常闭触点

在接驳探测器主、从机时，应尽量将防拆开关互相串联接驳到整个系统中。防拆卸连接示意图如图 3-45 所示。防拆卸报警的工作原理：在探测器盖子被拆之前，防拆输出端子为闭合状态，当探测器盖子被拆时，防拆输出端子为开路状态，报警控制器即发出报警，这样处理大大提高了整个系统的安全性。不过此时所用的电缆必须是六芯线，其中两根用于电源供电，另两根用于接驳防拆开关量信号，还有两根用于报警信号。

5. 主动式红外对射探测器的调试

各防区电源、信号线在连接并检查无误之后，即可上电调试，在调试过程中出现的问题、调试顺序及解决方法大致如下。

（1）通电后某个防区故障，导致管理机指示灯闪烁

1）表示接收端与发射端对准出现误差，应重新调整发射端与接收端的对准角度。

2）发射端功率不足。如果发射端功率开关调整不当，就应将发射端功率调大，以确保系统在恶劣环境下能可靠工作。

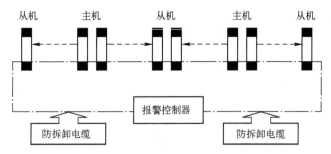

图 3-45　防拆卸连接示意图

（2）投光器光轴调整

打开探头的外罩，把眼睛对准瞄准器，观察瞄准器内影像的情况，探头的光学镜片可以直接用手在 180°范围内左右调整，用螺钉旋具调节镜片下方的上下调整螺钉，镜片系统有上下 12°的调整范围，反复调整，使瞄准器中对方探测器的影像落入中央位置。

（3）受光器光轴调整

首先，按照"投光器光轴调整"方法对受光器的光轴进行初调。上电后若受光器上的红色警戒指示灯熄灭，绿色指示灯长亮，且无闪烁现象，则表示光轴重合，说明投光器、受光器功能正常。

之后，调试从机受光器的红外线感受强度。打开外罩，即可看到受光器上有两个标有"+""-"的电压测试口，用于测试受光器的受光强度，当用万用表测试时，所得值称为感光电压。调试时将万用表的测试表笔（红为+、黑为-）插入受光器测试口，同时反复调整镜片系统，使感光电压值达到最大值，表明探头处于最佳工作状态。

此外，早期的四光束探测器两组光学系统是分开调试的，调试时两组需分别调试，未调试的一组，必须进行遮光处理，反复调整至两组感光电压一致为止。由于涉及发射器和接收器两个探头共 4 个光学系统的相对应关系，所以调节起来相当困难，调试不当还会出现盲区或误报。不过，目前的产品已经把这两部分光学系统的调试合二为一了，调试起来就容易多了。

（4）遮光时间调整

根据国家标准（GB 10408.4—2000）规定：当探测器的光束被遮挡的持续时间≥40 ms±10% 时，探测器应产生报警信号；当光束被遮挡的持续时间≤20 ms±10%，探测器不应产生报警信号。在红外探测器的受光器上设有遮光时间调节钮，调节的范围为 50~500 ms。

探头在出厂时，已将其遮光时间调节在通用标准位置上，一般环境下，无需重新调整遮光时间。确实需要重新调节遮光时间时应该注意，若遮光时间选得太短，灵敏度提高，则导致小动物穿越也会引起报警；若遮光时间过长，灵敏度降低，则又容易造成漏报。

（5）红外对射探测器与管理主机联调

经过探头调试后，即可接入防区输入回路中，此时可上电后观察。

管理主机本防区上的报警指示灯若无闪烁且不点亮，防区无报警指示输出，即表示整个防区设置正常；否则，需用排除法，按防区电路、设备分别进行检查或重新调试。待防区工作状态正常后，应根据设防的要求，持类似防范对象的物体（如大小尺寸、形状），用不同的速度、不同的方式遮挡探头的光轴，以检验系统布防是否正常。

6. 故障分析与排除

（1）报警器产生误报

下面几种情况下都可能产生误报。

1）发射端发射光束强度调整不当，当太阳光直射接收端时，导致红外光衰减而引起误报。解决方法是将发射端功率调大。

2）如果主机与从机之间超过探测距离，则报警器不起作用。解决方法是将距离调近。

3）系统中使用多对栅栏时由于排列不当或周围反射引起互相干扰，导致发生误报。解决方法是重新设计主、从机的排列顺序，或者在相邻两对之间设置隔离板。

（2）主机布防即报警

这是因为与主机配套的某个探头（包括防卫栅栏）在不断发报警码，所以在主机布防后立即就会接收到报警码，从而产生报警。解决方法是逐个断开所有探头的电源，每断开一个电源，进行一次测试，在断开某一个探头电源布防后不再报警，表示该探头（或防卫栅栏）有故障，必须进行更换（如果是室外防卫栅栏接收端造成，就有可能是电源供电的问题）。

（3）主机自动不停地布防、撤防

这也是因为该系统中有个探头在不停地发报警码。解决方法是逐个断开本系统中各个探头的电源，在断开哪个探头后主机恢复正常，就表示该探头有故障，需要更换或维修。探测器长期工作在室外，不可避免地会受到大气中粉尘、微生物以及霜、雪和雾的侵蚀，长久以往，在其外壁上往往会堆积一层杂质甚至青苔，这些东西必然会影响红外射线的发射和接收，造成误报警。正常保养以一个月左右清洗主、从机一次为宜。

（4）受光器的指示灯不熄灭，可能是主、从机的光轴不重合，此时需调整光轴。

3.3　家居安防报警系统

家居（又称为户内型）安防报警系统与周界安防系统在报警控制管理方面并无很大的区别。系统主要由前端探测器、信号传输和控制主机（也可与小区管理中心主机联网）等组成，其组成示意图如图 3-46 所示。家居安防报警系统的前端设备繁多，有门磁、烟感、燃气泄漏、主动式红外和被动式红外探测器等，报警主机还可以与电话网络连接，提供远程报警。常用的传输方式分为有线型、电话型、总线型和无线型。报警控制器常用的有电话联网型、有线型、无线型或有线以及无线兼容型。

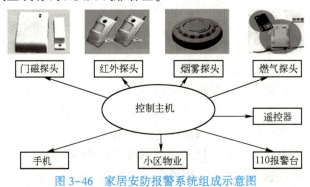

图 3-46　家居安防报警系统组成示意图

3.3.1 家居安防报警系统的分类

家居安防报警系统根据组合方式大致可分为访客对讲联网型、电话网络传输型、无线传输型以及独户（别墅）等类型。具体选用何种类型的报警系统，应从住户的居住条件来确定，如对已装修好的房间，无线传输可避免探头与主机之间敷设连接线，室内装修无需改动，具有灵活、简洁的优点，缺点是易受外界电磁波的干扰、器件成本相对较高等。

1. 门禁对讲联网型家居安防报警系统

这种组合在小区门禁对讲系统中运用最为普遍。与门禁对讲系统联网，免去了报警单元传输网络的敷设，在新建的小区中已得到普遍应用。带防区对讲的联网型系统局部框图如图 3-47 所示。

楼宇对讲系统的室内机（视系统而定）一般带有 4 个防区。这 4 个防区前端常用的探测器有气体泄漏探测器、门磁探测器、烟感探测器、紧急按钮和手柄式遥控报警装置。

4 防区的探测器与室内主机之间采用有线连接，使用时只要将报警系统设置在布防状态即可。无论盗贼以何种方式入室，或者

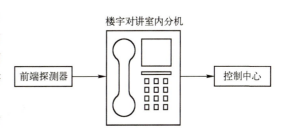

图 3-47 带防区对讲的联网型系统局部框图

煤气泄漏、火灾烟雾达到一定浓度，或者住户遇到突发事件，住户都可按动室内机键盘上的紧急按钮（或遥控器、外置紧急按钮），室内机会立即把警讯传到小区物业管理中心，管理中心即可采取应对措施。同时，管理中心还可通过管理主机将报警地点、报警性质等资料进行记录与存储，供日后案情分析用。

在这里，门禁对讲室内机不仅是一台楼宇对讲设备，而且它承担着家居安防报警系统的报警控制器的部分功能，所以它与前面提到的报警主控制器功能类似，可在室内机上进行布防和撤防，以及将报警信息传递给小区管理中心。缺点是，它不能现场报警，功能也比较少。

2. 电话网络传输型报警系统

电话网络传输型报警系统由前端探测器、报警主机和电话网络等组成，其组成框图如图 3-48 所示。

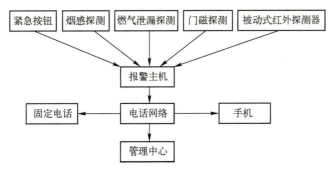

图 3-48 电话网络传输型报警系统组成框图

电话网络报警系统比较适合分散型报警的要求,只要有市话电缆接入即可,无需重新布线,故安装工程成本低,没有室外工程内容,在工程成本上具有优势。

电话网络传输方式主要用于家居报警,住户可以很方便地通过电话网络,把室内的警情传递给管理中心。

手机联网适合主人在非固定场所使用,方便主人外出时,在移动网络能覆盖的地方,第一时间内接到警情报告,赶赴现场。因受电话线路限制,容易出现冲突。为克服这一瑕疵,有的厂家推出具有优先报警功能的手机,当电话占线时,优先接通报警电话。

图 3-49 所示为宏泰 HT-110B-6 电话网络传输型报警系统示意图。

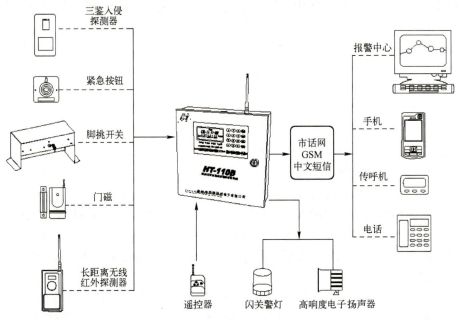

图 3-49　宏泰 HT-110B-6 电话网络传输型报警系统示意图

3. 总线型报警系统

总线型报警系统的核心是,通过微处理器利用总线对前端探测器进行控制。总线型报警系统组成框图如图 3-50 所示。

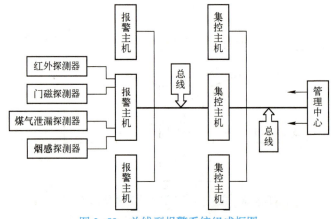

图 3-50　总线型报警系统组成框图

由系统可以看出，管理中心报警主机与集控主机的一对连线，称为总线，是集控主机与管理中心报警主机的数据通道。所有的集控器都并接在这对连线上，集控器都有一个编码，管理中心以此区分各个集控器的地址。总线主机通常有数条的总线以供使用。集控主机与前端探测器之间的连线，称为分总线，是家居报警主机与集控主机之间传递数据的通道，所有的家居报警主机都并接在这对连线上。由于每个报警主机都有独立的地址码，所以集控主机以此来区分各个家居报警主机的具体地址码。

总线型前端探测器与其他传输方式所用的探测器并无区别。家居报警主机除了传输方式上的不同外，其他常见功能都是一样的，如探测器的接入可以是无线型也可以是有线型，还可以现场报警，布防、撤防的操作与其他通信方式的报警主机没有什么区别。

总线型报警系统具有速度快、容量大、成本低的突出优点，又由于可以和访客对讲系统统一布线，所以非常适合在新建的尤其是大中型住宅小区中使用，是一种家庭普及型产品。

4. 家居无线传输型报警系统

家居无线传输型报警系统由无线报警控制器、无线烟感探测器、无线燃气泄漏探测器、被动式红外探测器、无线门磁以及无线遥控等组成，也可以根据不同的需要和场合自由组成不同功能的报警系统。

无线传输的优点是，免敷设线缆，工程施工简单；缺点是，易受外界干扰，影响系统的稳定性。

在进行无线传输型报警系统组合时，前端无线报警探头和报警控制器之间的无线发射与接收的工作频率必须相同，各个无线探头与报警控制器编解码芯片之间的地址码和数据码必须一致，否则无法进行通信，因此前端探测器与终端的配备最好为同一品牌。

图 3-51 所示为宏泰无线报警系统的组成部分，其报警主机的工作频率为 315 MHz。

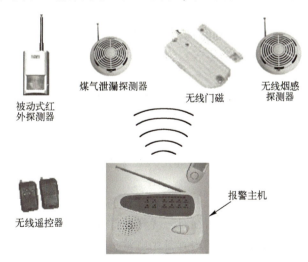

图 3-51 宏泰无线报警系统的组成部分

3.3.2 家居安防报警系统设备配备的原则

对居室的外门和窗户可以安装门磁探测器或主动式红外探测器，也可以选用幕帘式被动红外探测器。

客厅可安装双鉴型探测器，用于夜间防范非法入侵者。

可将紧急按钮安装在客厅或主卧室便于操作的地方。

窗户可安装玻璃破碎探测器，以防入侵者破窗而入，但若选用红外探测器，则无需使用玻璃破碎探测器或门磁探测器。

厨房需安装烟雾报警器和燃气泄漏报警器，若卫生间使用燃气热水器，则应安装燃气泄漏报警器。

可将报警控制器安装在房间隐蔽的地方，以防人为破坏（损坏）。

宏泰 HT-110 电话报警系统还适用于独户型的住户。独户型（如别墅）通常面积比较大，夜间看管着实不易。在设计时，考虑白天主人外出不在家，可以通过电话传递报警信息，夜间则可以实现现场报警，用于吓阻非法入侵者。

独户型探测器配置、设备安装、线缆敷设和调试与前面讨论的防范系统基本一样，有所不同的是，使用的探测器比较多。另外，为了避免线缆敷设的难度，部分前端探测器可选用无线传输方式，自然报警控制主机也必须是有线与无线兼容型，宏泰 HT-110 控制器即属于此类型设备。另外，由于探测器使用的数量比较多，所以相应的报警控制主机的防区路数也应增加比例。

家居安防报警系统的选择与安装调试如下。

（1）家居安防报警系统的选择

家居安防如何选择一套安全、适用的系统呢？主要应考虑以下内容。

首先确定安防报警系统上的最大预算，以方便设备类型的选择和安防方式的选择。

确定需要防范的空间和位置。根据办公或居住环境，确定最容易受到侵犯的位置，比如阳台、窗户等。

确定每个防范位置所需的器材（探测器）类型。

根据所选定的防范点数、设备和结构，确定安防报警系统主机的防区数量（家居防区的设置一般以一对探测器设为一个防区）、传输方式及报警方式，进一步确定报警主机的型号。

根据以上选择，配套周边附件，根据具体情况进行科学调整，确定安防系统方案及产品配置。产品配置必须突出家居（户内）安防系统的特点，终端的报警控制器应能实现下述主要目标。

1）在布防方式选择上，应方便留守（主人在家或值班）人员的布防/撤防选择，即具备外出布防和留守布防两种布防方式。

2）可通过遥控器（或远程电话）控制主机实现布防、撤防和紧急报警。

3）具有优先报警功能。当电话占线时，优先拨打（接通）报警电话。

4）可使用交、直流两用电源，如内置备用电池，平时充电，市电断电时自动切换，确保系统正常工作。

5）有直流欠电压指示。当直流电压低于规定电压时，欠电压指示灯亮，以提醒用户及时更换电池或充电。

6）信号数字编码，互不干扰或串机。

7）可预先自录数组报警信息（如××防区发生燃气泄漏），用于报警时，可通过报警控制器电话联网系统，接通接警人，实现"实况转播"，有利接警人掌握现场情况，作出反应。

8）所有功能设置应为一键式快捷选择，操作方便，简单易学。

（2）家居安防报警系统的安装与调试

家居安全防范报警系统的安装与调试与前述周界防范基本相似，可以借鉴。无线传输型系统略有不同，主要有以下几方面。

1）主机接收不到前端探测器的报警信号。

① 检查 IC 编码是否正确。

② 检查探测器的内置电池是否正常或电池扣连接是否脱落。

③ 若是门磁探测器，则还应检查门磁与主机之间的距离以及检查安装门磁的周围环境。

④ 检查探测器的电路板是否损坏。

2）探测器的指示灯不亮或长亮不熄。

① 检查指示灯在电路板上的焊点是否松动和脱落。

② 检查电池的电量。

③ 检查电路板是否损坏。

3.4 现场报警系统

现场报警适合一些有人值守的场合或家中有人在家的情况下使用，它不需采用电话联网或无线报警的方式，只要在容易被入侵的地方安装现场报警器，就可以达到防范的目的。

现场报警器由红外或微波等探测电路及报警电路组成，是一种比较实用的自卫性威慑报警工具。在探测器侦测到入侵者之后，现场即会发出高分贝的警笛声，达到惊吓窃贼的目的。图 3-52 所示为 HT-555 三技术超级卫士现场报警器，它集警笛、警灯为一体，采用微波红外智能三鉴技术。在监控区域安装该机后，一旦有非法入侵，它立即发出警笛声并启动警灯，起到威慑警告和吓阻作用。这种现场报警器，可以通过无线按钮实现布防和撤防功能，也可以实现电话的联网和远程无线传输。

根据防范对象不同，还有一种现场振动式报警器，可直接对保护对象进行现场保护，如图 3-53 所示。

现场振动报警器适用于门、窗、摩托车、自行车、电动车、保险柜、墙壁、文件柜、电动伸缩门、商店、车库卷闸门等大小铁门、机械设备及各种物品的防盗报警，一旦有发生轻微振动、冲击，即可发出高分贝报警声，达到及时报警和阻吓非法入侵者的作用。这种现场报警器安装一般比较方便，可选直挂、双面胶粘贴方式，有的产品报警器背面有两块强力磁铁吸盘，可吸附在各种铁器上进行现场防盗报警。

HT-9912 为无线遥控红外防盗抗暴现场报警器，在防范探测器技术上与前面所述的现场报警器相同，但它的功能更像是一个小型的报警系统。被动式红外、遥控现场报警器如图 3-54 所示。该机可实现以下的功能。

1）无线遥控布防、撤防和紧急报警。

2）可配接 4 个有线开路触发报警探测器，LED 显示报警防区。

3）可配无线紧急按钮，有线紧急开路报警、有线紧急闭路报警。

4）可选配无线红外探测器、无线门磁、烟感和煤气泄漏等探测器。

5）外接大功率报警扬声器。

图 3-52　HT-555 三技术超级卫士现场报警器　　图 3-53　现场振动式报警器　　图 3-54　被动式红外、遥控现场报警器

6）两种警笛、4 种语音报警选择。

7）报警音量两档选择。

8）报警自动复位。

9）电源交直流两用，可充电池作为备电，并实现自动切换。

现场报警器具有安装方便、使用简单的特点，适用于企事业单位和家庭安全防范和紧急求救。

3.5　实训

实训设备采用 SZPT-SAA201 防盗报警系统实训装置，如图 3-55 所示。

8-防盗报警系统接线实例

3.5.1　常用报警探测器的认知与调试

1. 实训目的

1）认识主动式红外与被动式红外/微波双鉴探测器的组成结构。

2）熟悉主动式红外与被动式红外/微波双鉴探测器的工作原理。

3）掌握主动式红外与被动式红外/微波双鉴探测器的连接方法。

2. 实训设备

实训设备见表 3-4。

图 3-55　SZPT-SAA201 防盗报警系统实训装置

表 3-4　实训设备

序号	名　称	规格型号	数　量	序号	名　称	规格型号	数　量
1	主动式红外探测器	DS422i	1 台	5	被动式红外/微波双鉴探测器	DS860	1 个
2	闪光报警灯		1 个	6	DC 12 V 电源		1 个
3	1m 导线	RVV（2X0.5）	3 根	7	1m 导线	RVV（3X0.5）	1 根
4	0.2m 跳线	红、绿、黄、黑	各 1 根	8	端子排		1 只

3. 实训工具

实训工具见表 3-5。

表 3-5 实训工具

序号	名称	数量	序号	名称	数量
1	小号一字螺钉旋具	1把	5	剪刀	1把
2	电笔	1把	6	万用表	1只
3	小号十字螺钉旋具	1把	7	绝缘胶布	1把
4	尖嘴钳	1把			

4. 实训原理

以主动式红外探测器为例,学生自我设计被动式红外/微波双鉴探测器的实训内容。

主动式红外探测器原理框图如图 3-56 所示,通常采用互补型自激多谐振荡电路作为调制电源,它可以产生很高占空比的脉冲波形。用大电流窄脉冲信号调制红外发光二极管,发射出脉冲调制的红外光。红外接收机通常采用光电二极管作为光电传感器,它将接收到的红外光信号转变为电信号,经信号处理电路放大、整形后驱动继电器接点产生报警状态信号。

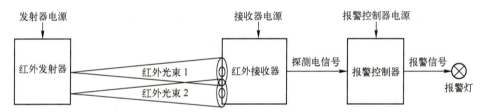

图 3-56 主动式红外探测器原理框图

1) 主动式红外探测器常开触点输出原理示意图如图 3-57 所示。

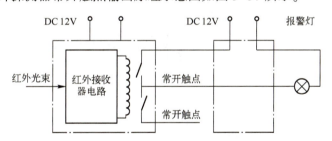

图 3-57 主动式红外探测器常开触点输出原理示意图

2) 主动式红外探测器常闭触点输出原理示意图如图 3-58 所示。

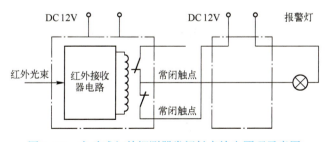

图 3-58 主动式红外探测器常闭触点输出原理示意图

3）主动式红外探测器常闭/防拆触点串联输出原理示意图如图 3-59 所示。

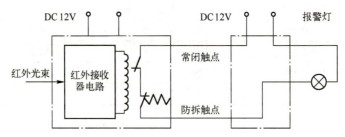

图 3-59　主动式红外探测器常闭/防拆触点串联输出原理示意图

5. 实训步骤

以主动式红外探测器为例，学生自我设计被动式红外/微波双鉴探测器的实验步骤。

1）断开实训操作台的电源开关。

2）拆开红外接收器外壳，辨认输出状态信号的常开触点端子、常闭触点端子、接收器防拆触点端子、接收器电源端子、光轴测试端子、遮挡时间调节钮及工作指示灯。

3）拆开红外发射器外壳，辨认发射器防拆触点端子、发射器电源端子和工作指示灯。

4）按图完成实训端子排上侧端子的接线，闭合实训操作台电源开关。

5）主动式红外探测器的调试主要是，校准发射器与接收器的光轴，分为目测校准和电压测量校准。首先利用主动式红外探测器内配的瞄准镜，分别从接收器和发射器间相互瞄准，使发射器的发射信号能够被接收器接收；然后在接收器使用万用表测量光轴测试端的直流输出电压，当正常工作输出时，电压要大于 2.5 V，一般电压越高越好。

主动式红外探测器的基本连接示意图如图 3-60 所示。

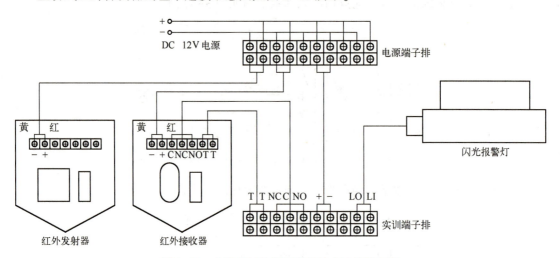

图 3-60　主动式红外探测器的基本连接示意图

主动式红外探测器的常用连接方法如图 3-61 所示。

6）通过实训端子排下侧的端子，利用短接线分别按图 3-58 所示依次完成各项实训内容。每项实训内容的接线和拆线前必须断开电源。

7）完成接线、检查无误、合闭探测器外壳和闭合电源开关。然后，人为阻断红外线，观察闪光报警灯的变化。在最后一项内容中，改变遮光时间调节钮，观察闪光报警灯的响应速度。

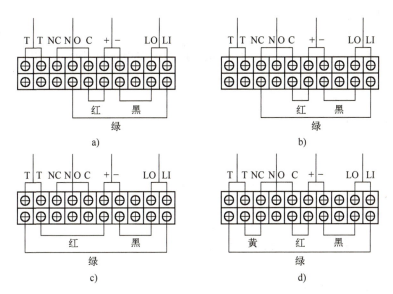

图 3-61 主动式红外探测器的常用连接方法
a) 常开触点输出　b) 常闭触点输出　c) 防拆触点输出　d) 常闭/防拆触点输出

6. 实训结果

写出实训结果、遇到的问题、解决方法以及实训心得体会。

3.5.2 DS6MX-CHI 报警主机的使用与系统集成

DS6MX-CHI 为六防区键盘。既可单独使用，也可以将其连接到 DS7400XI-CHI 报警主机的总线电路上。

1. 实训目的

1) 认识 DS6MX-CHI 六防区键盘的结构、特点。
2) 掌握 DS6MX-CHI 六防区键盘与前端探测器的连接方法。
3) 通过对探测器的布防/撤防的操作，充分理解布防/撤防及旁路的概念。

2. 实训设备

1) DS6MX-CHI 六防区键盘。
2) 紧急按钮、玻璃破碎探测器、微波/被动式红外探测器及主动式红外探测器。
3) 闪光报警灯。
4) 电源。
5) 导线、十字螺钉旋具、万用表和小件材料（记号套管、接线端子排、扎线）。

3. 设备说明

(1) 主要功能

1) DS6MX-CHI 有 6 个报警输入防区，1 个报警继电器输出，2 个固态输出和 1 个钥匙开关。支持 1 个主码，3 个用户码，1 个劫持码和 1 个开门密码。

2）DS6MX-CHI 同时也支持无线功能，即无线接收器 RF3212/E，无线布/撤遥控 RF3332/E 和 RF3334/E 及无线探测器等。

（2）电性能指标

1）工作电压：DC 8.5~15 V。

2）工作电流：待机 30 mA，报警 100 mA，用到可编程输出口时为 500 mA。

3）防区：6 个常开或常闭防区，可编程为即时、延时、24 h 和跟随防区，第 6 防区可编程为要求退出（REX）防区。

4）防区响应时间：500 ms。

5）线尾电阻：10 kΩ。

6）继电器输出：常开 NO/常闭 NC，DC 3 A/28 V。

7）固态输出：两个直流输出，每个最大为 250 mA，DC 0.1 V 为饱和输出，电压不能超过 DC 15 V。

8）兼容性：RF3212/E 无线接收器和 DS7400XI-CHI 报警主机（需 4.04 或更高版本）。

9）防拆装置：自带外壳/背板防拆开关。

4. 实训内容

1）断开实训操作台的电源开关。

2）辨认 DS6MX-CHI 各接线端子及其功能。

3）紧急按钮以常闭触点与主机第 1 防区相连，警灯采用固态电压输出接法，设置为即时防区，采用单防区布防操作验证。

4）主动式红外探测器以常闭触点与主机第 4 防区相连，警灯采用固态电压输出接法，设置成周界防区，设置固态输出口 1 跟随报警输出，采用周界布防后触发验证。

5）微波/被动红外探测器以常闭触点和主机第 1 防区相连，设置成延时防区，退出延时为 25 s（提供人 25 s 退出设防区域），进入延时为 5 s（提供人 5 s 系统撤防），并在布防后触发验证。

5. 实训步骤

（1）系统连接

1）总线和电源线。

MUX 总线及电源接线图如图 3-62 所示。

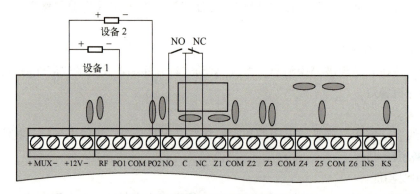

图 3-62 MUX 总线及电源接线图

2）防区接线。

防区可接为常开 NO 或常闭 NC，每个防区必须接一个 10 kΩ 的电阻。防区接线示意图如图 3-63 所示。

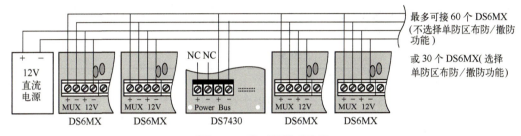

图 3-63　防区接线示意图

3）输出口接线。

DS6MX-CHI 支持 3 A/28 V DC 的 C 型（NC/C/NO）继电器输出。两个固态电压输出能够连接每个最大为 250 mA 的设备，工作电压不能超过 DC 15 V。参考输出编程地址 26 和 27。输出口接线示意图如图 3-64 所示。

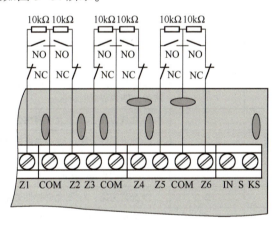

图 3-64　输出口接线示意图

（2）编程

编程步骤见表 3-6。编程表见表 3-7。

表 3-6　编程步骤

步　骤	操　作	提　示
1	输入主码 "x" "x" "x"	只有主码才具有编程模式，其他 3 个用户码不能用于编程
2	按住〈∗〉键 3s，即可进入编程模式	主机蜂鸣器鸣音为 1s，6 个防区指示灯将快闪，表示已经进入编程模式
3	进入编程地址："x" 或 "x" "x" + "∗"	地址 0~9 输入 1 位数，地址 10~45 输入两位数
4	编程值：从 "x" 到 "x" "x" "x" "x" "x" "x" "x" "x" "x"	参考地址编程参数，编程值可由 1 位数到 9 位数不等。若设置正确，则主机将鸣音 2s 进行确认；若设置错误，则可按〈#〉键清除返回步骤 3

(续)

步骤	操作	提示
5	重复步骤3和4，编程其他地址	
6	按住〈*〉键3s退出编程模式	主机蜂鸣器鸣音为1s，6个防区防将熄灭，表示已经退出编程模式

表 3-7 编程表

地址	说明	预置值	编程值选项范围
0	主码	1234	0001~9999（0000=不允许）
1	用户1	1000	0001~9999（0000=禁止使用该用户）
2	用户2	0000	0001~9999（0000=禁止使用该用户）
3	用户3	0000	0001~9999（0000=禁止使用该用户）
4	报警输入时间	180	000~999（0~999 s）
5	退出延时时间	090	000~999（0~999 s）
6	进入延时时间	090	000~999（0~999 s）
7	防区1类型	2	1=即时；2=延时；3=24 h；4=跟随；5=静音防区；6=周界防区；7=周界延时防区
8	防区1旁路	2	1=允许旁路；2=不允许弹性旁路
9	防区1弹性旁路	2	1=允许弹性旁路；2=不允许弹性旁路
10	防区2类型	4	1=即时；2=延时；3=24 h；4=跟随；5=静音防区；6=周界防区；7=周界延时防区
11	防区2旁路	2	1=允许旁路；2=不允许弹性旁路
12	防区2弹性旁路	2	1=允许弹性旁路；2=不允许弹性旁路
13	防区3类型	1	1=即时；2=延时；3=24 h；4=跟随；5=静音防区；6=周界防区；7=周界延时防区
14	防区3旁路	2	1=允许旁路；2=不允许弹性旁路
15	防区3弹性旁路	2	1=允许弹性旁路；2=不允许弹性旁路
16	防区4类型	1	1=即时；2=延时；3=24 h；4=跟随；5=静音防区；6=周界防区；7=周界延时防区
17	防区4旁路	2	1=允许旁路；2=不允许弹性旁路
18	防区4弹性旁路	2	1=允许弹性旁路；2=不允许弹性旁路
19	防区5类型	1	1=即时；2=延时；3=24 h；4=跟随；5=静音防区；6=周界防区；7=周界延时防区
20	防区5旁路	2	1=允许旁路；2=不允许弹性旁路
21	防区5弹性旁路	2	1=允许弹性旁路；2=不允许弹性旁路
22	防区6类型	3	1=即时；2=延时；3=24 h；4=跟随；5=静音防区；6=周界防区；7=周界延时防区；8=REX
23	防区6旁路	2	1=允许旁路；2=不允许弹性旁路
24	防区6弹性旁路	2	1=允许弹性旁路；2=不允许弹性旁路
25	键盘蜂鸣器	1	0=关闭；1=打开

(续)

地址	说明	预置值	编程值选项范围
26	固态输出口1	1	1=跟随布防/撤防状态；2=跟随报警输出
27	固态输出口2	1	1=跟随火警复位；2=跟随报警；3=跟随开门密码
28	快速布防	2	1=允许快速布防；2=不允许快速布防
29	外部布防/撤防	1	1=只能布防；2=布防/撤防
30	紧急键功能	0	0=不使用；1=使用
31	继电器输出	0	0=跟随报警输出；1=跟随开门密码

(3) 系统布防/撤防

主码或用户密码+〈布防〉键；如果密码正确，红色布防指示灯就恒亮，表示布防。若系统有延时防区，在退出延时期间，蜂鸣器将鸣音。在所设置的退出延时时间的最后20 s，蜂鸣器的鸣音率将加速。在所设置的退出延时时间结束后，红色的布防状态指示灯将恒亮，若此时有一个防区被触发，则会报警。

若使用系统布防，则应注意避免使用单防区撤防。

撤防/消除报警方法：PIN（1234）+Off。此时Armed红灯将熄灭。

(4) 单防区布防/撤防

单防区布防操作如下："主码或用户码"+"#"+"防区编号（1、2、3、4、5、6或6个防区的任意组合）"+〈布防〉键。容许单个防区或多个防区布防；若密码正确，则红色布防指示灯恒亮表示布防。若防区已布防，则所布防的防区LED灯将每3 s闪烁一次。

单防区撤防操作如下："主码或用户码"+"#"+"防区编号（1、2、3、4、5、6或6个防区的任意组合）"+〈撤防〉键。容许单个防区或多个防区撤防。若有延时防区先触发，则密码必须要在延时时间结束前输入。被撤防的防区LED灯将熄灭。若密码正确及所有防区已撤防，则红色布防指示灯将熄灭。

注意：24 h防区不可单防区布防或撤防。

(5) 周界布防

周界布防操作如下：主码或用户密码+"#"+〈布防〉键；所有周界布防防区每3 s闪烁一次。若有周界延时防区，则在退出延时期间，蜂鸣器将会鸣音。在所设置的退出延时时间结束后，红色布防状态将持续闪烁。若此时有一个周界防区被触发，则会报警。若单防区布/撤防功能被启用（地址码61=2），周界布防报告为多个单防区布防。若使用周界布防，应注意避免使用单防区撤防。

(6) 旁路防区

输入"用户密码或主码"+"旁路"+"防区编号（1、2、3、4、5、6或6个防区的任意组合）"+"布防"即可旁路某一防区，进入布防状态并延时退出。系统撤防后，所有被旁路的防区都将被清除，并自动复位。在某一防区被旁路后，其相应的指示灯将每2 s闪烁一次，以指示旁路状态。

注意：24 h防区不可以旁路。

(7) 消除报警

按〈#〉键3 s。

6. 实训结果

写出实训结果、遇到的问题、解决方法以及实训心得体会。

3.5.3 总线型报警系统的集成与安装

1. 实训目的

1）通过总线型报警主机综合实验，使学生对总线型报警主机 DS7400 有初步认识。

2）了解探测器与模块、模块与主机之间的关系。

3）要求掌握 DS7400 与各种探测器之间的接线方法；掌握各附件方法（如键盘、声光警号和蓄电池等）的接线方法。

4）初步掌握 DS7400 的编程、布防/撤防、防区类型的设置等方法。

2. 实训设备

实训设备见表 3-8。

表 3-8 实训设备

序号	名称	规格型号	数量	序号	名称	规格型号	数量
1	总线型报警主机	DS7400	1台	8	单防区模块	DS7457I	1块
2	总线模块	DS7436	1块	9	双防区模块	DS7460I	1块
3	主机键盘	DS7447I	1个	10	八防区模块	DS7432	1块
4	声光警号		1个	11	幕帘式红外探测器	DS920	1个
5	四芯线、二芯线		若干	12	振动探测器	DS1525	1个
6	电阻	47 kΩ	若干	13	主动式红外探测器	DS422I	1对
7	蓄电池		1个				

3. 实训工具

实训工具见表 3-9。

表 3-9 实训工具

序号	名称	数量	序号	名称	数量
1	小号一字螺钉旋具	1把	5	剪刀	1把
2	小号十字螺钉旋具	1把	6	绝缘胶布	1把
3	电笔	1把	7	万用表	1只
4	尖嘴钳	1把			

4. 实训内容

完成探测器与模块之间、模块与主机之间的接线。学会总线扩展模块的地址拨码、防区设置、分区设置等。了解 DS7400 的初步编程方法。

DS7457I 单防区扩展模块示意图如图 3-65 所示。

DS7400 系统结构示意图如图 3-66 所示。

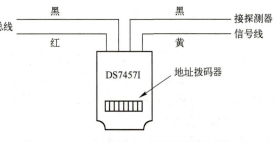

图 3-65 DS7457I 单防区扩展模块示意图

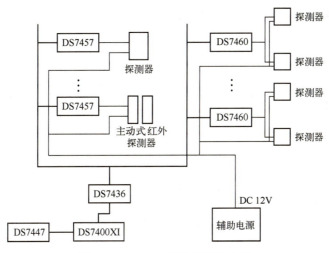

图 3-66　DS7400 系统结构示意图

DS7460I 双防区扩展模块示意图如图 3-67 所示。

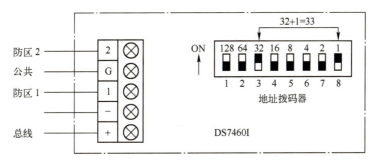

图 3-67　DS7460I 双防区扩展模块示意图

单防区与双防区模块的 8 位地址拨码开关示意图如图 3-68 所示。
DS7432 八防区扩展模块示意图如图 3-69 所示。

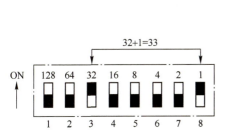

图 3-68　单防区与双防区模块的 8 位地址
　　　　　拨码开关示意图

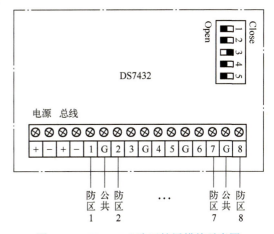

图 3-69　DS7432 八防区扩展模块示意图

117

DS7400 主板接线示意图如图 3-70 所示。

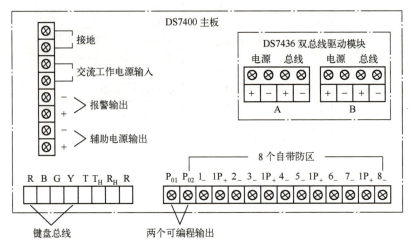

图 3-70　DS7400 主板接线示意图

5. 实训要求

1）要求学习了解实训安装的样例系统（采用了 DS7432 八防区总线扩展模块），并画出样例系统的系统图和接线图。

2）完成总线扩展模块与总线的连接。完成探测器与总线扩展模块之间的接线，并按表 3-10 要求设置模块的地址。

表 3-10　设置模块的地址

防区组号	DS7460 双防区总线输入模块		DS7457 单防区总线输入模块
	DS920 幕帘式红外探测器	DS1525 振动探测器	DS422I 主动式红外对射探测器
1	9 防区	10 防区	11 防区
2	17 防区	18 防区	19 防区
3	25 防区	26 防区	27 防区
4	33 防区	34 防区	35 防区
5	41 防区	42 防区	43 防区
6	49 防区	50 防区	51 防区
7	57 防区	58 防区	59 防区

3）将 DS920 幕帘式红外探测器所在防区设置为延时防区，延时时间为 25 s。

4）将 DS1525 振动探测器所在防区设置为 24 h 报警防区。

5）将 DS422I 主动式红外探测器所在防区设置为即时防区。

6）设置所在组号与防区所属分区号相同。

7）设置退出延时时间为 5 s。

8）画出各小组的实验接线详图。

6. 实训步骤

1）规划好探测器所属防区号。

2）完成探测器与总线扩展模块之间的连线。完成总线扩展模块与主机间的连线。在所有接线检查无误后方可通电。

3）主机设置（主机编程）。

4）设备调试。

7. 编程设置（编程由老师完成）

DS7400 主机的出厂密码有两个，一个是主操作码（即高级用户）1234；另一个是编程密码 9876。进入编程模式的指令是 9876+#0。

以下系统编程以第一小组为例。

1）把 DS920 幕帘式红外探测器所在防区设置为延时防区，延时时间为 25 s。

① 9876+#0　　　　进入编程模式

② 0039　　　　　　输入 9 防区的防区地址

③ 01+#　　　　　　将 9 防区设置为延时 1 防区

④ 0419　　　　　　进入 9 防区的防区特性地址

⑤ 10+#　　　　　　确定是通过 DS7460I 扩展模块与主机通信的

⑥ 4028　　　　　　进入延时时间 1 的地址

⑦ 05+#　　　　　　将延时时间 1 设置延时时间为 25 s

⑧ 长按 *　　　　　退出编程模式

⑨ 调试

2）DS1525 振动探测器所在防区设置为 24 h 报警防区。

① 9876+#0　　　　进入编程模式

② 0040　　　　　　输入 10 防区的防区地址

③ 07+#　　　　　　将 10 防区设置为 24 h 防区

④ 0419　　　　　　进入 10 防区的防区特性地址

⑤ 11+#　　　　　　确定 10 防区也是通过 DS7460I 扩展模块与主机通信的，第 1 位是 9 防区的防区特性地址，第 2 位是 10 防区的防区特性地址

⑥ 长按 *　　　　　退出编程模式

⑦ 调试

3）DS422I 主动红外探测器所在防区设置为即时防区。

① 9876+#0　　　　进入编程模式

② 0041　　　　　　输入 11 防区的防区地址

③ 03+#　　　　　　将 11 防区设置为即时防区

④ 0420　　　　　　进入 11 防区的防区特性地址

⑤ 00+#　　　　　　确定 11 防区是通过 DS7457I 扩展模块与主机通信，防区特性地址的内容，主机一般都默认为 00

⑥ 长按 *　　　　　退出编程模式

⑦ 调试

4）所在组号与防区所属分区号相同（以第一组为例）。

① 9876+#0　　　　　进入编程模式
② 3420　　　　　　 确定使用多少分区的地址
③ 60+#　　　　　　 确定使用 7 个分区，且无公共分区
④ 0291　　　　　　 输入 9 防区的"分区地址"
⑤ 00+#　　　　　　 将 9 防区与 10 防区设置为 1 分区的防区
⑥ 0292　　　　　　 输入 11 防区的"分区地址"
⑦ 01+#　　　　　　 第 1 位数据"0"表示将第 11 防区设置为 1 分区的防区；第 2 位数据"1"表示将第 12 防区设置为 2 分区的防区。因为第 12 防区不属于第一小组，所以在实验过程中可以与第二小组协助完成
⑧ 长按 *　　　　　 退出编程模式
⑨ 调试

5）设置退出延时时间为 5 s。

① 9876+#0　　　　　进入编程模式
② 4030　　　　　　 输入"退出延时时间"的地址
③ 01+#　　　　　　 将"退出延时时间"设置为 5 s
④ 长按 *　　　　　 退出编程模式
⑤ 调试

8. 实训结果

写出实训结果、遇到的问题、解决方法以及实训心得体会。

9-防盗报警系统编程实例

3.5.4　总线型报警系统的编程与操作

1. 实训目的

1）熟悉总线型主机 DS7400 与扩展模块之间的接线以及与辅助设备之间的接线方法。
2）掌握防盗系统的设计要求，对主要区域、主要出入口进行重点防护。
3）熟练掌握总线型主机（DS7400）的编程方法。

2. 实训设备

实训设备见表 3-11。

表 3-11　实训设备

序号	名　称	规格型号	数　量	序号	名　称	规格型号	数　量
1	总线型报警主机	DS7400	1 台	8	单防区模块	DS7457I	1 块
2	总线模块	DS7436	1 块	9	双防区模块	DS7460I	1 块
3	主机键盘	DS7447I	1 个	10	八防区模块	DS7432	1 块
4	声光警号		1 个	11	幕帘式红外探测器	DS920	1 个
5	四芯线、二芯线		若干	12	振动探测器	DS1525	1 个
6	电阻	47 kΩ	若干	13	主动式红外探测器	DS422I	1 对
7	蓄电池		1 个	14	其他探测器		若干

3. 实训工具

实训工具见表 3-12。

表 3-12 实训工具

序 号	名 称	数 量	序 号	名 称	数 量
1	小号一字螺钉旋具	1 把	6	尖嘴钳	1 把
2	小号十字螺钉旋具	1 把	7	剪刀	1 把
3	大号一字螺钉旋具	1 把	8	绝缘胶布	1 把
4	大号一字螺钉旋具	1 把	9	万用表	1 只
5	电笔	1 把			

4. 实训内容

以现有的模拟防入侵报警系统为例，画出系统结构图，对总线型主机进行编程设置，尽可能地减少漏报警，降低误报率。通过编程使学生熟练掌握 DS7400 的编程方法。

5. 实训要求

1）对周界防区，紧急按钮设置为 24 h 防区，对其他相应防区进行相应的设置。
2）对防范区域内进行相应测试，调试通过。

6. 实训步骤

1）了解现有的模拟入侵报警系统的结构与设备的接线方法。
2）画出模拟系统的系统结构图。
3）进行系统设置（主机编程）。
4）系统调试。

7. 编程设置

（1）DS7400 主机键盘（DS7447）的使用

DS7400 主机编程地址是四位数，而每个地址的数据是两位。例如，将地址 0001 中填数据 21，方法如下。

首先按进入编程指令 9876+#0，此时 DS7447 键盘的灯都闪动。键盘显示：

```
   Prog
Mode   4.0
```

此时输入地址 0001，接着输入 21+#，则显示顺序为：

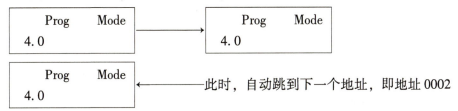

——此时，自动跳到下一个地址，即地址 0002

若不需要对地址 0002 进行编程，则连续按两次〈*〉键，就返回，此时就可以输入新的地址及该地址要设置的数据了。

```
   Prog
Mode   4.0
```

(2) 一般防区编程的步骤

1) 确定防区功能（防区类型）。

DS7400 有 30 种防区功能可以设置，用户可以根据自己的习惯自行设置，分别占用地址 0001~0030，每个地址中有两位数据。

防区功能编程出厂值设置状态如表 3-13 所示。

表 3-13 防区功能编程出厂值设置状态

防区功能号	对应地址	出厂值数据	含 义
01	0001	23	连续报警，延时 1
02	0002	24	连续报警，延时 2
03	0003	21	连续报警，周界即时
04	0004	25	连续报警，内部/入口跟随
05	0005	26	连续报警，内部留守/外出
06	0006	27	连续报警，内部即时
07	0007	22	连续报警，24 h 防区
08	0008	7*0	脉冲报警，附校验火警
⋮	⋮		
30	0030		

在防区功能地址中的数据含义如表 3-14 所示。

表 3-14 防区功能地址中的数据含义

数据1

输入数据	含 义
0	无声、无显示防区，开路短路报警
1	无显示防区，开路短路报警
2	连续报警声输出，开路短路报警
3	脉冲报警声输出，开路短路报警

数据2

输入数据	含 义
0	无效防区
1	即时防区
2	24 h 防区
3	延时 1 防区
4	延时 2 防区
9	布防/撤防防区
*0	防火防区（带校验）
*1	防火防区（无校验）

选择功能	输入数据
对单个分区布防/撤防（不能强制布防）	0
对单个分区布防/撤防（能强制布防）	1
对所有分区布防/撤防（不能强制布防）	2
对所有分区布防/撤防（能强制布防）	3

如果第二个数据位为 9，那么第一个数据位就必须为表中的数据。

2）确定一个防区的防区功能。

DS7400 主机共有 248 个防区（通过 DS7436 扩展模块可扩展 240 个防区，主机自带 8 个防区），分别对应地址 0031~0278 总共 248 个地址，每一个地址对应一个防区。每个防区地址都有两位数据组成，这两位数据对应的是表 4-1 所示的防区功能号，分别是功能号 01~30 之间。使用多少个防区就编多少个地址，不用的防区在防区地址中必须填"00"（也就是说，对不使用任何防区功能号的情况，一般默认值为 00）。

也可以用公式：防区地址=防区号+30

例如，将第 32 防区设为 24h 防区（防区功能号使用出厂值），确定防区功能，并编程如下。

由上面公式可以知道，32+30=62，所以第 32 防区所对应的防区地址是 0062，经查表得出，第 32 防区的地址也为 0062。因此，一般可以用此公式计算相应的防区地址。

因设为 24h 防区，经查表 3-8 得，24h 防区功能号为 07。

将第 32 防区设为 24h 防区，具体编程如下。

① 9876+#0　　　　进入编程模式（DS7400 进入编程模式的默认密码与小型报警主机进入 CC488/408 的默认密码是不同的，不能混淆）

② 0062　　　　　　输入 32 防区的防区地址（不能直接按〈#〉键，因为在 DS7400 中，〈#〉是表示确认键，且在 DS7400 主机中输入/改写数据，只能地址和数据同时进行输入，再按〈#〉键确认）

③ 07+#　　　　　　确认将 0062 地址中的内容改成数据 07，即将 32 防区设置为 24h 防区
④ 长按 *　　　　　退出编程模式
⑤ 调试

3）确定防区特性（即采用哪种防区扩展模块）。

DS7400 是一种总线型大型报警主机系统，可使用的防区扩展模块有很多，如 DS7457I、DS7432、DS7460I、DS7465 和 DS-3MX 等系列，具体选择哪种型号可根据具体情况在这项地址中设置。地址从 0415~0538 共 124 个地址，每个地址有两个数据位，分别代表两个防区。防区特性地址数据含义如表 3-15 所示。

表 3-15　防区特性地址数据含义

数据	含义
0	主机自带防区或 DS74571 模块
1	DS7432、DS7433、DS7460I
2	DS7465
3	MX280、MX280TH
4	MX280THL
5	Keyfob
6	使用 DS-3MX

注意：当使用 DS7465 时，第一位数据填 2，第二位数据必须是 2。

4) 分区编程。

DS7400 报警主机可分为 8 个独立分区，并可自由设置每个分区含有哪些防区。每个分区可独立地进行布防/撤防。

① 确定系统使用几个分区，有无公共分区。

公共分区是指当其他相关分区都布防时，公共分区才能布防；而当公共分区先撤防时，其他相关分区才能撤防。在地址 3420 中，第 1 位数据表示确定使用几个分区，第 2 位数据确定公共分区与其他分区的关系。

分区地址数据含义如表 3-16 所示。

表 3-16 分区地址数据含义

输入数据	含 义	选择项目	输入数据
0	使用 1 个分区	无公共分区	0
1	使用 2 个分区	分区 1 是分区 2 和 3 的公共分区	1
2	使用 3 个分区	分区 1 是分区 2 和 4 的公共分区	2
3	使用 4 个分区	分区 1 是分区 2 和 5 的公共分区	3
4	使用 5 个分区	分区 1 是分区 2 和 6 的公共分区	4
5	使用 6 个分区	分区 1 是分区 2 和 7 的公共分区	5
6	使用 7 个分区	分区 1 是分区 2 和 8 的公共分区	6
7	使用 8 个分区		

② 确定哪些防区属于哪个分区。

这个编程的概念是，DS7400 有 248 个防区，可分为 8 个独立的分区，将这 248 个防区设置到不同的分区中去，从地址 0287~0410 共 124 个地址。每个地址有两个数据位，共 248 个数据位，依次代表 248 个防区。在这 248 个数据位中填入不同的数据，就表示系统的 248 个防区属于不同的分区。其各地址的两位数据含义如表 3-17 所示。

(3) 进入／退出延时编程设置

1) 进入延时时间设置。DS7400 主机有两个进入延时时间，分别是进入延时时间 1 和进入延时时间 2。进入延时时间 1 的设置地址在 4028，进入延时时间 2 的设置地址在 4029，每个地址有两位数据。两个数据位表示时间，以 5 s 为单位，输入数据范围是 00~51（即最大为 255 s），预设值为 09。进入延时时间 1 与进入延时时间 2 的设置方法是一样的。

2) 退出延时时间设置。退出延时时间设置与进入延时时间设置的方法是相同的，只是地址不同。退出延时时间的设置地址是 4030，每个地址有两位数据。两个数据位表示时间，以 5 s 为单位，输入数据范围是 00~51（即最大为 255 s），预设值为 12（即 60 s）。

8. 实训结果

写出实训结果、遇到的问题、解决方法以及实训心得体会。

表 3-17　防区归属分区地址两位数据含义

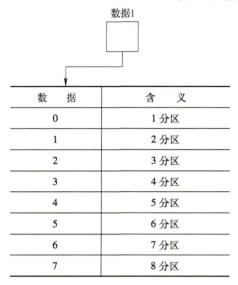

数　据	含　义
0	1 分区
1	2 分区
2	3 分区
3	4 分区
4	5 分区
5	6 分区
6	7 分区
7	8 分区

数　据	含　义
0	1 分区
1	2 分区
2	3 分区
3	4 分区
4	5 分区
5	6 分区
6	7 分区
7	8 分区

3.6　思考题

1. 红外接收器和红外发射器的接线内容有什么区别？
2. 为什么要进行遮挡时间调整？
3. 遮挡时间调整位置与探测器灵敏度的关系如何？
4. 如果进行单独微波探测器安装，其探测范围轴线方向与可能入侵方向成多少度探测最灵敏？说明理由。
5. 当进行被动式红外/微波双鉴探测器安装时，其探测范围轴线方向与可能入侵方向成多少度探测最灵敏？说明理由。
6. 采用双鉴探测器有何好处？举例说明还有哪些双鉴探测器。
7. 思考一般采用的总线有哪几种？它们分别能传输多少距离？DS7400 主机的总线能传输多少距离？
8. 大型防盗主机防区较多，很容易引起误报警与漏报警。如何降低探测器的误报率、漏报率已成为重点问题，试谈谈你的看法。
9. 总线型主机与分线型主机相比有何优点？
10. 简述入侵报警系统的构成。
11. 当 DS6MX-CHI 防区接为常开 NO 或常闭 NC 接点时，防区线尾电阻接法有何不同？
12. 在入侵报警系统中常用的防区类型有哪些？

第 4 章　门禁对讲系统

门禁对讲系统（简称为门禁系统）是采用现代电子与信息技术，在出入口对人或物这两类目标的进、出、放行、拒绝、记录和报警等进行操作的控制系统。出入口控制系统是安全技术防范领域的重要组成部分，是现代信息科技发展的产物，是智能小区的必然需求。楼宇访客对讲门禁系统是智能小区中应用最广泛、使用频率最高的系统。

4.1　门禁系统的基础知识

门禁控制系统是 20 世纪 70 年代发展起来的安全防范技术，它实现了人员出入的自动控制，是现今用于在各种保安区域中管理各种人员出入及活动的一种有效途径。使用这种完全自动化的系统能最大限度地减少所需的人力资源。这种系统还能提供人员活动的历史记录，在必要时为管理人员提供有用的判断信息。

出入口控制系统的功能是对人员的出入进行管理，保证授权出入人员的自由出入，限制未授权人员的进入，对于强行闯入的行为予以报警，并可同时对出入的人员代码、出入时间、出入门代码等情况进行登录与存储，从而成为确保区域安全、实现智能化管理的有效措施。

4.1.1　门禁系统的组成

门禁系统主要由门禁识别卡、门禁识别器、门禁控制器、电锁、闭门控制器、其他设备和门禁软件等组成。图 4-1 所示即为典型门禁系统的组成示意图。

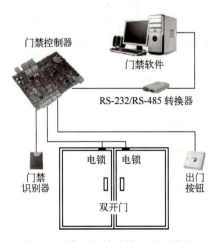

图 4-1　典型门禁系统组成示意图

1. 门禁识别卡

门禁识别卡（简称为门禁卡）是门禁系统开门的"钥匙"，这个"钥匙"在不同的门禁系统中可以是磁卡密码或者是指纹、掌纹、虹膜、视网膜、脸面和声音等各种人体生物特征。门禁识别卡如图 4-2 所示。

图 4-2　门禁识别卡

2. 门禁识别器

门禁识别器负责读取门禁卡中的数据信息或生物特征信息，并将这些信息输入到门禁控制器中。门禁识别器主要有密码识别器（如图 4-3 所示）、IC/ID 卡识别器（如图 4-4 所示）、指纹识别器（如图 4-5 所示）等。

图 4-3　密码识别器　　　图 4-4　IC/ID 卡识别器　　　图 4-5　指纹识别器

3. 门禁控制器

门禁控制器是门禁系统的核心部分，相当于计算机的 CPU，它负责整个系统输入、输出信息的处理储存和控制等。它验证门禁识别器出入信息的正确性，并根据出入法则和管理规则判断其有效性，若有效，则对执行部件发出动作信号。单门一体机、联网门禁控制器、虹膜识别门禁控制器和人脸识别门禁控制器分别如图 4-6~图 4-9 所示。

图 4-6　单门一体机　　　　　　　　图 4-7　联网门禁控制器

127

图 4-8　虹膜识别门禁控制器

图 4-9　人脸识别门禁控制器

4. 电锁

电锁是门禁系统的重要组成部分，通常称为锁控。电锁的主要品种有电控锁、电插锁（又称为电控阳锁）、电控阴锁、磁力锁（又称为电磁锁）。电锁有以下4种区分方式。

1）电锁按电源控制方式可分为断电"开门"（通电"锁门"）和断电"锁门"（通电"开门"）两种启闭方式。

断电"开门"电锁（通电"锁门"电锁）。常见的是磁力锁、电插锁和电控阴锁。当断电时，电锁处于"开"的状态，门扇开。如磁力锁，平时状态为通电状态，通过电磁铁产生的磁性与金属片吸合，使门闭合。当室内分机发出开锁信号时，系统将锁电源断开。断电"开门"电锁，一般有开锁延时时间，在延时时间过后，系统将恢复到通电状态，门在此时若复位到闭合位置时，电磁锁将自动吸合。使用断电开锁应该注意调整门口主机的控制开锁时间：如果时间过短，就将造成开门后马上吸合，使用者在没有来得及拉开门的时候门又锁上；如果时间过长，就将造成开门后一段时间内不能够锁门，带来安全隐患。

断电"锁门"电锁（通电"开门"电锁）。常见有电控锁，即断电后电控锁处于"锁"的状态，门扇关闭。这类电锁内部有一个磁性线圈，平时为断电状态，不产生磁力，只在通电后磁性线圈才产生磁力，磁力吸动锁舌以实现开锁。断电"锁门"的电锁通常不采用开锁延时方式，因电流比较大，磁性线圈在通电时间过长的情况下容易烧毁。如H306型电控锁"开锁"的瞬间电流可达1.1A。

2）电锁按锁舌控制方式可分为以下两种方式。

① 电控阳锁（阳极锁）。如电插锁（玻璃门锁）和电机锁。其特点是在配套的锁片中附有锁片检测装置（磁性材料），其控制过程分为两步：第一步，当给出闭锁信号时，通电；第二步，若装在门框上的锁具未检测到锁片到位（门没有关闭到位）的信号，则锁舌不会伸出，直至锁片到位才依靠磁力控制锁具内的干簧管接通内部电路，将锁舌推出，完成闭锁动作。该锁工作模式是断电"开门"、通电"锁门"，闭锁时的电流在0.3~1.2A。

② 电控阴锁（阴极锁）。如电锁口（阴极锁）和电控锁。通过磁力杆锁住锁舌，外力无法开锁；开锁时松开磁力杆，在外力作用下推开锁舌，达到开锁的目的。这种类型的锁多采用加电开启，断电闭锁的模式，如电控锁；也有加电闭锁，断电开启的模式，如阴极锁。

3）电锁按开启控制方式分为两种：一种是电控开启锁具，如电磁锁、电插锁；另一种是用电控或机械两种方式开启锁具，如电控锁和电机锁。

4）电锁按主要品种可分为以下4种类型。

① 电控锁（如图 4-10a 所示）。电控锁常用于向外开启的单向门上，具有手动开锁、室外用钥匙或加装接触性和非接触性感应器开锁等功能，无电时可机械开锁。关闭门扇时需要碰撞才能闭门，并发出撞击声，但现在产品机械撞击声已经可以做得较小，关门的噪声<30 dB，被广泛地应用于居民楼的对讲开门系统中。它属于断电开门、得电关门一类的电控锁。

② 电锁口（如图 4-10b 所示）。又称为阴极锁、阳极锁（应用必须两者配套使用），通常被安装在门侧，与球形锁等机械锁配合使用，电动部分为锁孔挡板，被安装在门框上，适用于办公室普通木门，可与 IC 卡锁具、阳极锁配套使用。

③ 电插锁（如图 4-10c 所示）。锁具被固定在门框的上部，配套的锁片被固定在门上。可通电上锁或通电开锁，或自行互换。电动部分是锁舌或者锁销，适用于双向 180°开门的玻璃门或防盗铁门。

通常双向开启玻璃门装有地弹簧，在闭门时，若地弹簧安装不良或质量问题，则会导致不能正常关闭到位，如门尚未到位插销已落下，或门根本无法回到预定的位置上。若遇这种情况，则可根据需要调整延长电插锁的闭门时间，或调整地弹簧。

阳极锁适用于双向开门，无需碰撞关门，自动上锁，因此没有关门撞击声。

④ 磁力锁（如图 4-10d 所示）。分明装型和暗装型两种，结构上由锁体和吸板两部分组成。磁力锁的锁体通常被安装在门框上，吸板则被安装在门扇与锁体相对应的位置上。当门扇被关上时，利用锁体线圈通电时产生的磁力吸住吸板（门扇）；当断电时，吸力消失，门扇即可打开。

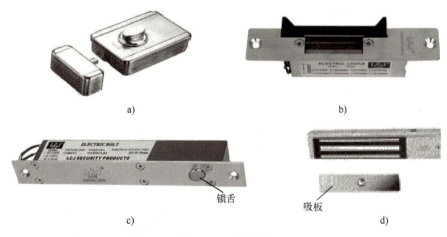

图 4-10 电磁锁具
a）电控锁 b）电锁口 c）电插锁 d）磁力锁

磁力锁安装方法示意图如图 4-11 所示。

5) 电锁的选用。

① 选用电锁的原则如下。

其一，选择门的材质：玻璃门、铁门和木门。玻璃门（含无框玻璃门）宜采用电插锁；铁门和木门宜采用磁力锁或阴极锁。

其二，选择单向开门，还是双向开门。单方向开门，可选用磁力锁或阴极锁（电锁口);双向开门(一般为玻璃门)应选用电插锁。

其三,要符合安防、消防规定。安防、消防与电控锁种类选择无关,但电控锁的启闭状态至关重要,也就是说,要选择采用断电开门还是断电闭门。若断电处于"开"的状态,则当发生火灾时有利于人员逃离现场,可对于防盗极为不利。因为如果切断电源,那么大门必然打开,行窃者就会畅通无阻;断电处于"闭"的状态,行窃者即使切断电源,门锁也仍然处在关闭状态,但当发生火灾时,若电力被中断,门锁关闭,则室内人员无法逃生。

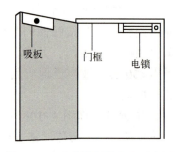

图4-11 磁力锁安装方法示意图

② 门禁系统往往采用下述3种办法加以解决。

其一,在门禁控制层,电控锁选用断电"锁"状态的电控阴锁,安装在门框上,再增加一把嵌入式手动机械锁安装在门扇上,正常情况下,出门时按室内电子按钮开关,电控锁打开,当停电或火灾断电时,电子按钮开关无效,电控锁处于"锁"的状态,这时按照开普通门锁的方法,手动门扇上机械锁的锁柄将门打开,同样可以方便地离开房间。

其二,门禁控制层备有UPS供电,当外部供电拉闸或短时间停电时系统仍能正常工作,除非人为将门禁控制器的电源断开或将读卡、电控锁的电缆切断,若发生这种情况,则可由第一种方案解决。

其三,电控锁与机械钥匙锁相结合。门扇上安装的锁舌,不采用门禁专用锁舌,而是采用普通钥匙的嵌入式门锁,当门禁系统出现故障时,可以用普通钥匙开门,不会影响正常使用。

这里需要注意的是,电锁锁体在断电后依然残留磁力,残磁会造成锁体依然吸附而无法开门,一旦发生火灾这是很危险的事情,因此对于电锁的残磁不可大意。

5. 闭门控制器

闭门控制器是安装在门扇头上一个类似弹簧可以伸缩的机械臂,如图4-12所示。在门开启后通过液压或弹簧压缩后释放,将门自动关闭,类似弹簧门的作用。闭门器可分为弹簧闭门器和液压闭门器两种。

a)   b)

图4-12 闭门控制器及安装图

a) 闭门控制器 b) 安装图

液压闭门器是通过对闭门器中的液体进行节流来达到缓冲作用的。其核心在于实现对关门过程的控制，使关门过程的各种功能指标能够按照人的需要进行调节。闭门器的意义不仅在于将门自动关闭，而且在于能够保护门框和门体（平稳关闭），它是现代建筑智能化管理的一个不可忽视的执行部分。

闭门器的功能主要如下。

① 闭锁速度。

② 阻尼缓冲力量与范围可以根据使用要求自行调节。

③ 阻尼缓冲功能：快速开门到一定位置后产生阻尼缓冲。

④ 可调闭门段——止动功能（停门的角度，如 90°、180°）。

⑤ 关门力量可调节。

选择闭门器应考虑门重、门宽、开门频率、使用环境以及消防要求。如果是液压闭门器，就还要考虑防冻要求（北方的冬季可达零下 35℃）。

6. 门禁电源

门禁电源在正常供电情况下由系统供电。当发生停电或人为制造的供电事故时，为保障门禁系统的正常运转，通常还设有备用电源。如佳乐 DH-1000A-U 备用电源，一般可维持 48 h 的供电，以防不测。

7. 出门按钮

门禁系统出门按钮设在门禁大门的内侧。住户出门时，只要按下出门按键，门即打开。如设置出门限制，还必须通过刷卡才能开门，这一方式只适用于不希望人员随意出入的场所，通常小区住宅不采用这种方式，这种方式比较适用于办公场所。

8. 门禁软件

门禁软件负责门禁系统的监控、管理和查询等工作，监控人员通过门禁软件可对出入口的状态、门禁控制器的工作状态进行监控管理，并可扩展完成人员巡更、考勤及人员定位等工作任务。

4.1.2 门禁系统的分类

1. 按进出识别方式分类

（1）密码识别

通过检验输入密码是否正确来识别进出权限。这类产品又分为以下两类。

1）普通型。优点是操作方便，无需携带卡片，成本低。缺点是同时只能容纳 3 组密码，容易泄露，安全性很差；无进出记录；只能单向控制。

2）乱序键盘型（键盘上的数字不固定，不定期自动变化）。优点是操作方便，无需携带卡片，安全系数稍高。缺点是密码容易泄露，安全性还是不高；无进出记录；只能单向控制；成本高。乱序键盘如图 4-13 所示。

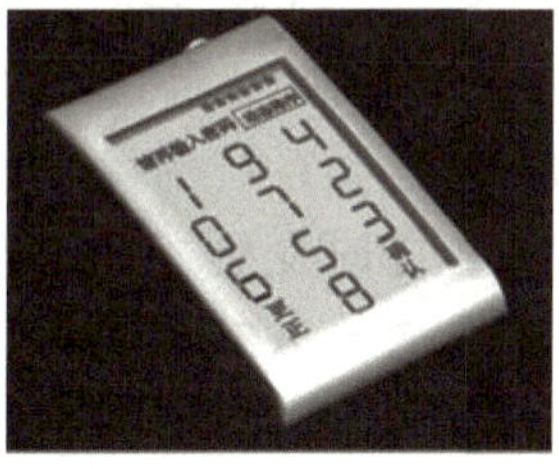

（2）卡片识别

通过读卡或读卡加密码方式来识别进出权限。按卡片种类

图 4-13 乱序键盘

又可分为以下两类。

1) 磁卡。优点是成本较低；一人一卡，安全一般，可与计算机联网，有开门记录。缺点是卡片会有磨损，寿命较短；卡片容易被复制；不易双向控制。卡片信息容易因外界磁场丢失而导致卡片无效。

2) 射频卡。优点是卡片与设备无接触，开门方便安全；寿命长，理论数据至少为10年；安全性高，可与计算机联网，有开门记录；可以实现双向控制；卡片很难被复制。缺点是成本较高。

（3）生物识别

通过检验人员生物特征等方式来识别进出权限，有指纹型、虹膜型和面部识别型。

优点：从识别角度来说安全性极好；无需携带卡片。

缺点：成本很高；识别率不高；对环境要求高，对使用者要求高（如指纹不能划伤，眼不能红肿出血，脸上不能有伤或胡子不能太多或太少）；使用不方便（如虹膜型和面部识别型，安装高度位置不易确定，因使用者的身高各不相同）。

2. 按设计原理分类

（1）控制器自带读卡器（识别仪）

控制器自带读卡器（识别仪）这种设计的缺陷是必须将控制器安装在门外，因此部分控制线必然露在门外，内行人无需卡片或密码即可轻松开门。

（2）控制器与读卡器（识别仪）分体

控制器与读卡器（识别仪）分体这类系统控制器被安装在室内，只有读卡器输入线露在室外，其他所有控制线均在室内，由于读卡器传递的是数字信号，若无有效卡片或密码任何人都无法进门，所以这类系统应是用户的首选。

（3）门禁系统与计算机的通信方式

1) 单机控制型。

单机控制型这类产品是最常见的，适用于小系统或安装位置集中的单位。常用于酒店、宾馆。

2) 采用总线通信方式。

采用总线通信方式的优点是投资小，通信线路专用。缺点是受总线负载能力的约束，系统规模一般比较小；无法实现真正意义上的实施监控；受总线传输距离影响（RS-485总线理论上可达1200 m，但实际施工中一般只能达到400~600 m），不适用于点数分散的场合。另外，一旦安装好就不能方便地更换管理中心的位置，不易实现网络控制和异地控制。

3) 以太网网络型。

以太网网络型这类产品的技术含量高，它的通信方式采用的是网络常用的TCP/IP协议。这类系统的优点是，控制器与管理中心是通过局域网传递数据的，管理中心位置可以随时变更，不需重新布线，很容易实现网络控制或异地控制。适用于大系统或安装位置分散的单位使用。这类系统的缺点是系统通信部分的稳定需要依赖于局域网的稳定。

RS-485总线、TCP/IP联网型门禁系统示意图如图4-14所示。

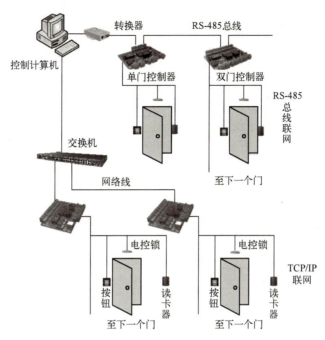

图 4-14 RS-485 总线、TCP/IP 联网型门禁系统示意图

4.2 楼宇对讲系统

楼宇对讲系统（Building Intercom System，BIS）是用于住宅及商业建筑，具有选呼、对讲、可视等功能并能控制开锁的电子系统。其基本作用是提供来访客人与住户之间的双向通话或可视通话，同时住户能够遥控楼宇防盗门的开关以及向管理中心进行紧急报警。

楼宇对讲系统是智慧社区非常重要的系统之一，从早期简单的直按式对讲系统，发展到数字网络可视对讲系统以及云对讲系统等。楼宇对讲系统是营造安全、舒适和便捷居住环境的重要基础设施之一，它把楼宇的入口、住户及小区管理方紧密联结在一起，成为社区、住宅防止非法入侵的重要防线，有效地保护了住户的人身和财产安全。

随着互联网的普及与技术进步，楼宇对讲逐步由模拟系统发展为数字系统。数字化可视对讲采用了互联网 TCP/IP 协议，可以充分利用小区现有的宽带网络，简化布线工程，提高传输效果。并且具有抗干扰能力强、易于扩展的优势，可拓展到智能家居等其他系统功能，满足现代社区更多智能化的应用需求。

4.2.1 楼宇对讲系统组成

楼宇对讲系统主要是由对讲门口主机、对讲室内分机、管理中心机、辅助设备和传输网络组成。门口主机和室内分机是构成楼宇对讲系统的基础。传输网络是系统音视频、报警和控制等信息的交换、传输通道。

楼宇对讲系统可设置多级管理中心，实现对门口主机、室内分机以及辅助设备的统一管理、远程控制以及设备状态检测等。

4.2.2 楼宇对讲系统功能

楼宇对讲系统的作用是实现访客与住户之间的信息沟通传递，以及小区保安或管理中心与住宅楼内外信息的沟通传递，主要功能如下。

- 实现双向通话对讲和远程开锁功能，支持三方通话。
- 具有多种开锁方式，便于使用。
- 可视系统对讲室内分机可显示门口主机呼叫的视频图像，并可主动监视主机视频图像。
- 可呼叫管理中心，管理中心也可呼叫任一住户。管理机具有通信优先权，达到紧急、重要信息的优先、实时传达。
- 报警、设备状态等信息上传管理中心。
- 支持多门口主机的并机使用。
- 具有紧急情况自动开门放行的功能。
- 具有防拆报警功能。
- 接入智慧社区平台，实现与智慧社区系统的互联、互通、互操作。

4.2.3 楼宇对讲系统结构

楼宇对讲系统历经了直通式、总线式和数字网络式3种结构形式的演变。

1. 直通式楼宇对讲系统结构

直通式大多采用单一按键方式，通话线、开门线、电源线共用。每户增加一条门铃线。系统的总线数为4+n。从结构上可以看出，直通式楼宇对讲系统结构相对简单，但其系统容量受到门口机按键数量和通信线路数量的限制，不适宜组成大系统使用。其系统结构如图4-15所示。

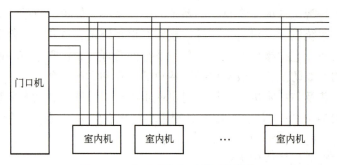

图4-15 直通式楼宇对讲系统结构

2. 总线式楼宇可视对讲系统结构

总线式楼宇可视对讲系统采用数字编码技术，设备之间通过现场总线连接通信，复杂系统还会用到中间辅助设备（如层间解码器、分配器等），如图4-16所示。

总线式楼宇可视对讲系统采用现场总线技术控制，音视频仍采用模拟方式传输。相对于直通式楼宇对讲系统，节省了布线数量，提高了系统性能。但对于复杂系统，受到总线通信距离和传输速率的限制，需要增加若干中间辅助设备，并且系统供电相对复杂。

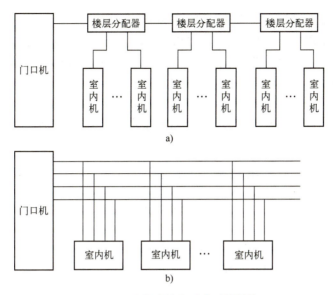

图 4-16 总线式楼宇对讲系统结构
a）总线多线制 b）总线制

3. 数字网络式楼宇对讲系统结构

数字网络式楼宇对讲系统采用以太网络通信，是数字对讲系统的典型结构，如图 4-17 所示。

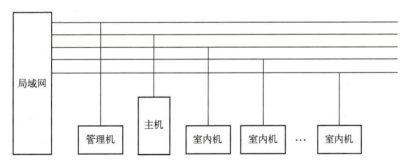

图 4-17 数字网络式楼宇对讲系统结构

4.3 数字对讲系统

数字对讲设备采用嵌入式硬件设计，一般采用 Linux/Android 系统，定制对讲应用软件，支持软件升级，易于扩展多种个性化的应用。典型的扩展应用是集成智能家居应用程序功能，融合可视对讲、智能家居、家庭安防、智能音箱等功能于一体，成为家庭智能化的中枢，与智慧社区互联互通。数字对讲系统采用标准的 TCP/IP 协议，接口标准，布线统一，并能实现即插即用。同时可利用社区局域网组网，减少了中间设备。

4.3.1 数字对讲系统的特点

数字对讲系统具备可视对讲和开锁、监视门口主机、免扰、呼梯和梯控、紧急报警和瓦斯报警等功能。施工布线简单，调试方便，系统运行可靠节能。

数字对讲系统采用TCP/IP方式，可以借用小区宽带网络，多个弱电子系统可以共用同一宽带网络，组建网络费用较低，采用标准接口，各子系统可以很好地集成为一体，提高设备的实用性，实现了小区的管理平台的统一性。

数字对讲系统采用标准TCP/IP，节省了众多的对讲系统的切换器、选择器等中间设备，降低系统复杂程度，调试方便。而对于TCP/IP对讲系统的局域网络，路由器、交换机等均为市面上常见产品，配置更换容易。

4.3.2 人工智能在数字对讲系统中的应用

人脸识别技术以其便捷、高效、高体验的优势，被广泛应用在数字对讲系统中用作身份识别。人脸识别的识别率、误识率、活体鉴别能力是其重要的性能指标。在实际应用场合中，要求能够适应暗场、逆光、侧光、太阳直射摄像头等严苛场景，在出现遮挡情况下也能够正确识别出人脸，不受发型、口罩、帽子、化妆等影响，并能自适应人的容貌随着年龄的增长产生变化的影响。

人脸识别技术是基于人的脸部特征，对输入的人脸图像或者视频流，首先判断是否存在人脸，如果存在人脸，则进一步给出其大小和各个主要面部器官的位置信息。并依据这些信息，进一步提取每个人脸中所蕴含的身份特征，并将其与已知的人脸进行对比，从而识别每个人脸的身份。

识别过程一般分3步：

1）建立人脸的面相档案。即用摄像机采集人脸或照片形成面相文件，并将这些面相文件生成面纹（Faceprint）编码储存起来。

2）获取当前的人脸面相。即用摄像机捕捉的当前人员的面相，或取照片输入，并将当前的面相文件生成面纹编码。

3）用当前的面纹编码与档案库存中的比对。即将当前的面相的面纹编码与档案库存中的面纹编码进行检索比对。上述的"面纹编码"方式是根据人脸的本质特征来工作的。这种面纹编码可以抵抗光线、皮肤色调、面部毛发、发型、眼镜、表情和姿态的变化，具有强大的可靠性，从而使它可以从百万人中精确地辨认出某个人。人脸的识别过程，利用普通的图像处理设备就能自动、连续、实时地完成。

4.3.3 数字对讲系统组成拓扑图

数字对讲系统组成拓扑图如图4-18所示。

4.3.4 数字对讲系统设备

1. 室内机

常见的楼宇对讲室内机如图4-19所示。

数字楼宇对讲室内机通常具有如下功能。

- 可视对讲：能够接听门口主机和围墙机呼叫，进行对讲和开锁功能。
- 户户对讲：能够呼叫其他住户和管理中心进行对讲。
- 安防报警：自带多路防区。防区报警具有居家模式、外出模式、撤防模式。

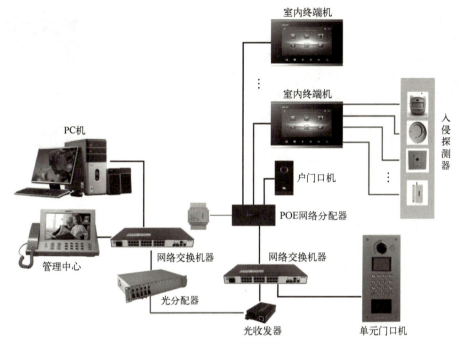

图 4-18 数字对讲系统组成拓扑图

图 4-19 楼宇对讲室内机

- 社区信息：可接收并查看物业及其他住户发布的信息；可编辑信息发送到其他住户。
- 呼叫中心：呼叫管理中心机进行对讲。
- 留影留言：对讲呼叫可留言留影。
- 视频监控：监控权限内主机及围墙机视频；监控局域网内 IPC（进程间通信）。
- 呼叫电梯：与电梯实时联动，控制电梯（呼梯、户户互访、查看电梯楼层等）。
- 智能家居：可进行控制场景模式，包括灯光、窗帘、调光、红外家电等设备的状态控制（可扩展）。
- 二次门铃：具有独立的门铃功能。
- 欠电压报警：分机设备电源带 UPS 时，电池欠电压时发出警报并上传物业中心。
- 防拆报警：已安装的设备被移动后，设备会发出警报信息。

137

2. 主机

常见的楼宇对讲主机如图 4-20 所示。

数字楼宇对讲主机通常具有如下功能。

- 通话功能：经选呼或呼叫后，实现双向对讲通话。
- 采用人脸识别、密码开锁、刷卡开锁等方式进行开门操作。
- 可呼叫住家分机或管理机进行可视对讲和开锁操作。
- 具有可视对讲开锁功能。
- 可连接数字系统的门禁控制器或电梯控制器，进行电梯控制。
- 具有留言留影功能。
- 具有手机蓝牙开锁功能。
- 具有手机 APP 远程开锁功能。
- 具有访客二维码开锁功能。
- 可外接门禁读卡器。
- 具有防拆报警功能。
- 指纹容量最多可达 3000 张。
- 可视对讲门口机具有摄像机补光、键盘照明功能，以便来访者夜间操作。
- 人脸识别用户容量：5000 张人脸。
- 人脸识别距离：75~150 cm。
- 人脸识别率：大于 95%。
- 识别速度：小于 1 s。
- 人体靠近时，雷达检测，主机自动进入识别状态。

图 4-20　楼宇对讲主机

3. 管理机

常见楼宇对讲管理机如图 4-21 所示。

图 4-21　楼宇对讲管理机

数字楼宇对讲管理机通常安放在控制室，是对讲系统的控制中枢，是各种信息的交汇点，它控制着系统的各个终端设备。管理机除了在保证工作可靠和稳定之外，在使用操作上还应突出方便、醒目、直观，便于管理人员及时获取重要信息。

数字楼宇对讲管理机通常具有如下功能。

- 可视对讲：能与门口主机、围墙机进行可视对讲和开锁功能。

- 报警记录：可查看室内分机报警记录信息，同时可回呼对应号码与住户进行可视对讲。
- 求助记录：可查看室内分机紧急求助记录信息，同时可回呼对应号码与住户进行可视对讲。
- 对讲记录：可查看系统内所有对讲记录信息，同时可查看某条记录的详细信息。
- 视频监控：可监控小区内所有单元主机和围墙机。
- 转移功能：支持被呼叫后未接听自动转移功能，同时支持物业人员接听后手动转移功能。
- 电梯授权：物业人员可根据用户需求针对某一单元主机进行电梯授权开放的功能。

4. 围墙机

围墙机又称为访客机，是特殊的一种数字对讲主机设备。通常将它设置在小区人流、物流的出入口处，是社区安防的第一道防线。其基本功能如下。

- 可呼叫小区内任一住户，实现可视对讲通话。
- 能与管理中心对讲通话。
- 具有人脸识别，人证比对功能。

围墙机的设置类似于楼宇门口的对讲主机，访客只有通过与被访人或管理中心对讲和确认后，才被允许或拒绝进入。

5. 采集设备

采集设备用于社区住户信息采集和门禁授权的相关设备。常用的有指纹仪、人脸采集器、身份证阅读器、IC 发卡器等，如图 4-22 所示。

图 4-22 采集设备

a) 指纹仪　b) 人脸采集器　c) 身份证阅读器　d) IC 发卡器

4.4 数字对讲在智慧社区的应用

楼宇对讲作为社区的重要基础设施，具有用户日常使用频次高的特点，是智慧家庭、智慧社区的天然入口。楼宇对讲系统通过智慧社区平台可发挥更加强大的功能与多样化的增值服务，更好地为社区业主服务。智慧社区平台把用户、家庭、物业、社区以及商圈紧密地联结在一起，用户通过数字终端、APP 等应用就能够便捷地使用智慧社区提供的多种服务，增强用户的黏性。智慧社区拓扑图如图 4-23 所示。

从智慧社区拓扑图可看到，数字楼宇对讲系统与智能停车、电梯控制、智能家居等系统联动，实现增值服务。例如"访客预约"就是数字楼宇对讲在智慧社区中的典型应用场景。通过人脸识别、人证比对、实现访客无障碍到访。业主通过 APP 给受邀访客发送二维码，设置访客的身份信息、车辆信息以及到访时间。访客在设定的时间内，通过刷二维码或身份证以及人脸识别、车牌识别在社区自由通行。通过车位引导系统可指示访客到指定的车位泊车，联动电梯控制系统将访客送至指定楼层，实现访客无障碍到访业主家里。访客在进入社区的过程中，业主可实时获得提醒信息并能随时在 APP 上查看访客的位置。访客的出入信息在系统里上传存档。

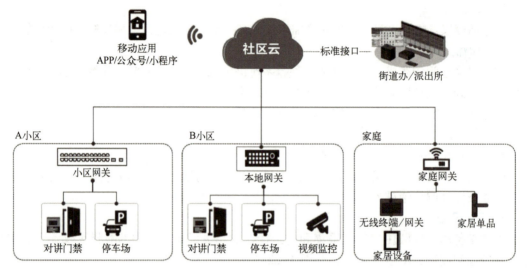

图 4-23 智慧社区拓扑图

除此之外，业主还可通过数字对讲室内机获取智能家居、物业缴费、报事报修、社区商圈等多种智慧社区服务。

4.5 数字对讲系统发展趋势

随着互联网、移动互联网以及物联网、人工智能等技术的快速发展，楼宇对讲也不断地在融合新技术进行创新。从产品形态到应用场景，都发生着日新月异的变化。

移动互联技术发展催生了云对讲。云对讲是在数字楼宇对讲的基础上，通过云平台连接移动端，极大地延伸了楼宇对讲的应用范围，还可以扩展出更多的增值应用服务。云对讲以高性价比、方便快捷的安装，以及可带来增值收益等诸多优势，形成数字对讲的一个重要组成部分。人工智能技术的落地应用则是楼宇对讲行业发展的一个重要趋势，在原有门禁对讲的基础上新增人脸识别、指纹识别、语音识别等生物识别技术应用，极大地提升了产品的用户体验，产品在实际使用中更加便捷、舒适、安全。

以楼宇对讲为入口，提供智慧家庭整体解决方案是楼宇对讲产品升级的体现。例如结合智能家居，楼宇对讲除了传统的对讲开锁功能外，还集合了智能家居的系统功能，整合了灯光控制、门窗控制、暖通控制、家电控制、影音控制、智能门锁、智能安防、智能健康等众多智能家居功能，拓展了系统的应用范围，在功能的扩展上带来了巨大的发挥空间。

另一方面，楼宇对讲系统不断与社区综合智能化系统融合，提升了社区智能化水平，提高了安全防范水平。楼宇对讲系统与社区的报警系统、电梯系统、停车系统、视频监控系统等互联互通，通过采集出入人员、车辆信息，数据上传公安大数据平台，提升治安管理效率，构建安全、舒适、便捷的智慧社区系统，提升社区居民生活品质。

4.6 数字对讲系统设计实例

本实例的任务是为住宅小区建设一套先进、安全、实用、美观、性能稳定的数字可视楼宇对讲系统。

4.6.1 概述

（1）项目概况

某小区内有40户独立别墅和6栋住宅楼。其中别墅为3层，住宅楼为地下一层和地上20层，每栋楼两个单元，每个单元为一梯两户。每个单元在地下和地面都有一个出入口。在每个单元中，提供一部电梯，在电梯旁边有一个高低压竖井。

小区包含两个人行出入口。其中一个出入口为主出入口，有保安岗亭。另外一个出入口为副出入口，无保安岗亭。

（2）设计目标

1）访客可以使用安装在小区出入口、地面单元出入口、地下室单元出入口的门口主机呼叫住户分机，进行可视对讲通话。住户确认访客信息后可以使用安装在家中的分机开启门口处的磁力锁，并开放本住户所在楼层的电梯权限，访客可以进入电梯，按下对应楼层按键，从而能够到达该楼层。

2）访客可以使用别墅门口的别墅主机，呼叫住户分机，进行可视对讲通话。住户确认访客信息后可以进行开启门口处信号锁操作。

3）访客在呼叫住户分机时，如果住户无人接听，可以进行留言。住户回家后可以通过分机查看访客的留言信息。

4）住户或访客可以使用安装在小区出入口、地面单元出入口或地下室单元出入口的主机呼叫管理中心的管理机，进行可视对讲通话。物业管理中心人员确认住户或访客信息后，可以使用中心管理机开启门口处的磁力锁，并开放相关楼层的电梯权限。

5）住户可以使用安装在户内的住户分机，呼叫小区中其他的住户，进行对讲。

6）住户可以使用安装在户内的住户分机，呼叫本单元的其他住户，进行对讲。任意一方可以使用住户分机开放本住户所在楼层的电梯权限，从而使另外一方使用电梯到达本住户所在的楼层。

7）住户可以使用安装在户内的分机，呼叫中心管理机，与物业管理中心进行可视对讲。

8）物业管理中心可以通过中心管理机，呼叫住户分机，进行可视对讲。

9）住户可以使用住户分机，查看小区出入口或本单元地面或地下出入口门口主机视频，并进行开锁操作。

10）物业中心可以使用中心管理机，查看小区出入口和楼宇单元出入口的门口主机视频,并可以进行对讲和开锁操作。

11) 别墅类型的住户可以使用户内分机,查看别墅门口主机的视频,并进行开锁操作。

12) 针对小区无保安值守的出入口,要求在21:00到次日6:00之间,可以进行可视对讲操作,但是不允许进行开锁。

4.6.2 系统设计依据

除专门规定外,本系统涉及的所有设备和材料均执行下列标准规范。

- 《安全防范工程程序与要求》GA/T 75—1994。
- 《安全防范系统通用图形符号》GA/T 74—2017。
- 《入侵探测第1部分:通用要求》GB 10408.1—2000。
- 《单根电线电缆燃烧试验方法》GB/T 12666.1—2008。
- 《民用建筑电气设计标准》GB 51348—2019。
- 《入侵和紧急报警系统控制指示设备》GB 12663—2019。
- 《外壳防护等级》GB/T 4208—2017。
- 《电工电子产品基本环境试验规程》GB/T 2423。
- 《工业产品使用说明书 总则》GB/T 9969—2008。
- 《包装储运图示标志》GB/T 191—2016。
- 《出入口控制系统工程设计规范》GB 50396—2007。
- 《楼宇对讲电控安全门通用技术条件》GA/T 72—2013。
- 《联网型可视对讲系统技术要求》GA/T 678—2007。
- 《视频安防监控系统工程设计规范》GB 50395—2007。
- 《入侵报警系统工程设计规范》GB 50394—2019。
- 《建筑物防雷设计规范》GB 50057—2016。
- 《建筑物电子信息系统防雷技术规范》GB 50343—2012。
- 《建筑电气工程质量验收规范》GB 50303—2015。

4.6.3 系统设计原则

1. 安全性及可靠性

为保证系统安全、可靠地运行,必须保证系统布线的安全性与可靠性,从系统布线方案的设计、材料与器材的选择以及工程的各阶段,都必须充分考虑所有可能影响系统的安全性和可靠性的因素。

2. 灵活性与可扩充性

为保证用户的投资以及用户不断增长的需求,系统布线必须灵活,并留有合理的扩充余地和可兼容性,以使用户根据需要进行适当的变动。

3. 成熟性及先进性

选择性能优良和合理的可视对讲系统,工程所用的设备和材料应选技术较为先进的、有保障的、得到社会和广大用户认可的生产厂家的产品。

4. 标准化及规范化

选择符合安全防范技术规范的可视对讲通信介质、系统布线连接件、材料及器材。系统施工也必须遵照国家电信工程实施标准和安全防范技术要求严格进行。

5. 优化性能价格比

在满足系统性能、功能以及考虑到在可预见期间内仍不失其先进性的前提下，尽量使整个系统投资合理。

4.6.4 系统设计功能与配置

小区数字可视对讲系统是基于计算机网络进行数据传输的系统。系统由物业中心管理机、门口主机、住户分机和传输网络4大部分构成。由于采用了计算机网络进行传输，因此可以采用并发式的传输，实现同一个通道上进行多路可视对讲的功能。

1. 设计方案拓扑图

设计方案拓扑图如图4-24所示。

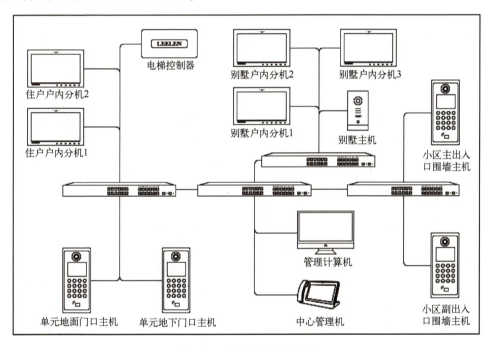

图4-24 设计方案拓扑图

根据设计方案拓扑图说明如下。

1) 在小区主出入口配置一台围墙门口主机，并配置一个可控电磁锁和一台电源。访客在门口主机上输入要访问的住户的号码，进行可视对讲呼叫。住户在室内分机上接听该对讲，确认访客信息后，可以进行开锁操作。访客呼叫住户分机时，如果振铃时间到达，住户仍旧未接听，主机会询问是否进行留言。此时访客可以进行留言操作。

住户回家后可以使用户内分机查看音视频留言信息。住户在小区围墙门口主机通过刷卡、指纹识别或人脸识别方式进行开锁，也可以使用手机APP，通过蓝牙方式连接到门口主机，进行开锁操作。

住户还可以使用门口主机呼叫管理中心机。物业管理人员使用中心管理机可以接听，进行可视对讲，确认住户身份后进行开锁操作。

2）在小区副出入口配置一台围墙主机，并配置一个可控电磁锁和一台电源。同时对该围墙主机配置显示服务功能，使该门口主机在每天21：00至次日6：00不允许进行开锁。在正常时间段，访客可以使用门口主机呼叫住户进行可视对讲和开锁操作。

住户可以使用刷卡、指纹识别和人脸识别方式，或使用手机APP进行开锁操作，住户也可以呼叫管理中心进行可视对讲，由物业中心管理人员进行开锁操作。在限时服务时间段，访客可以呼叫住户，进行可视对讲，但是住户此时间段内无法进行开锁操作。住户同样可以呼叫物业中心，进行可视对讲，但无法进行开锁操作。住户使用刷卡、指纹或人脸识别方式或使用手机APP方式都无法进行开锁。在呼叫住家时，如果住家未接听，同样可以进行留言操作。

3）在别墅庭院入口处安装一台别墅门口主机、一个可控电磁锁，在户内一楼安装住户可视分机一台，在户内二楼和三楼可根据客户选择安装可视分机或非可视分机各一台。同时户内安装电源一台，给安装在门口的别墅门口主机、电磁锁、户内安装的三台分机进行供电。访客可以使用别墅门口主机呼叫住户，进行可视对讲。住户使用户内分机接听对讲后确认访客信息，进行开锁操作。访客在呼叫住户时，如果住户未接听，别墅主机在振铃时间到达后，询问访客是否进行留言，访客此时可以进行留言操作。住户回家后可以使用分机查看访客的音视频留言信息。

住户可以使用户内分机，呼叫其他住家分机进行可视对讲，也可以呼叫管理中心机，进行可视对讲。如果在呼叫时，被叫未接听，可以选择进行留言。住户可以使用户内分机，查看本户别墅的门口主机视频，并进行开锁操作，也可以查看小区主副出入口的围墙门口机的视频，进行开锁操作（副出入口围墙主机处于限时服务状态时不允许进行开锁）。

4）每个单元门口（含地面和地下出入口）安装一台单元门口主机、一个可控电磁锁和一台电源。同时单元门口主机通过计算机网络连接到梯控设备，实现梯控功能。访客在门口主机上呼叫住户分机，进行可视对讲、对讲开锁或留言操作。

住户在单元门口主机可以通过刷卡、指纹识别或人脸识别方式进行开锁，也可以使用手机APP，通过蓝牙方式连接到门口主机，进行开锁操作。住户同样可以在门口主机呼叫管理中心，进行可视对讲或留言操作。在可视对讲开锁（包含呼叫住户可视对讲和呼叫管理中心可视对讲）或门禁开锁后，门口主机会向梯控设备发送相关指令，将电梯呼叫到单元主机所在的楼层，并通知电梯开放对应楼层的权限，访客和住户可以方便地乘坐电梯。

5）每座楼的住户内安装一台户内分机，在有访客呼叫或其他住户呼叫本住户的时候，住户可以使用分机接听，进行可视对讲操作住户可以使用分机查看未接来电和访客留言信息，可以使用分机呼叫其他住户，呼叫管理中心机进行可视对讲和留言操作。

住户可以使用分机查看小区围墙出入口的主机的视频，查看本单元地面和地下出入口的主机的视频，并可以进行开锁操作。在住户使用分机与本单元其他住户的分机进行可视对讲的过程中，任何一个住户进行了开锁操作，这时分机会通过网络向电梯控制器发送相关梯控指令，使开锁方分机所在楼层的电梯轿厢内楼层按钮有效。这时另外一方可以乘坐电梯，到达对应楼层，对本住户进行拜访。

6）在管理中心配置一台计算机，连接到小区计算机网络。计算机安装管理软件，实现对小区事件的记录、存储、查询和统计等操作。

在管理中心配置一台管理中心机，连接到小区计算机网络，物业管理人员可以使用管理中心机接听门口主机或户内分机的呼叫、对讲、开锁等操作，查看未接呼叫和留言信息。查看小区主副出入口的门口主机视频并进行开锁操作，查看各个楼宇单元出入口的门口主机的视频并进行开锁操作。

物业管理人员还可以使用中心管理机呼叫小区内任何一个住家，进行可视对讲操作。

2. 方案设计所需产品列表

根据设计方案，该项目需要配置的设备列表如表4-1所示。

表4-1 某小区可视对讲系统设备表

序号	设备名称	设备型号	数量	说明
1	围墙可视对讲设备			
1.1	数字门口主机	EH-6601-B10	2	分别安装在小区围墙出入口
1.2	信号锁	住户提供	2	分别安装在小区围墙出入口
1.3	12 V电源	JB-2701	2	分别安装在小区围墙出入口，向数字门口主机和信号锁供电
2	别墅可视对讲设备			
2.1	别墅门口主机	EH-6601-B15	40	每户门口安装一台别墅门口主机
2.2	信号锁	住户提供	40	每户门口安装一个信号锁
2.3	智能终端机	EH-IS-V31	120	每户安装三台，分别安装在别墅的一楼、二楼和三楼
2.4	12 V电源	JB-2701	40	每户提供一台电源，向别墅门口主机、信号锁和智能终端机供电
3	楼宇可视对讲设备			
3.1	数字门口主机	EH-6601-B10	24	每个单元地面出入口和地下出入口各安装一台数字门口主机
3.2	信号锁	住户提供	24	每个单元地面出入口和地下出入口各安装一个信号锁
3.3	12 V电源	JB-2701	12	每个单元配置一台电源，向该电源地面和地下出入口的数字主机和信号锁供电
3.4	V31智能终端机	EH-IS-V31	480	每户配置一台数字分机（V31智能终端机）
3.5	18 V电源	JB-2702	60	每8户配置一台电源（V31智能终端机最大功率4 W，电源功率为40 W，需考虑线路损耗）
3.6	数字电梯控制器	EH-MD-K11-001	12	每个单元电梯间配置一个数字电梯控制器
3.7	12 V电源	JB-2701	12	每个数字电梯控制器需配置一个电源
4	管理中心设备			
4.1	中心管理机	EH-8809-S03	1	配置在管理中心，用于可视对讲
4.2	12 V电源	JB-2701	1	用于向中心管理机供电
4.3	计算机	住户提供	1	安装管理软件
4.4	物业管理软件	EH-8800R	1	物业管理软件
5	其他设备			
5.1	光缆	住户提供	若干	小区局域网网络设备，由客户根据实际布线需求来进行设计
5.2	光纤盒	住户提供	若干	
5.3	光纤跳线	住户提供	若干	
5.4	网络交换机	住户提供	若干	

4.7 实训

4.7.1 数字楼宇对讲系统功能实践

1. 实训目的

1) 熟悉数字对讲系统的系统结构。
2) 了解数字对讲系统的对讲、开锁、监视情形。
3) 掌握基本的数字对讲系统术语。

2. 实训设备

1) 数字对讲主机、数字对讲分机、网络分配器、管理机、采集设备、管理平台。
2) 便携式万用表、一字螺钉旋具、十字螺钉旋具。
3) 插接线一套、导线若干。

3. 实训步骤与内容

参照产品说明书，完成以下操作：
1) 在数字对讲主机上输入分机房号发起对讲呼叫。
2) 在数字对讲分机上查看主机呼叫和视频。
3) 在数字对讲分机上操作开锁。
4) 在数字对讲分机上进行报警防区布防操作。
5) 在数字对讲分机上进行报警防区撤防操作。
6) 通过数字对讲主机向管理机发起呼叫。
7) 了解数字对讲主机的功能菜单内容。
8) 了解数字对讲分机的功能菜单内容。
9) 了解数字对讲管理机的功能菜单内容。

4. 实训结果

写出实训结果、遇到的问题、解决方法以及实训心得体会。

10-访客对讲系统的接线方法实例

4.7.2 数字楼宇对讲系统的安装与调试

1. 实训目的

1) 熟悉系统主机、网络分配器、室内分机等各类模块的内部结构。
2) 熟悉系统主机、网络分配器、室内分机等各类模块的连接方法。
3) 掌握系统主机、网络分配器、室内分机等各类模块的检测方法。
4) 掌握管理中心机与单元系统主机的连接方法。

2. 实训设备

1) 数字对讲主机、数字对讲分机、网络分配器、采集设备、管理机、管理平台。
2) 便携式万用表、一字螺钉旋具、十字螺钉旋具。
3) 插接线一套、导线若干。

3. 实训步骤与内容

1) 参照产品说明书，连接系统各个设备。

11-访客对讲系统编程实例

2）上电检查各设备的工作状态。
3）对各设备进行网络和功能配置。

4. 实训结果

写出实训结果、遇到的问题、解决方法以及实训心得体会。

4.7.3 数字楼宇对讲系统的管理

1. 实训目的

1）了解管理中心软件的用途与运作原理。
2）掌握管理中心软件使用方法。
3）掌握用户信息采集注册方法。

2. 实训设备

1）数字对讲主机、数字对讲分机、网络分配器、采集设备、管理平台。
2）PC（带有智能小区管理软件）。
3）便携式万用表、一字螺钉旋具、十字螺钉旋具。
4）插接线一套、导线若干。

3. 实训步骤与内容

1）确保管理平台和系统设备连接。
2）打开管理软件，查看设备状态。
3）通过管理计算机对系统主机进行开锁、监视、信息查询。
4）通过管理计算机对分机发送信息。
5）管理计算机响应分机的报警信息。
6）通过管理计算机完成用户信息的采集、注册。
7）检查注册用户的授权开锁功能。

4. 实训结果

写出实训结果、遇到的问题、解决方法以及实训心得体会。

12-网络型楼宇对讲系统操作实例

4.7.4 设计并组建一个数字对讲系统

1. 实训目的

1）熟悉楼宇对讲系统的设计流程。
2）综合考查学生对楼宇对讲系统地掌握程度和实际应用能力。

2. 实训设备

1）数字对讲主机、数字对讲分机、网络分配器、采集设备、管理平台。
2）便携式万用表，一字螺钉旋具，十字螺钉旋具。
3）插接线一套、导线若干。

3. 实训内容

由指导老师给定一住宅（或办公室、银行等）平面图，要求对此区域进行楼宇对讲系统设计，并完成楼宇对讲系统调试。具体要求如下：

1）可实现系统主机、室内机、管理中心机以及管理中心计算机之间的多方通话。

13-网络型主机的操作方法实例

2）可实现系统主机、室内机、管理中心机、管理中心计算机之间的视频及音频监视。

3）某一分机可实现防盗报警功能，报警探测器能正常工作，并能将有关信息反馈到室内分机、管理中心机、管理中心计算机。

4）用注册人脸能正常开启对应授权单元门。

4. 实训步骤与内容

1）设备选择：数字对讲主机、数字对讲分机、网络分配器、采集设备、管理平台等。

2）设备连接。

3）系统调试。

更多的设计要求可由实训老师自己设定，为增加难度，还可以进行多台可视对讲门禁系统的相互连接等。

5. 实训结果

写出实训结果、遇到的问题、解决方法以及实训心得体会。

4.8 思考题

1. 什么是门禁系统？
2. 画出门禁系统的组成结构，并说明每个部分的作用。
3. 门禁系统的识别技术有哪几种？
4. RS-485 总线联网门禁和 TCP/IP 联网门禁的区别是什么？
5. 什么是直按式对讲系统？
6. 什么是编码式对讲系统？
7. 什么是联网型对讲系统？
8. 对讲系统的基本功能是什么？
9. 人脸识别技术的优势是什么？
10. 户内报警有哪些形式？简述它们的主要特点和工作原理。
11. 室内机主要功能有哪些？
12. 门口机有哪些功能？
13. 数字对讲系统设计有哪些要求？
14. 目前智能家居的基本系统功能有哪些？

第 5 章　停车场管理系统

随着经济的迅速发展，机动车数量与日俱增，停车场管理（或称为车库管理）已成为小区、大型公共场所对停车管理的一个重要内容。智能化停车场管理不仅提高了工作效率，而且大大地节约了人力物力，降低了物业公司的运营成本，并提高了车辆的安全保障。停车场管理主要包括车辆人员身份识别、车辆资料管理、车辆出入记录、位置跟踪、车位引导和收费管理等各项内容。

5.1　停车场管理系统概述

停车场管理系统通常设置在小区、公共场所或地下车库的出入口处，主要由入口系统、出口系统及控制管理系统 3 大单元构成。车辆一进一出管理系统示意图如图 5-1 所示。

一个比较完整的停车系统一般由车辆感应器、射频卡读取设备、车牌识别摄像机、显示设备、对讲设备、道闸、通信设备、收费设备和管理计算机等构成。这些系统构成部分在不同的停车系统设计方案中的产品形态会有差异。

14—一套停车场智能
管理控制系统方案

图 5-1　车辆一进一出管理系统示意图

当车辆进场时，设在入口车道下的车辆检测线圈检测出车到，启动系统由等待状态进入工作状态。此时，入口车牌识别摄像机抓取车辆车牌、特征等信息并上传；若是持有射频卡通过，则射频卡信息被读取，并将相应信息传递至收费管理处的计算机中，判断其合法性。若为有效车辆，则摄像机拍照，道闸升起，待车辆驶过设在道闸前的地感线圈后放下栏杆，车位计数器自动加一。

当车辆出场时，在出口根据车牌识别摄像机获取的信息或读取射频卡有关信息，如是临时停车，计算机自动计费，显示牌显示费用，提示交费；若是月租卡车辆出场，则须判别其有效性，确认无误后，道闸即升起栏杆放行，道闸前的车辆感应器检测车辆通过后，栏杆自动落下，车位计数器自动减一；若为无效车辆信息，则不予放行。

5.2　停车场管理系统的设备组成

5.2.1　出入口设备

出入口设备主要由车辆探测系统、出入口控制箱、道闸和车牌识别系统等组成。

1. 车辆检测系统

为了检测出入车场的车辆，常用两种典型的检测方式，即红外线检测方式和环形线圈检测方式。

（1）红外线检测方式

红外线检测方式是在水平方向上设置一对红外收发装置，其工作原理和安装方式与主动式红外对射探测器相同。其示意图如图 5-2 所示。为了区分通过的是人还是车，采用两组红外检测器，安装间距为 1~2m。利用两组遮光顺序还可检测车辆行进方向。

（2）环形线圈（又称地感线圈）检测方式

由环形线圈和车辆检测器组成一个车辆探测器，用于车辆进场检测。

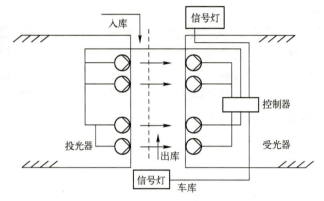

图 5-2　红外线检测方式示意图

车辆探测器通常有两组，一组被置于票箱处，用于提示有车进入的信息；另一组被安装在道闸处，检测车辆是否通过道杆，防止道闸栏杆砸车意外事故发生。

1）地感线圈。

地感线圈就是一个振荡电路。它是这样构成的，即在地面上挖出一个圆形的沟槽，直径约为 1m，或是面积相当的矩形沟槽，再在这个沟槽中埋入几匝导线（一般采用 1 mm² 抗老化的铁氟龙高温多股软导线），这就构成一个埋于地表的电感线圈（线圈电感量为 100~300 μH）。这个线圈是振荡电路的一部分，由它和电容组成振荡电路。将这个振荡信号通过变换送到单片机组成的频率测量电路（车辆检测器），单片机就可以测量这个振荡器的频率了。当有大的金属物（如汽车）经过时，空间介质发生变化引起振荡频率的变化（有金属物体时振荡频率升高），这个变化就作为汽车经过地感线圈的证实信号，同时这个信号的开始和结束之间的时间间隔又可以用来计算汽车的移动速度。这就是地感线圈的工作原理。技术关键是设计出的振荡器稳定可靠，并且当有汽车经过时的频率变化应明显。地感线圈示意图如图 5-3 所示。

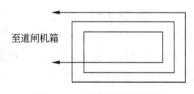

图 5-3　地感线圈示意图

地感线圈在实际应用中要注意以下几点。

① 线圈材料。

在理想状况下（不考虑一切环境因素的影响），对地感线圈的埋设，可只考虑面积的大小（或周长）和匝数，而不考虑导线的材质。但在实际工程中，必须考虑导线的机械强度和高低温抗老化问题，在某些环境恶劣的地方还必须考虑耐酸碱腐蚀的问题。导线一旦老化或抗拉伸强度不够会导致导线破损，检测器将不能正常工作。在实际的工程中，建议采用 1.0mm 以上铁氟龙高温多股软导线。

② 线圈形状。

a. 矩形安装。

探测线圈通常是长方形。两条长边与金属物运动方向垂直，间距为 1m。长边的长度取决于道路的宽度，通常两端比道路间距窄 0.3~1 m。

b. 倾斜 45°安装。

在某些情况下，当需要检测自行车或摩托车时，可以考虑将线圈与行车方向倾斜 45°安装。

c. "8"字形安装。

在某些情况下，当路面较宽（超过 6 m）而车辆的底盘又太高时，可以采用此种安装形式以分散检测点，提高灵敏度。

③ 线圈的匝数。

为了使检测器工作在最佳状态下，线圈的电感量应保持在 100~300 μH 之间。在线圈电感不变的情况下，周长越小，匝数越多。

道路下可能埋设有各种电缆管线、钢筋、下水道盖等金属物质，这些都会对线圈的实际电感值产生很大影响。在实际施工时，用户应使用电感测试仪实际测试地感线圈的电感值来确定施工的实际匝数，只要保证线圈的最终电感值在合理工作范围之内（如在 100~300 μH 之间）即可。

④ 输出引线。

在绕制线圈时，要留出足够长度的导线以便连接到环路感应器且中间没有接头。在绕好线圈电缆以后，必须将引出电缆做成紧密双绞的形式，要求 1 m 绞合最少 20 次。否则，未双绞的输出引线将会引入干扰，使线圈电感值变得不稳定。输出引线长度一般不应超过5 m。由于探测线圈的灵敏度随引线长度的增加而降低，因此引线电缆的长度要尽可能短。

⑤ 埋设方法。

首先要用切路机在路面上切出槽来。在 4 个角上进行 45°倒角，防止尖角破坏线圈电缆。切槽宽度一般为 4~8 mm，深度为 30~50 mm。同时还要为线圈引线切一条通到路边的槽。但要注意，切槽内必须清洁无水或其他液体渗入。绕线圈时必须将线圈拉直，但不要绷得太紧并紧贴槽底。将线圈绕好后，将双绞好的输出引线通过引出线槽引出。

在线圈的绕制过程中，应使用电感测试仪实际测试地感线圈的电感值，并确保线圈的电感值为 100~300 μH。否则，应对线圈的匝数进行调整。

在线圈埋好以后，为了加强保护，可在线圈上绕一圈尼龙绳，最后用沥青或软性树脂将切槽封上。

2）车辆检测器（车辆感应器）。

车辆检测器将地感线圈与道闸控制板连接，工作时通过地感线圈探测是否有车辆，并向道闸控制板发出一个 TTL 信号，车辆检测器根据信号决定道闸的起落。车辆检测器外形图如图 5-4 所示。车辆检测器工作流程图如图 5-5 所示。

2. 出入口控制箱

出入口控制箱通常包括显示屏、语音提示、对讲机、射频卡读卡器和专用电源等模块。

（1）显示屏

显示屏通常采用 LED 点阵显示屏或者液晶显示屏，主要用于显示时间、礼貌用语、操作提示及信息提示；还可以根据需求设定独立于控制箱之外的大型显示屏，显示车位数量、停车区域和停车位引导的提示信息。

图 5-4 车辆检测器外形图

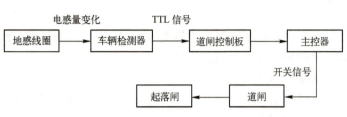

图 5-5 车辆检测器工作流程图

（2）语音提示与对讲机

语音系统是与显示屏配合使用的，以达到视听双重效果。它由控制箱内的语音控制板管理，接收并播放由管理中心计算机提供的语音信息。

另外，控制箱还可配置内藏式对讲机，驾驶人可直接通过对讲机向管理中心咨询相关问题，管理中心也可及时向出/入口传达信息。

（3）射频卡读卡器

读卡器用来自动读取射频卡。卡上记载有登记在册的合法编号以及系统认为必需的某些车辆特征信息。读卡器每读一张卡号，就自动把卡号发送到控制器，在控制器判断为有效卡号后，打开道闸放车通行。

读卡器有近距离刷卡与远距离刷卡之分。近距离读卡距离为 2.5~100 cm；远距离刷卡距离通常为 3~5 m。中、远距离读卡器（如图 5-6 所示）往往需要配置天线，方便信号的读取。

读卡器通常有防回潜功能（即防止一张卡被多部车辆使用）。

近来国内部分厂商推出的蓝牙读卡器，与传统的读卡器相比，具有发射功率小、抗干扰好等优点。

图 5-6 中、远距离读卡器

（4）IC 卡

IC 卡是自 20 世纪 80 年代以来发展起来的新型识别技术。它保密性好，难以伪造或非法改写，是一种理想的电子识别手段。IC 卡分接触式和非接触式两大类。

接触式 IC 卡的缺点是需要刷卡，因而降低了识别处理速度。同时，由于 IC 卡是通过卡上触点与读卡设备交换信息的，一旦 IC 卡的触点或读卡设备的触点被污物覆盖，就会影响正常的识别，而停车场使用环境的粉尘比较大，所以一般停车场不宜采用这种 IC 卡。这两个缺点限制了 IC 卡在停车场管理系统中的使用。

目前流行的停车场管理系统，多半采用非接触式 IC 卡。使用时只需将非接触式 IC 卡在出入口票箱读卡器附近掠过，读卡器即可判断该卡的有效性。按识别范围大小，非接触式 IC 卡又可分为近距离射频卡和远距离射频卡。近距离射频卡的识别范围一般在 3~6 cm 之间，远距离射频卡识别有效距离在 3 cm~6 m 之间。当使用远距离感应卡时，只要把卡贴在汽车挡风玻璃上，每次车辆到达停车场闸口（读卡器感应区）时，即可通过读感器发过来的激发信号产生回应。读感器再将这个读取信号传递给停车场控制器，停车场控制器收到信息后自动核对，若为有效卡，道闸自动开启，因此固定用户车辆不必停车即完成识别和核对，极大地提高了车辆的通行效率，可有效地防止出/入口阻塞现象。

3. 道闸（挡车器）

道闸系统主要由电动机（含减速机构）与电动机控制电路、栏杆与传动机构（安装在箱体内）组成。道闸通常被安装在出/入口处，受箱内电动机控制电路的驱动，只有车到和刷卡，道闸才会升起或降落，缺少其中任一环节，系统控制都不会打开电动栏杆，以防止车辆非法进出停车场。

另外，为了防止车辆在通过道闸时栏杆意外落下砸车，通常还由道闸起落机构、地感线圈、车辆探测器组成一个防砸车系统（下面将详细介绍）。

（1）栏杆与传动机构

栏杆多数由铝合金材料制成，外表涂有显目的条纹（如黄、黑或红、白相间），用于警示驾乘人员。臂长根据入口的宽度而定，多半为 1~6 m，起落杆的速度有低速（6 s 左右）和高速之分（1.2 s 左右）。常用的道闸（如图 5-7 所示）有直杆型、折杆型和栅栏型 3 种。

图 5-7 道闸
a）直杆型 b）折杆型 c）栅栏型

这 3 种道闸栏杆的功能和技术参数基本相同，它们之间的不同之处是，直杆型道闸杆长通常可达 6 m；折杆型道闸杆长通常小于 4.5 m，升降时间一般为 6 s，属低速型，折杆型道闸升起时主杆与地垂直，副杆呈水平状，适合安装在地下车库等有限制高度的通道上；栅栏型道闸杆长小于 4 m，升降时间一般为 6 s，栅栏杆升起时栅栏收紧，降落时张开，可防止人员穿越，适合安装在客户有特殊要求的场所。

栏杆升降方式有手动、遥控、地感和计算机多种控制模式。

为防止栏杆起落过程的抖动，栏杆的悬臂上通常还安装有平衡弹簧。

（2）防砸车功能

道闸防砸车功能可通过几种方式实现，即地感检测、车辆检测（与读卡模块共用）、光电检测、压力波检测。市面使用较多的是地感检测器。

地感检测装置主要由地感线圈和车辆检测器及相关电路组成。地感线圈被埋于栏杆前后地下约 30~50 mm 处，当路面上有车辆经过（相当于铁质材料切割线圈）时，线圈感生的电流就会传给车辆检测器，由车辆检测器将信号传至道闸控制板，只要车辆还在栏杆下，栏杆就不会落下，直至车辆驶离道闸2~3m后才会落杆，这样就可达到防止栏杆落下意外砸车的目的。

压力波开关检测器被安装在起落机构箱体内，对道闸的运行起到缓冲作用，而且可以给出开关信号停止道闸电动机工作或者让电动机反转，在使用中往往与车辆探测器组合构成防砸车双重保险。

道闸通常具有车过自动落闸、防砸车或冲闸自动抬杆的功能。

4. 车牌识别系统

车牌识别系统是计算机视频图像识别技术在车辆牌照识别中的一种应用。车牌识别技术要求能够将运动中的汽车牌照从复杂背景中提取并识别出来，通过车牌提取、图像预处理、特征提取、车牌字符识别等技术，识别车辆牌号、颜色等信息。车牌识别在车辆管理中得到广泛应用。

在停车场管理中，车牌识别技术也是识别车辆身份的主要手段。车牌识别技术结合电子不停车收费系统（ETC）识别车辆，过往车辆通过道口时无需停车，即能够实现车辆身份自动识别、自动收费。在车场管理中，为提高出入口车辆通行效率，车牌识别针对无须收停车费的车辆（如月卡车、内部免费通行车辆），建设无人值守的快速通道，免取卡、不停车的出入体验，正改变出入停车场的管理模式。汽车牌照号码是车辆的唯一"身份"标识，牌照自动识别技术可以在汽车没有任何改动的情况下实现汽车"身份"的自动登记及验证，这项技术已经广泛应用于公路收费、停车管理、称重系统、交通诱导、交通执法、公路稽查、车辆调度、车辆检测等各种场合。

将车牌识别设备安装于出入口，记录车辆的牌照号码、出入时间，并与自动门、道闸机的控制设备结合，实现车辆的自动管理。应用于停车场可以实现自动计时收费，也可以自动计算可用车位数量并给出提示，实现停车收费自动管理，节省人力、提高效率。应用于智慧社区可以自动判别驶入车辆是否属于本小区车辆，对非本小区车辆实现自动计时收费。这种应用还可以同车辆调度系统相结合，自动、客观地记录本单位车辆的出车情况，车牌识别管理系统采用车牌识别技术，达到不停车、免取卡，有效提高车辆出入通行效率。

车牌识别停车场管理系统将摄像机在入口拍摄的车辆车牌号码图像自动识别并转换成数字信号。做到一卡一车，车牌识别的优势在于可以把卡和车对应起来，卡和车的对应的优点在于长租卡须和车配合使用，杜绝一卡多车使用的漏洞，提高物业管理的效益。同时自动比对进出车辆，防止偷盗事件的发生。升级后的摄像系统可以采集更清晰的图片，作为档案保存，可以为一些纠纷提供有力的证据；也方便管理人员在车辆出场时进行比对，大大增强系统的安全性。

知识拓展：识别原理

车牌自动识别是一项利用车辆的动态视频或静态图像进行牌照号码、牌照颜色自动识别的模式识别技术。其硬件基础一般包括触发设备（监测车辆是否进入视野）、摄像设备、照明设备、图像采集设备、识别车牌号码的处理机（如计算机）等，其软件核心包括车牌定位算法、车牌字符分割算法和光学字符识别算法等。某些车牌识别系统还具有通过视频图像判断是否有车的功能，即视频车辆检测。一个完整的车牌识别系统应包括车辆检测、图像采集、车牌识别等几部分。当车辆检测部分检测到车辆到达时触发图像采集单元，采集当前的视频图像。车牌识别单元对图像进行处理，定位牌照位置，再将牌照中的字符分割并进行识别，然后组成牌照号码输出。

为了进行车牌识别，需要以下几个基本的步骤。

1）牌照定位，定位图片中的牌照位置。

2）牌照字符分割，把牌照中的字符分割出来。

3）牌照字符识别，把分割好的字符进行识别，最终组成牌照号码。

车牌识别过程中，牌照颜色的识别依据算法不同，可能在上述不同步骤实现，通常与车牌识别互相配合、互相验证。

(1) 牌照定位

自然环境下，汽车图像背景复杂、光照不均匀，在自然背景中准确地确定牌照区域是整个识别过程的关键。首先对采集到的视频图像进行大范围相关搜索，找到符合汽车牌照特征的若干区域作为候选区，然后对这些候选区域做进一步分析、评判，最后选定一个最佳的区域作为牌照区域，并将其从图像中分离出来。

(2) 牌照字符分割

完成牌照区域的定位后，再将牌照区域分割成单个字符，然后进行识别。字符分割一般采用垂直投影法。由于字符在垂直方向上的投影必然在字符间或字符内的间隙处取得局部最小值的附近，并且这个位置应满足牌照的字符书写格式、字符、尺寸限制和一些其他条件。利用垂直投影法对复杂环境下的汽车图像中的字符分割有较好的效果。

(3) 牌照字符识别

牌照字符识别方法主要有基于模板匹配算法和基于人工神经网络算法。基于模板匹配算法：首先将分割后的字符二值化，并将其缩放为字符数据库中模板的大小，然后与所有的模板进行匹配，选择最佳匹配作为结果。基于人工神经网络的算法有两种：一种是先对字符进行特征提取，然后用所获得特征来训练神经网络分配器；另一种方法是直接把图像输入网络，由网络自动实现特征提取直至识别出结果。

车牌识别系统有两种产品形式，一种是软硬件一体，或者用硬件实现识别功能模块，形成一个全硬件的车牌识别器，例如 DSP。另外一种形式是开放式的软硬件体系，即硬件采用标准工业产品，软件作为嵌入式软件。两种产品形式各有优缺点。开放式体系的优点是运行维护容易（由于硬件采用标准工业产品）。而软硬件一体式产品更易操作及控制，也便于后期的维护调试。

知识拓展：技术指标

从技术上评价一个车牌识别系统，有 3 个指标，即识别率、识别速度和后台管理系统。

(1) 识别率

一个车牌识别系统是否实用，最重要的指标是识别率。国际交通技术部门做过专门的识别率指标论述，要求是 24 h 合格车牌正确识别率为 85%~95%。

为了测试一个车牌识别系统识别率，需要将该系统安装在一个实际应用环境中，全天候运行 24 h 以上，采集至少 1000 辆自然车流通行时的车牌照进行识别，并且需要将车辆牌照图像和识别结果存储下来，以便调取查看。然后，还需要得到实际通过的车辆图像以及正确的人工识别结果。之后便可以统计出以下识别率：

自然交通流量的识别率 = 车牌正确识别总数/实际通过的车辆总数

可识别车牌照的百分率 = 人工正确读取的车牌照总数/实际通过的车辆总数

可识别车牌正确识别率=车牌正确识别的车牌照总数/人工读取的车牌照总数

这 3 个指标决定了车牌识别系统的识别率，诸如可信度、误识率等都是车牌识别过程中的中间结果。

（2）识别速度

识别速度决定了一个车牌识别系统是否能够满足实时的要求。一个识别率很高的系统，如果需要几秒钟，甚至几分钟才能识别出结果，那么这个系统就会因为满足不了实际应用中的实时要求而毫无实用意义。例如，在高速公路收费中车牌识别应用的作用之一是减少通行时间，速度是这一类应用里减少通行时间、避免车道堵车的有力保障。

国际交通技术部门提出的识别速度是 1 s 以内，越快越好。

（3）后台管理系统

一个车牌识别系统的后台管理体系，决定了这个车牌识别系统是否好用。识别率达到 100% 是不可能的，因为车牌照污损、模糊、遮挡，或者天气不好（下雪、冰雹、大雾等）。后台管理体系的功能应该包括如下几项。

1）识别结果和车辆图像数据的可靠存储，当多功能的系统操作使得网络出差错时能保护图像数据不会丢失，同时便于事后人工排查；

2）有效的自动比对和查询技术，被识别的车牌照号码要同数据库中成千上万的车牌号码自动比对和提示报警，如果车牌照号码没有被正确读取，就要采用模糊查询技术才能得出相对"最佳"的比对结果。

3）一个好的车牌识别系统在联网运行上，还需要提供实时通信、网络安全、远程维护、动态数据交换、数据库自动更新、硬件参数设置、系统故障诊断等功能。

5.2.2 车位引导系统

1. 车位检测与显示系统

随着车辆的增加，停车场建设得越来越大，导致客户驾驶车辆进入一个大型停车场后，满眼是车，不能快速地找到空车位，造成停车场道路拥堵，使用效率低下。同时停车场使用大量的管理人员进行疏导，既浪费人力，又容易造成管理人员与客户以及客户与客户间的矛盾。

15-车位引导系统

同样，当客户消费完毕、返回停车场时，由于停车场楼层多、空间大、车辆多，场景和标志物类似，使得客户不容易找到车，感觉不方便，浪费时间，停车场也降低了周转速度和使用效率。

智能车位引导系统可以引导客户迅速找到理想的空车位，还可以帮助客户找到车辆停放的位置，这两个系统都可以提高顾客的满意度，同时加快停车场的车辆周转，提高停车场的使用率和营业收入。

（1）车流量检测系统

车流量检测系统用于检测停车场出入口和各停车区域出入口的进出车辆数，通过数据采集器和节点控制器将数据实时发送到主控器，由主控器通过运算及时更新各个入口引导屏的空车位数，指引客户停车。车流量检测系统示意图如图 5-8 所示。

（2）车位检测系统

车位检测系统实时检测车位上是否有车辆停放，通过数据采集器和节点控制器将数据实时发送到主控器和管理计算机上，由主控器及时更新各个交叉路口的引导屏指示的空车位数，指引客户停车。

常用的检测方式有超声波车位探测器。通常将它安装在停车场每一车位的上方，分别检测车顶和地面的反射波，以侦测每个车位是否停车。将侦测到的信息传输给计算机，由区位显示屏和区位引导屏实时显示，还可通过系统控制入场道闸栏杆的起落。

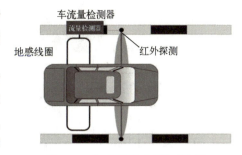

图 5-8　车流量检测系统示意图

地感线圈检测方式的原理与前面谈及的车流量检测系统的工作原理相同。小型停车场也可用管理计算机中的管理软件，通过进出车辆的刷卡信息，自动统计剩余车位数。车位检测系统示意图如图 5-9 所示。

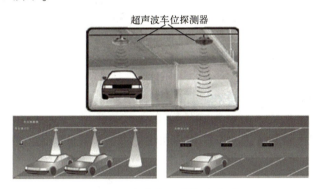

图 5-9　车位检测系统示意图

（3）信息显示系统

信息显示系统动态实时显示停车场车位数的变化，主入口引导屏显示整个车场的空车位数，区位引导屏显示该区域的空车位数，交叉路口引导屏显示行车方向上的空车位数。

驾车人在进入停车场时根据主入口引导屏，可立刻了解想去的停车区域有没有空车位，在到达停车区域后根据车位指示灯可以非常方便地找到停车位，无须来回找停车位，大大减少了停车时间。信息显示系统示意图如图 5-10 所示。

图 5-10　信息显示系统示意图

（4）控制系统

控制系统是整个引导系统的核心，它完成所有数据的采集、传输、控制，计算车位数，实时更新各个引导屏的车位数，并将数据实时上传到管理计算机上，在电子地图上直观反映车位的使用情况。

（5）系统结构

车位引导系统结构图如图 5-11 所示。

2. 车位通道引导设备

车位通道引导设备主要有路标（如图 5-12 所示）、转角后视镜等。

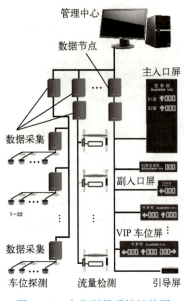

图 5-11 车位引导系统结构图

图 5-12 路标

5.3 停车场管理系统的管理

停车场管理系统由车辆管理、车场管理和收费管理 3 部分组成，由停车场出入口管理和管理中心共同完成。

5.3.1 入口管理

入口管理的工作流程如图 5-13 所示。

1）将车驶至入口区域，通过感应卡或车牌识别系统，管理计算机自动核对、记录，并显示车牌号。处理完毕，发出"嘀"的提示音，道闸自动升起。

2）电子显示屏显示欢迎词，同时发出语音提示音（如信息有误，电子显示屏也会显示原因，如"无效车辆"等），驾驶人开车入场，进场后道闸自动关闭。

3）临时泊车者，驾驶人将车驶至通道控制箱前，通过车牌识别系统或者手动取纸票，完成后显示屏显示礼貌性语言，并同步发出语音，道闸开启，驾驶人开车入场。进场后道闸自动关闭。

5.3.2 出口管理

出口管理的工作流程如图 5-14 所示。

1）出口区域，通过感应卡或车牌识别系统，计算机自动记录、扣费。

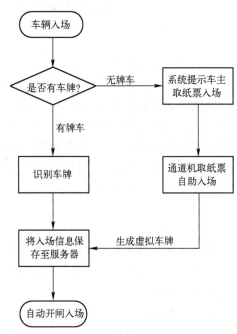

图 5-13 入口管理的工作流程图

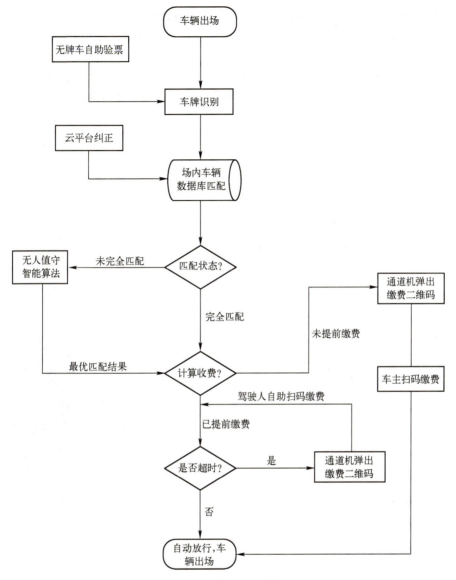

图 5-14 出口管理的工作流程图

2）显示屏显示字幕"一路顺风"礼貌性语言（如不能出场，会显示原因），道闸自动升起，驾驶人开车离场，出场后道闸自动关闭。

3）临时泊车出场，驾驶人通过扫码支付，支付结果显示在出口显示屏上，道闸开启，车辆出场后道闸自动关闭。

5.3.3 管理中心

管理中心提供停车场运营管理服务，可以接入互联网平台。智慧停车管理支持微信和支付宝的当面付、在线付、扫码付以及无感支付等。智慧停车场管理中心具有以下优点。

1）提升车主的停车体验，降低停车场的运营成本，提高社区物业的管理水平。

2）支持电子支付，包括微信、支付宝、银行卡等多种形式，车主可以输入车牌号码自主查询和缴纳停车费，也可以直接出示付款码实现免密扣款。

3）实现了车辆出场自动扣款自动抬杆，极大地提高了车辆的通行效率，同时也减少了停车场的人工操作。

4）通过微信公众号为车主方提供方便快捷的停车服务，满足车主查询预约停车位、进入停车场防盗锁车、提前查询缴纳停车费以及月租车充值延期等需求，解决了车主停车难、缴费难的问题。

5）可定制公众号服务，临时车查询缴纳停车费、月租车自助充值延期等功能嵌入在客户自己的微信公众号上，简单方便。

6）支持微信和支付宝的扫码缴费页面、微信公众号进行消息推送以及智能设备端全方位投放广告，增加营收。

7）支持权限管理，管理系统为管理员、操作员等设置多级管理权限，对应不同的操作权限，操作员通过密码验证身份才能登录系统并进行管理。所有的软件操作均有日志记录（不可更改），以备查询。

5.4 手持终端机管理

手持终端机（如图5-15所示）是一种停车场辅助收费设备，可在车辆进出高峰期分流应用，也可在应急情况下对车辆进行收费管理（例如停电、设备维护）。手持终端机具备以下优点：在车辆进出高峰期缓解收费压力，引导车辆快速通行；在停电、网络故障、设备故障等特殊情况下，临时代替中央收费点收费；产生出入场记录并实时与云端同步，保证出入场报表和收费报表的完整性与准确性。

5.5 停车场系统的设计与实施

图5-15 手持终端机

5.5.1 停车场系统的设计

1. 设计原则

停车场系统设计的主要原则如下。

1）稳定性。停车场系统集合了硬件、软件，设计时要确保它们之间的协调，还要适应室外恶劣的环境，因此在硬件选型时必须采用技术成熟的设备，不但可以减轻管理人员的工作强度，而且降低维护和管理成本。

2）实用性。根据现场和实际使用要求，停车场系统在配置上既应考虑操作简单实用，又应考虑确保系统的服务质量和实时性。

3）安全性。准确记录当前停泊车辆的数量和凭证号或卡号，任何非正常车辆的出入均会被系统记录，堵塞收费漏洞。

4）可扩展性及易维护性。

2. 系统功能设计

智慧停车系统通过互联网与线下智能设备进行通信，实现数据的实时交互传输，及时汇聚分析，实现了车牌识别、无人值守、移动支付、防盗锁车、一键呼叫等功能，提高车辆进出通行效率，提升物业的管理水平。

系统功能设计要根据实际停车场的需求，选择适当的设备并根据要求配置相关设备，以避免功能闲置。

5.5.2 停车场系统的设备

1. 车牌识别一体机

图 5-16 所示是一种常见的车牌识别一体机，其主要功能如下。

- 集成显示屏、补光灯、电源。
- 具有隐藏式可旋转螺丝孔底座，使箱体方向调节灵活。
- 竖行拉幕式显示，红绿双色高亮显示屏。
- 显示模式灵活多变，显示内容可自由设置。

2. 车牌识别摄像机

常见车牌识别摄像机如图 5-17 所示，其主要功能如下。

图 5-16 车牌识别一体机

图 5-17 车牌识别摄像机

- 嵌入式车牌识别算法：综合识别率高于 99%。
- 视频流识别优化处理：最大限度地保证识别准确率。
- 成像自动控制：自动跟踪光线变化、有效抑制顺光和逆光。
- 镜头调节：电动调焦，远程控制。
- 镜头配有风扇除雾功能，风扇基于图像分析算法进行控制，提高设备稳定性。

3. 道闸

常见道闸如图 5-7 所示，其主要功能如下。

- 实现车队畅通模式设定及解除。
- 机械自锁防抬杠，停电后可手动起杆。
- 齿轮变速箱机芯结构，低噪音，不易发热，使用寿命长。
- 直流电机，无级调速，灵活控制，快起慢落，开关闸平稳不抖动。
- 自带道闸计数功能，防止连续识别的情况下前车过关闸、后车无法出场的情况发生。
- 带防砸胶条，遇阻反弹，选配红外传感器、地感线圈防砸，多重安全保护。

4. 固定码车道对讲机

常见固定码车道对讲机如图 5-18 所示，其主要功能如下。

- 支持无牌车扫码出入车场和车辆出入车场自助支付。
- 支持一键对讲呼叫，远程开闸，对异常事件进行处理。
- 语音播放，可分时间段设置不同等级的音量播放。

5. 物业管理电话机

常见物业管理电话机如图 5-19 所示，其主要功能如下。

图 5-18　固定码车道对讲机

图 5-19　物业管理电话机

- 支持显示视频通话的对端视频。
- 该电话机具有虚拟可编程按键，可动态显示 4 个分页，每页可设置显示 28 个 DSS 键的状态，最多支持 112 个 DSS 键的自定义配置。

5.5.3　停车场系统的工程施工

1. 管线敷设

停车场系统出入口的管线敷设相对比较简单。首先在管线敷设之前，理清各种信号属性、信号流程及各设备供电情况。信号线和电源线要分别穿管；对电源线而言，不同电压、电流等级的线缆不可同管敷设。

地感线圈的埋设方法是，首先，在路面票箱和道闸下方切割出 60 cm×180 cm 的地槽（可容纳 5~8 圈地感线圈）；在地槽转角处进行倒角处理，以防止直角割伤线圈。在地槽处再切割一条引线槽至道闸的立柱内。地槽的宽度约 5 cm，槽深为 3~5 cm。线圈应采用线径大于 0.5 mm 的单根软镀银铜线，外皮耐磨、耐高温、防水。将地感线圈按顺时针方向平面敷设在切割好的地槽中，将线圈的头尾通过馈线接入控制器。敷设调试完毕，再用水泥或沥青或环氧树脂封住锯缝即可。地感线圈敷设示意图如图 5-20 所示。

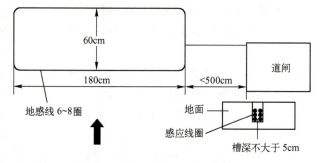

图 5-20　地感线圈敷设示意图

此外要注意的是，相邻地感线圈之间的电感量应留有差异（面积不同或匝数不同），以免发生电磁共振而导致检测失效；在环形线圈周围 0.5 m 范围内不可有其他金属物；所有线路不得与感应线圈相交，并与线圈保持至少 6 cm 的距离。

2. 自助停车通道机设置

自助停车通道机分入口自助停车通道机和出口自助停车通道机，其功能不尽相同。为避免取票时车头触及道闸，自助停车通道机的设立位置与道闸之间要求相距 2.5 m 左右，最短不小于 2 m。

出入口为双车道时，自助停车通道机通常被安装在安全岛上，置于出入口的左边，方便驾驶人员操作。

3. 道闸安装

双车道道闸的位置与票箱相同，通常被设置在安全岛出入口的左侧，与票箱的距离在 2.5 m 左右。道闸电动机采用 220 V 交流供电，因此，在安装道闸底座前必须处理好电源线的敷设。

4. 确定岗亭的位置

岗亭通常被设在停车场的出口处，以方便收费。岗亭内部安装有系统管理计算机和其他设备，同时也是值班人员的工作场所，因此对岗亭面积有一定要求，最好不小于 4 m^2。

5. 摄像机设置

摄像机镜头应对准出入车辆读卡时的位置，以便于采集车辆的外形和车牌。为达到图像对比的效果，安装高度一般为 2～2.5 m。如果仅用于采集车牌，就可将摄像机安装高度降低到 1.2 m 左右。另外，出入口的照度通常变化比较大，为适应这一特点，摄像机宜选择自动光圈镜头。

6. 车位引导指示屏

车位引导指示屏应安装在车道出入口的明显位置上。当安装在室外时，须考虑防水措施。安装高度一般为 2.0～2.4 m。

7. 安全岛

安全岛除承载票箱、道闸、岗亭和摄像机等多种设备外，同时还起着隔离、规范车辆的进出的作用，因此安全岛与路面之间应有 100 mm 左右的落差，以防范意外碰撞。由于在安全岛内安装了许多设备，因此设备线缆的敷设须与安全岛的建设同步进行。

5.6 实训

5.6.1 认识停车场管理系统

1. 实训目的

1）熟悉停车场管理系统的主要设备及功能。
2）熟悉停车场管理系统的工作运行过程。

2. 实训设备

出入口分离的停车场设备及管理中心计算机设备。

3. 实训内容

要求认真观察停车场管理系统中各类设备的功能、运行、场地分布与设备安装的特点。

1）停车场（库）管理系统的主要设备及主要功能如下。

① 出入口车牌识别一体机。用于识别车辆、挡车、记录信息、语音与显示提示。

② 自助停车通道机。用于临时车取票、对讲、语音与显示提示。
③ 管理中心设备。管理计算机及管理软件。
2）车辆管理工作流程。
① 入口处车辆信息采集（入口设备自动完成）→入场升闸放行（自动或人工完成）→引导司机选择合适的车位停车。
② 出口处车辆信息采集（出口设备自动完成）→缴费支付（在手机上完成）→出场升闸放行（自动或人工完成）。
3）场地分布与设备安装。
包括出入口和停车位的分布设计；设备安装地基、安装方式和布线管道等。
4）讨论。
① 停车场管理系统由哪些设备组成。
② 停车场管理系统应具备哪些功能。
③ 以厦门立林科技有限公司为例，为适应不同需要所开发的停车场管理设备的名称、功能、分类等。

4. 实训结果

写出实训结果、遇到的问题、解决方法以及实训心得体会。

5.6.2 停车场管理系统的设计与实施准备

1. 实训目的

1）掌握一个一进一出停车场管理系统（单车道且出入口分离）的设计与实施准备的方法。
2）根据现场勘查，完成设备选型及设备安装设计，确定线材类型，估算敷设长度。

2. 实训设备

车牌识别一体机、自助停车通道机、地感线圈、管理计算机、线缆及辅材等。

3. 实训内容

1）根据实训室提供的设备和场地，选择合适的系统类型，画出系统拓扑结构图（或系统结构框图），如图5-21所示。

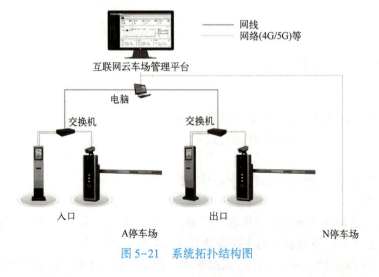

图 5-21 系统拓扑结构图

2）确定典型设备名称、型号、规格和数量。

表 5-1　一进一出停车场管理系统配置清单

入口设备			
设备名称	数量/台	备注	图片
车牌识别一体机	1	采用 200 W 星光级 S1206 车牌识别摄像机	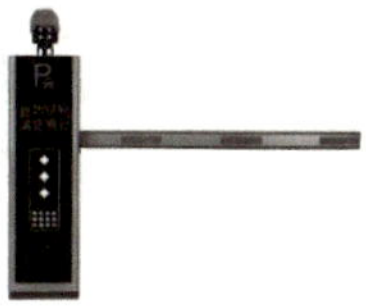
自助停车通道机	1	无牌车取纸票入场	
出口设备			
车牌识别一体机	1	采用 200 W 星光级 S1206 车牌识别摄像机	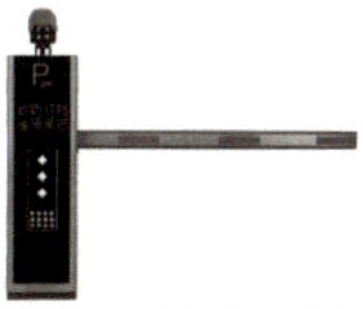
自助停车通道机	1	出场支持显示屏二维码扫码支付，以及微信和支付宝钱包的二维码支付。出口通道机默认不配备小票打印机	
自助缴费终端机	1	现金、电子支付（选配）	
手持终端机	1	移动电子缴费（选配）	

3）画出车库管理系统的设备安装图，如图 5-22 所示。

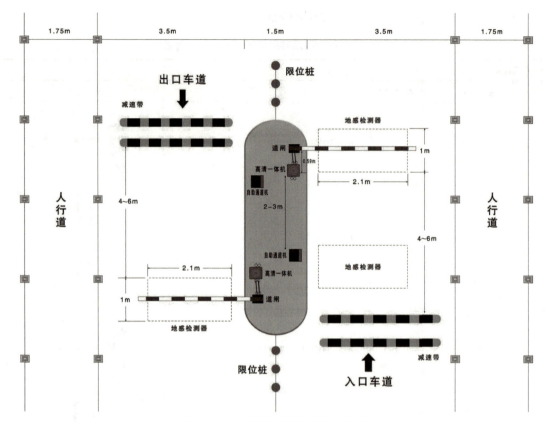

图 5-22 车库管理系统的设备安装图

4）依据产品说明书，画出设备之间的接线图（如图 5-23 所示），并注明线路标号。

5）讨论。

① 施工设计时，除了考虑使用功能外，还应考虑哪些因素？

② 试分析两个入口与两个出口的停车场管理系统结构。

4. 实训结果

写出实训结果、遇到的问题、解决方法以及实训心得体会。

5.6.3 停车场管理系统的安装与调试

1. 实训目的

掌握停车场管理系统设备的安装与调试方法。

2. 实训设备

车牌识别一体机、自助停车通道机、地感线圈、管理计算机、线缆及辅材等。

工具为弱电专用工具箱。

3. 实训内容

1）依据设计方案，按要求安装、接线、检查。

2）通电检测各设备之间的连接状况是否正常。正常情况下，初步完成出入口道闸由手动开关控制，能正常升闸、降闸和停闸；地感线圈对出入车辆能作出响应；车牌识别摄像机对车牌能作出响应；取纸机能正常取纸。

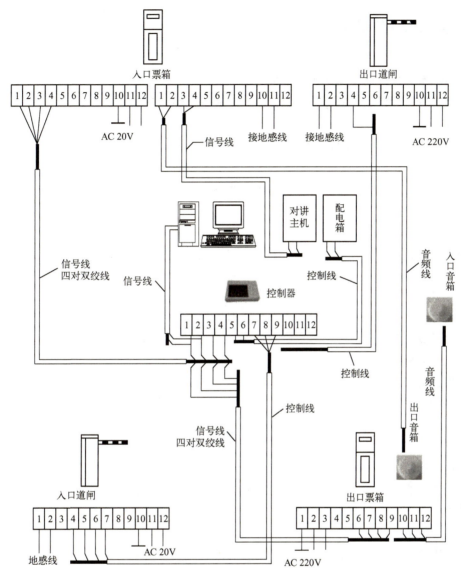

图 5-23 接线图

3）检测计算机管理系统与设备连接是否正常。要求管理计算机能查看摄像机图像，字幕显示屏显示正常。

注意：安装接线应符合规范要求，通电之前应严格检查接线是否正确，特别是电源线；首次通电时应仔细观察，发现异常立即切断电源，以保证设备安全。

4）讨论。

① 在具体安装实施过程中，怎样保证工程质量？

② 设备在首次通电时，需要注意什么？

4. 实训结果

写出实训结果、遇到的问题、解决方法以及实训心得体会。

5.6.4 管理软件的调试和使用

1. 实训目的

1）掌握管理软件的具体使用和维护方法。
2）理解管理软件如何通过停车场设备对车辆进行综合管理。

2. 实训设备

车牌识别一体机、自助停车通道机、地感线圈、管理计算机、线缆及辅材等。

3. 实训内容

1）登录软件主界面，参照使用说明书，理解界面内各菜单的分类和内容，以及菜单的使用方法。

2）系统操作员管理。

操作员管理分为几类，不同类型的操作员拥有怎样的权限，需要承担什么责任。

3）掌握数据资料、视频捕捉资料查询、统计、备份管理。

4）讨论

① 用管理软件从几个方面对系统进行管理。

② 为保障系统安全运行和客户资料安全，采用了哪些软件登录权限、管理权限、数据备份和计算机使用权限。

4. 实训结果

写出实训结果、遇到的问题、解决方法以及实训心得体会。

5.6.5 停车场（库）管理系统的综合调试

1. 实训目的

对车库管理系统进行综合调试，完成汽车从入场至出场的全过程管理，检验各项功能是否达到要求。

2. 实训设备

车牌识别一体机、自助停车通道机、地感线圈、管理计算机和汽车模型等。

3. 实习内容

1）入口控制调试。探测入场车辆，并正确判断月租车、临时车或无效车，控制道闸栏杆升降，统计入场车辆数目，与计算机管理中心进行通信。

2）出口控制调试。探测出场车辆并确认车辆、确认缴费、控制道闸升降、统计出场车辆数目，并与计算机管理中心进行通信。

3）道闸控制调试。道闸开放和关闭的动作时间及出入口栏杆的自控功能。

4）计算机管理中心控制调试。能实现车辆进出检测、分类收费、统计报表、收费指示、导向指示、闸门机控制、进出口摄像、车牌号复核或车型复核等各项功能。

5）完成新增卡和月租卡的收费管理。

6）讨论。

① 如何进行设备的日常维护？

② 结合所学知识和实际练习，对车库管理系统做一次综合分析，并写出实训报告。

4. 实训评价
① 评定系统是否达到上述功能要求和规范要求。
② 写出设备安装调试报告。
③ 评定全过程的学习态度和工作态度。

5. 实训结果
写出实训结果、遇到的问题、解决方法以及实训心得体会。

5.7 思考题

1. 入口系统通常由哪几个单元构成？
2. 出口系统的设置与入口系统有哪些异同点？
3. 试述道闸防砸的工作原理。
4. 试述地感线圈的工作原理。
5. 简述当临时停车车辆进场时入口系统的工作流程。
6. 简述当临时停车车辆出场时出口系统的工作流程。
7. 车位引导系统是如何工作的？
8. 试对二进三出的停车场管理系统进行系统设备配置。

第 6 章　电子巡更系统

电子巡更系统能有效地监督和管理巡查情况，可以准确地记录巡更员的巡查时间、次数及线路，且具有不用布线、操作简单和针对性强的特性，对于监督、规范和提高安保工作人员工作极具借鉴价值。

6.1　电子巡更系统的组成与工作原理

电子巡更系统主要包括巡更棒、通信座、巡更点、人员点（可选）、事件本（可选）、管理软件（单机版、局域版、网络版）等部分。

电子巡更系统是将技防与人防融为一体的安全防范系统，它主要体现在巡更方式是建立在二者支持的平台上，因此其名称也就冠为电子巡更。古已有之的巡更是游走式的，没有固定路线，没有固定时间；而电子巡更却有严格的人员巡视路线（方向）、确定的巡查时间，这些都被电子巡更系统所记录。

电子巡更除了便于有效管理外，同时还具有主动发现问题和及时解决问题的功能，因此被广泛用在医院医护人员查房、油田油井、电力部门的铁塔、铁路路况、通信部门的机站巡查和军火库、边防、监狱、公安部门的巡检以及住宅小区的安防等方面。

电子巡更系统可根据其系统结构分为在线式电子巡更系统和离线式电子巡更系统两个系列。

6.1.1　在线式电子巡更系统

在线式电子巡更系统分为网络型和总线型，采用以太网或 RS-485 总线网络，可接多个控制器，每个控制器可接多个读卡器，终端为计算机和打印机。巡更数据可实时上传，也可以脱机存储。在线式电子巡更系统组成示意图如图 6-1 所示。

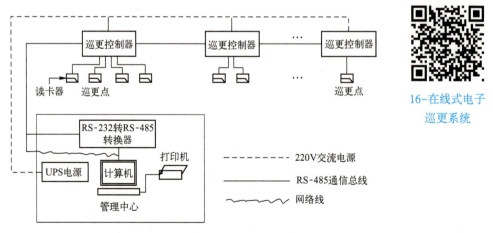

图 6-1　在线式电子巡更系统组成示意图

1. **系统组成**

系统由感应式 IC 卡、事件卡、读卡器（头）、传输线、通信转换器、巡更系统管理软件、后备电源、计算机和打印机等组成，其中计算机可与其他安防子系统共享。

（1）读卡器（又称为读卡头）

读卡器采用感应式或接触式，主要用于采集巡检人员的身份卡信息。它设有专用地址码的拨码开关和 RS-485 输出通信接口，可方便识别巡更的具体位置。

（2）巡更控制器

巡更控制器是具体巡视地点的物理标志，用于记录巡更人员的巡逻信息，如巡视时间、人员姓名、巡视地点等。通过它可将巡逻信息实时传到管理中心，也可暂且存放，以便日后读取。每个控制器可接多个巡更点。

（3）通信转换器

通信转换器负责信号转换，用来把前端读取的信息转换为 RS-232，以便与计算机连接。通常可接多个巡更控制器。

（4）巡更信息卡（ID 卡）

ID 卡由巡查人员持有，免接触（根据读卡器也可采用接触式），存储有巡检人员的个人资信。

（5）事件卡

当巡检人员在现场发生意外时，可利用事件卡通过读卡器向管理中心发出求助信号。事件卡由当班巡逻人员持有。

（6）传输线

传输线采用一般双绞线即可，防区控制器与读卡头之间的距离最长不超 50 m。

（7）系统软件

系统软件的运行平台为 Windows 操作系统，其功能是编排巡更班次、巡查时间间隔、线路走向及事件设置等，可根据时间、个人、部门和班次等信息来生成报表。

（8）计算机

计算机用于巡更系统的管理，通常与其他系统共用。

（9）打印机

打印巡检报告，供上一级管理人员检查或用于案情处理。

（10）UPS 电源

UPS 电源是所有读卡头及控制器的电源供给设备。

2. **工作原理**

在线式电子巡更系统的巡更过程很简单，当巡更人员出巡时，只需携带信息卡，按事先布置的路线进行巡逻刷卡即可。通过巡更控制器、数据转换器将巡查结果实时传送到计算机中，计算机会对这些数据进行记录和提示，而后根据需要打印出相关资料（包括巡查人员的姓名、到达时间和地点）。

在线式电子巡更系统能够实时掌握巡更员的巡更情况，一旦巡更员没有按规定的时间、路线到达巡更点，系统即会报警提示，系统管理人员可迅速通过对讲机与巡更员取得联系，进一步了解巡更员的现状，防止意外情况发生（尤其是在夜静更深巡逻时，体现了系统的人性化）。

在线式电子巡更系统还可同门禁（或门禁系统的梯口机）联动使用，实施时只需在使用门禁（或楼宇对讲梯口机）的基础上，配置一套巡更管理软件和增加巡更点即可。

在线式电子巡更系统的读卡方式有接触式和非接触式两种。

在线式电子巡更系统的优点是可进行实时管理。缺点是施工量大，成本高，室外传输线路易被人为破坏，已装修的建筑物配置在线式巡更系统就显得有些难度。此外，不便于路线变更和系统扩容，维护也比较麻烦。

6.1.2 离线式电子巡更系统

离线式电子巡更系统是指在巡检过程中无需通过线缆来传递巡检信息，免去系统的传输网络，因此，离线式电子巡更系统可任意设置巡更路线和巡更地点，只要在需要的巡查点安装信息钮即可。

17-离线式电子巡更系统

巡查时，巡查员手持巡更棒（又称为巡更机）到每一个巡检点采集信息，到达该巡查点的时间、地理位置等数据就会自动记录在巡更棒上。完成巡更后，把巡更棒插到通信器（座）上，即可通过通信器把信息传输给计算机，显示出巡查员到达的巡查点和每个巡查点的时间，还可通过打印机打印出一份完整的巡检记录。离线式电子巡更系统拓扑图如图6-2所示。

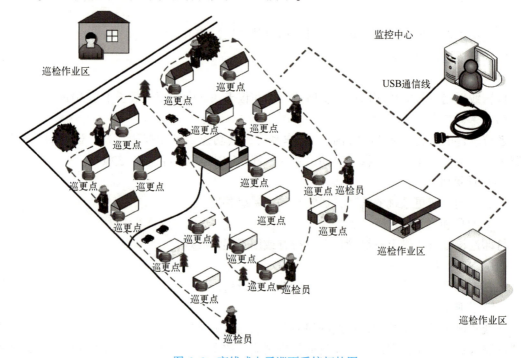

图6-2 离线式电子巡更系统拓扑图

离线式电子巡更系统由信息钮、身份识别卡（钮）、巡更棒、通信座、巡更信号线、巡更系统管理软件及计算机组成。离线式电子巡更系统工作流程图如图6-3所示。

相对于在线式电子巡更系统而言，离线式电子巡更系统的优点是无需布线，安装简单，操作方便，成本低，系统扩容和巡查线路变更尤为简便，适用于任何需要巡视的领域。缺点是不能进行实时管理。

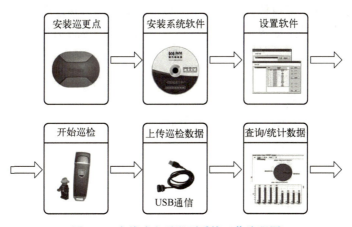

图 6-3 离线式电子巡更系统工作流程图

离线式电子巡更系统按信息检取方式不同可分为两类，即接触式巡更系统与非接触式巡更系统（也称为感应式巡更系统）。

1. 接触式巡更系统

接触式巡更系统是指在巡检过程中，巡更棒必须与信息钮零距离接触，才能把信息钮上所记录的位置以及巡更棒与信息钮接触的时间、连同巡更员姓名等信息记录下来，然后通过通信器，将数据传输给计算机进行处理。接触式巡更系统示意图如图6-4所示。

由于这种系统需要"接触"，因此也带来一些问题：一是巡更棒与信息钮必须非常准确地接触才能读取信息，操作起来不够方便，尤其在晚上，光线不好，不易找准信息钮；二是信息钮外露的金属外壳易受污染，造成接触不良，导致不能有效地采集信息；三是外露的信息钮容易遭受人为损坏。

图 6-4 接触式巡更系统示意图

（1）接触式信息钮（TM 钮）

接触式信息钮的功能是将储存的地理位置信息放置在必须巡检的地点或设备上，也可用来代表人员或事件。其内部由 IC 晶片和感应线圈组成。接触式信息钮的外形如图 6-5 所示。

接触式信息钮通常为纽扣式封装，不锈钢外壳，且防水、防霉和防腐蚀，一般被安装在墙体或设备表面。工作温度在 $-40 \sim 80℃$ 之间。其内部无需电池供电，当巡更棒接触到信息钮的同时即为信息钮供电，并同时进行通信。

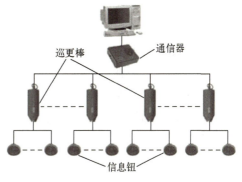

图 6-5 接触式信息钮的外形

（2）身份识别卡

身份识别卡又称人员钮，如图6-6所示。其内部存储巡更员的身份等信息。在读取信

173

息钮之前，巡更员应先用巡更棒碰触身份卡，以便区分出是谁在巡逻，再至各巡查点接触信息钮，这时巡查棒即自动生成包括人员、地点、时间在内的巡查信息，使整个巡查有效。

图 6-6　身份识别卡

必须将身份识别卡与相应型号的巡更棒配套使用。

（3）接触式巡更棒

接触式巡更棒大多为无按键式。一般采用全金属外壳，内置实时时钟，可存储数千条的巡查记录。由于接触式巡更棒读取信息时必须接触，故外壳通常用金属材料制造，具有防震、防潮、防静电等功能，如图 6-7 所示。

图 6-7　接触式巡更棒

当巡更棒在接触信息钮时，巡更棒内置的蜂鸣器及指示灯会有相应的"声光"提示，表示已把信息钮内的地址号码读出、储存并记录下了触碰时间。在巡检完成后，把巡更棒插入专用的通信器（如图 6-4 所示的通信器）中，即可通过通信器把巡检的数据传入计算机，由软件进行处理。

接触式巡更棒使用十分简单，采用无开关和按钮设计，无需培训即可使用。

接触式信息钮所需电流小于 1 mA，因此接触式巡更棒一般选用一次性电池，一块电池可以连续读卡 30 万次以上为好（每天读卡 300 次，连续工作 1000 天）。

由于信息钮必须与巡更棒接触，因此在夜间照明不良的情况下，操作起来稍显不便。

（4）通信器

通信器又称为通信座、传输器，用于巡更棒的数据下载，即把巡更棒采集到的信息钮所在位置、采集的时间、巡更员姓名等信息自动记录成一条数据，在进行分析处理后，通过传输器把数据导入计算机。

通信器设有标准计算机串口，以便与计算机连接；无需电源。

2. 感应式巡更系统

感应式巡更系统又称为非接触式巡更巡检系统，它的优点是读取数据不需要接触信息钮。当巡更人员到达巡更点的时候，只要将巡更棒靠近信息钮，巡更棒就能自动探测到信息点的信息，并自动记录下来。感应式巡更系统示意图如图 6-8 所示。

此外，有厂家还推出一种带现场拍照的巡更棒。

（1）感应式（非接触式）信息钮

感应式信息钮又称为感应卡，其内部是由 IC 晶片和感应线圈组成的，外部用 ABS 塑料密封而成。通常分为 EM 型和 TI 型（即 EM 卡或 TI 卡，原属不同厂商的产品，并非型号，它们在工作原理上并无大的区别,只是巡更棒与信息钮之间的通信方式有所不同,信号传输的距离略有差异)。在巡更时,读钮不需要接触,它是通过感应巡更棒的无线电信号来获取能量并进行通信的,感应距离为 46~55 mm。因此不能将它安放在金属物体表面或内部(接触式信息钮则不受限制),并且避免附近有强电磁场干扰。感应式信息钮可被埋入隐蔽性较高的物体(如墙体内)避免了信息钮被破坏的问题。为便于夜间使用,其体外宜加装标识牌或其他发光标识。

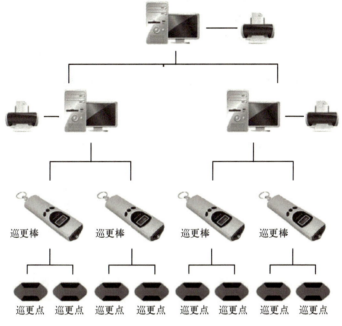

图 6-8 感应式巡更系统示意图

感应式信息钮外形有圆柱形或圆片状。圆柱形信息钮大多为玻璃封装,直径有 32 mm 和 23 mm,如图 6-9a 所示。圆片状形小如纽扣,如图 6-9b 所示,直径为 22~40 mm 不等,可将其直接粘贴在墙上,也可埋入墙内或其他物体内。

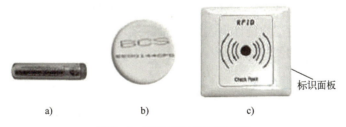

图 6-9 感应式信息钮外形图

因为安装信息钮的地理条件不同(有时将其安装在墙内,有时又将其暴露在室外空间),所以设计多为密封式,既防雨又防水。工作温度一般为 -10~60℃。

为了便于巡检,通常将信息钮的外部饰以标示面板,形象标记巡更点的位置,如图 6-9c 所示。

（2）感应式巡更棒

感应式巡更棒与信息钮之间是通过射频信号进行通信的，射频线圈被置于巡更棒的内部，因此巡更棒壳体宜采用非金属材料。感应式巡更棒和通信器如图 6-10 所示。

感应式巡更棒设置有蜂鸣器和工作指示灯，若巡更棒正确读取信息钮，则指示灯会闪烁，蜂鸣器会响起。感应式巡更棒分有按键式巡更棒和无按键式巡更棒，其工作原理并无区别，只是读卡时要不要按键而已。

图 6-10　感应式巡更棒和通信器

有的巡更棒还带有液晶显示屏，可以直接显示巡更员姓名、线路、地点、事件编号和时间等相关信息，并带有背光照明，方便在夜间或光线比较暗的地方打卡操作。

（3）通信器（座）

通信器是双向通信的工具，用来读取巡更棒记录、清零巡更棒记录、对巡更棒进行校时和设置等；通信器还配有标准 RS-232 插口，通过 USB 通信线与计算机相连接，以便传送巡检数据和从计算机获取电能。通信器（座）、巡更棒和 USB 通信线如图 6-11 所示。

图 6-11　通信器（座）、巡更棒和 USB 通信线
a）通信器（座）　b）巡更棒　c）USB 通信线

（4）巡更系统管理软件

巡更系统管理软件（简称为巡更软件）包括通信、设置、统计和帮助 4 个模块。
1）通信模块：发卡、校对时间、数据传输。
2）设置模块：划分 3 种卡、人员分组、路线安排以及制定巡检任务等。
3）统计模块：详尽的巡检统计报表和直观的图形统计报表。
4）帮助模块：软件的使用说明。

6.1.3　可视化电子巡更系统

可视化电子巡更系统利用现有的门禁和视频监控资源，将门禁读卡器作为巡更点，灵活配置巡更路线，定期安排巡更员按路线进行巡更，从而实现对巡更工作及时有效的监督和管理。结合视频关联、报警联动、电子地图、报表等功能，可视化电子巡更系统可实现巡更工作的自动化运行，全方位调度和可视化管理。

可视化电子巡更系统主要针对巡更员的巡查路线和巡查方式进行管理并实时监控，根据各建筑的整体布局情况设置在线巡更点，通过设置合理的巡更回路，在巡更管理系统的主机上完成巡更运动状态的监督和记录，并能在发生意外情况时及时报警。

通过将前端人脸识别门禁一体机作为巡更点位，根据刷脸记录匹配巡更计划，可以有效防止巡更员用卡代替巡更等情况，提升巡更有效性，同时对巡更员工作起到有效的监督作用。

6.2 巡更设备的配置与实施

6.2.1 电子巡更系统的设计原则

1) 可靠性：确保系统可保证长期安全地运行。系统中的软硬件及信息资源应满足可靠性设计要求。
2) 安全性：确保系统具有必要的安全保护和保密措施，有很强的应对计算机犯罪和病毒的防范能力，支持多用户分级管理的要求。
3) 容错性：确保系统具有较高的容错能力，有较强的抗干扰性。对各类用户的误操作应有提示或自动消除的能力。
4) 适应性：确保系统对不断发展和完善的统计核算方法、调查方法和指标体系具有广泛的适应性。
5) 可扩充性：确保系统的软硬件具有扩充升级的余地，不可因软硬件扩充、升级或改型而使原有系统失去作用。
6) 实用性：注重采用成熟而实用的技术，使系统满足用户业务需求。
7) 先进性：在实用的前提下，采用国际先进的微处理芯片、计算机软硬件技术、信息技术及网络通信技术，使系统具有较高的性能指标。
8) 易操作性：贯彻面向最终用户的原则，建立友好的用户界面，使用户操作简单直观，易于学习掌握。

6.2.2 在线式电子巡更系统的配置与实施

1. 巡更线路（点）的选择

首先设计巡更路线，然后安排巡更点的数量和位置。由于在线式电子巡更系统采用的是网络传输巡检数据，因此对巡检线路、巡更点的选择必须全盘统筹，既要考虑重点防范对象，又要不留死角，疏密有致。巡更点主要安排在住宅楼附近、地下停车场内、重要公共场所及主干道等人员来往较为频繁的区域。

2. 器材配置

在线式电子巡更系统的器材配置如表 6-1 所示。

表 6-1 在线式电子巡更系统的器材配置表

名 称	技 术 要 求	数 量	备 注
计算机		1 台	处理巡更信息
巡更软件		1 台	
转换器	RS-485 转换 RS-232	1 台	下连控制器、上接计算机
控制器	传递巡更数据	根据系统配置	巡更前端下接读卡器

(续)

名　称	技术要求	数　量	备　注
读卡器	免接触读取巡更卡数据	每个巡更点 1 个	巡更前端上接控制器
巡更信息	存储巡更员信息	按巡更员配置	由巡更员持有
事件	存储事件类型	根据需要配置	由巡更员持有

6.2.3　离线式电子巡更系统的配置与实施

1. 巡更线路（点）的选择

离线式电子巡更系统对巡更线路以及巡更点的设置，较之在线式电子巡更系统有较大的灵活性，巡更点的设置主要以巡更员最大限度的巡视范围为原则，它可随时变更巡更线路和巡更点，因此首次巡检线路（点）的选择不是很重要，可以在设置运行一段时间后，再根据实际情况随时变更。

2. 读卡方式选择

在选用离线式电子巡更系统时，可根据巡更环境、巡更点及安装方式来决定是采用接触式或非接触式电子巡更系统。

如果巡更点都被安装在室内，就可以不考虑巡更机的读卡方式（读卡方式分为接触式和非接触式），因为接触式巡更点有多种安装方式，可埋藏、表面固定等；而感应式巡更点只适合浅埋藏，不能表面裸露安装。

若将巡更点安装在室外，则采用浅埋藏巡更点的安装方式，可采用接触式巡更或非接触式巡更；若要裸露安装巡更点，则应考虑使用接触式的巡更机，因为接触式的巡更点通常采用不锈钢材质，这种材质具有较强的抗腐蚀、抗人为破坏和耐高低温等能力；而非接触式的巡更点材质多为塑料，怕腐蚀，怕日晒，怕高低温，容易遭到人为破坏，较适用于浅埋藏式安装，不宜裸露安装。

3. 器材配置

离线式电子巡更系统的设备配置比较简单，器材配备表见表 6-2。

表 6-2　离线式电子巡更系统器材配备表

名　称	技术要求	数　量	使用地点
计算机	参见说明	1 台	与通信器配合读取巡更棒信息
巡更软件		每个系统 1 套	
通信器		每个系统 1 个	读取巡更棒数据
巡更棒	根据读卡器方式选择	按巡查组定	巡更员持有
信息钮	根据读卡器方式选择	每个巡更点 1 个	安装在需要巡检的地方
人员钮	卡式、钥匙扣式	每人 1 个	巡更员持有

对表 6-2 中的器材配置说明如下。

1) 一般每个巡查组配备一个巡更棒，每个巡更员配备一个身份识别钮（即表 6-2 中的人员钮），每个巡更点设置一个无线信息钮，并对应设置一个安装座。

2) 安装系统软件的计算机硬件配置不应低于软件对计算机硬件的要求，安装系统软件的计算机操作系统应符合系统软件的要求，即操作系统要求 Windows 7 及以上，硬件要求 CPU 主频 400 MB 以上，内存 256 MB 以上，硬盘 5 GB 以上。

4. 安装

（1）安装注意事项

1）非接触式信息钮安装注意事项。

① 其附近不能有外部磁场，需要离开金属物体 1 cm 以上，以避免干扰。

② 不可把信息钮安装在金属表面上。

③ 如果非得安装在金属表面，那么可改用能安装在金属表面的信息钮。

2）接触式信息钮安装时可浅埋或表面安装，与非接触式信息钮不同，可将其安装在金属表面上。

（2）安装方法

信息钮的安装高度以约 1.4 m 为宜。对图 6-9a 所示的圆柱形信息钮，可打一个 5 mm 的洞窟将其埋入，外面再用水泥固定，在外部贴上图 6-9c 所示的标识面板，以便于巡查。

6.2.4 可视化电子巡更系统的配置与实施

1. 系统架构

可视化电子巡更系统架构如图 6-12 所示。

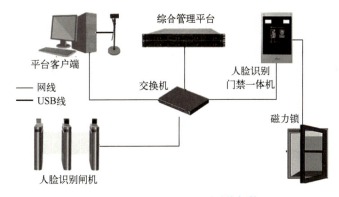

图 6-12　可视化电子巡更系统架构

2. 业务流程

可视化电子巡更系统业务流程如图 6-13 所示。

- 在平台端设置门禁读卡器为巡更点，完善巡更员信息和巡更计划等信息。
- 门禁上报刷卡记录给 H8900 服务器，进行相应的巡更逻辑处理。
- 将处理过的巡更记录及报表在前端进行展示。

3. 系统功能

（1）在线监控

传统的电子巡更系统仅仅记录巡更人员的巡更记录，而无法实时查看现场的情况，这样会导致指挥中心人员不能及时掌握现场的事态进展，从而无法进行指挥调度。可视化电子巡更系统不仅可以记录巡更员巡更的轨迹信息，更可以查看巡更员的实时画面。电子地图让管理人员实时掌握巡更员的巡更情况，如巡更员当前所在的位置，哪些巡更点已经巡查，下一个巡更点在什么位置，以及相应的巡更时间。如果在规定的时间内没有到达巡更点，系统给出报警提示。

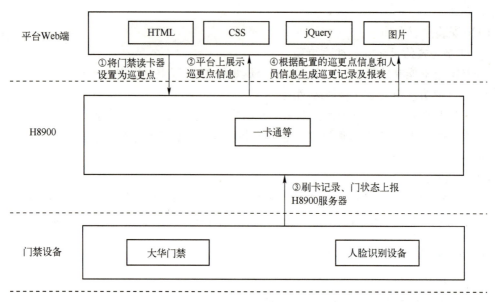

图 6-13　可视化电子巡更系统业务流程

（2）报警联动

指挥中心人员可根据当前巡更员的分布情况进行指挥调度，并可与巡更员进行对讲，指挥巡更员操作。当巡更员发现问题时，可按下便携式巡更设备的报警按钮，同时上传现场实时图像和图片，指挥中心接收到报警后马上执行报警联动预案，实现第一时间发现问题，第一时间解决问题。

（3）智能排班功能

将排班规律分配给巡更班组后，系统能够快速进行巡更排班。排班规律可以是任意的班次组合。

（4）巡更计划

系统独有的巡更计划功能是指，通过输入每个巡更点要求的巡更频率，能够让管理者轻松掌握哪些巡更点的巡更排班与巡更计划相符，哪些不相符，还可以对节假日设置一个特别的巡更频率（巡更计划）。

（5）巡更报表

多维度报表统计功能是指，系统能根据巡更员、巡更线路、巡更点进行统计。

6.3　实训

6.3.1　离线式电子巡更系统的安装与调试

1. 实训目的

1）掌握系统各类设备和各个部分的功能。

2）掌握软件的安装和使用。

2. 实训设备

1）计算机、巡更系统管理软件、通信器、巡更棒、信息钮及人员钮。

2）产品使用说明书。

3. 实训内容

1）设备安装与接线。

① 仔细阅读产品说明书，核对设备。

② 设备安装接线：信息钮安装、通信器与计算机通信串口连接。

2）软件安装与调试。

① 按照使用说明正确安装巡更软件。

② 按照使用说明完成巡更软件的初始设置，即数据下载接口设置、巡查组设置、巡查线路设置、事件设置、数据保存设置等。

③ 完成巡更系统管理软件的日常使用和维护，即卡号管理、巡查组管理、巡查线路管理、计划管理、事件管理、数据备份和打印管理等。

4. 实训结果

写出实训结果、遇到的问题、解决方法以及实训心得体会。

6.3.2 在线式电子巡更系统的安装与调试

1. 实训目的

1）掌握系统各类设备和各个部分的功能。

2）掌握软件的安装和使用。

2. 实训设备

1）计算机、巡更系统管理软件、转换器、控制器、读卡器和巡更信息卡。

2）产品使用说明书。

3. 实训内容

1）设备安装与接线。

① 仔细阅读产品说明书，核对设备。

② 设备安装接线：按照图 6-14 所示的在线式电子巡更系统接线图，采用总线方式将读卡器和控制器通过转换器与计算机通信串口连接起来。

2）软件安装与调试。

① 按照使用说明书正确安装巡更系统管理软件。

② 按照使用说明书完成巡更系统管理软件的初始设置，即数据下载接口设置、巡查组设置、巡查线路设置、事件设置以及数据保存设置等。

③ 完成巡更系统管理软件的日常使用和维

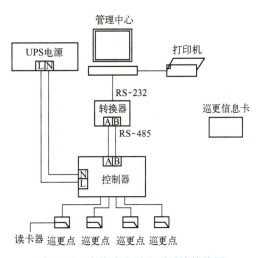

图 6-14　在线式电子巡更系统接线图

护，即卡号管理、巡查组管理、巡查线路管理、计划管理、事件管理、数据备份和打印管理等。

4. 实训结果

写出实训结果、遇到的问题、解决方法以及实训心得体会。

6.3.3　可视化电子巡更系统的安装与调试

1. 实训目的

1）掌握系统各类设备和各个部分的功能。

2）掌握软件的安装和使用。

2. 实训设备

1）计算机、巡更系统管理软件、人脸识别一体机、交换机。

2）产品使用说明书。

3. 实训内容

1）设备安装与接线。

① 仔细阅读产品说明书，核对设备。

② 设备安装接线：人脸识别一体机、交换机与计算机通信进行串口连接。

2）软件安装与调试。

① 按照使用说明正确安装巡更系统管理软件。

② 按照使用说明完成巡更系统管理软件的初始设置，即数据下载接口设置、巡查组设置、巡查线路设置、事件设置、数据保存设置等。

③ 完成巡更系统管理软件的日常使用和维护，即卡号管理、巡查组管理、巡查线路管理、计划管理、事件管理、数据备份和打印管理等。

4. 实训结果

写出实训结果、遇到的问题、解决方法以及实训心得体会。

6.4　思考题

1. 什么是电子巡更系统？
2. 在线式电子巡更系统和离线式电子巡更系统各有什么特点？
3. 接触式电子巡更系统和非接触式电子巡更系统各有什么特点？
4. 电子巡更系统管理软件应具备哪些功能？
5. 在系统安装与调试过程中应注意哪些细节？

第 7 章 公共广播系统

公共广播系统是为智能化小区（公共场所）提供背景音乐、事务广播及消防紧急广播等实时信息不可或缺的专业设施。它被广泛应用在小区、学校、商场、宾馆、机场、码头和车站等场所。如何及时、准确地将广播信息传送到所在区域中的每一个对象是公共广播系统的首要任务。

7.1 公共广播系统的组成与工作原理

公共广播系统主要提供以下服务。

1）信息传播。以传播直达声为主，使用时要求的声压级较高。

2）背景音乐（Back Ground Music，BGM）。主要作用是掩饰周边环境噪声，营造一种轻松和谐的气氛。

3）突发事件报警联动广播。当发生紧急事故（如火灾）时，可根据程序指令自动强行切换到紧急广播工作状态。

4）可分区（或分层）播放不同的音响内容。

在公共广播系统的实际应用中，上述的功能必须采用同一套系统设备和线路，这样既可以播放背景音乐，又可以发布日常信息和紧急广播。此系统主要由音源设备（调谐器——主要有 CD、MP3 播放器、传声器）、前置放大器、功率放大器、分区广播、传输线路和扬声器组成。小区公共广播系统组成框图如图 7-1 所示。

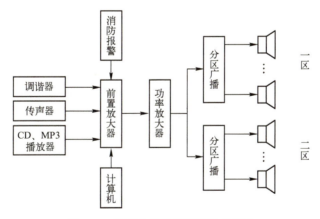

图 7-1 小区公共广播系统组成框图

公共广播系统包含日常广播和紧急广播两个子系统。在正常状态下，日常广播和紧急广播这两个子系统在功能上互相独立，在设备上有机结合。根据消防规范要求，紧急广播子系统具有最高优先控制权。

7.1.1 音源

所谓的音源是指提供公共广播所用的节目源。公共广播主要音源设备如下。

1. 循环录音卡座

循环录音卡座可以对语言类节目和音乐节目进行反复循环播放。

2. 调谐器（收音模块）

收音模块通常具备接收调频和中波调幅两个波段，短波由于传播的原因信号衰落比较严重，因此公共广播系统并不采用。

3. CD、MP3 播放器

CD、MP3 播放器把两种音源结合为一体，如图 7-2 所示。

图 7-2 CD、MP3 播放器

4. 传声器

传声器又称为送话器（Microphone），它是将声音信号转换为电信号的能量转换器件。

根据声-电转换方式可将传声器分为动圈式、电容式、驻极体式（属于电容传声器的一种，只是供电稍有区别，主要用于手机、摄像机）和硅微传声器。此外，还有液体传声器和激光传声器。目前常用的为动圈式和电容式两种。

根据功能和外形又可将传声器分为有线传声器、无线传声器、主席传声器（具有强制切断列席传声器发言的优先功能）以及鹅颈式传声器（又称为座式传声器），如图 7-3 所示。

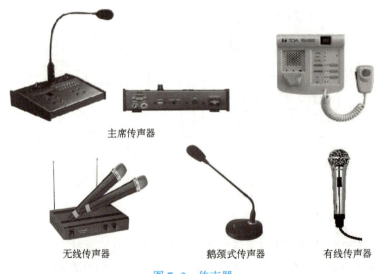

图 7-3 传声器

7.1.2 前置放大器与调音台

1. 前置放大器

前置放大器是功率放大器的前级处理电路，主要有 3 个功能：其一是对不同声源（如消防报警、传声器、录音机、调谐器和线路输入）的音频信号进行放大；其二是对音源信号进行混合或按需要分配播放优先权；其三是对各路输入的音量、音色进行调控。

前置放大器通常具有多路信号输入插口，在混合之前，各路的信号是独立的，互不干扰。信号来源不同，信号的幅度也不尽相同，为了更好地混合，各信号通道都有自己的音量控制电路。

前置放大器不能单独带动音箱，必须与功率放大器结合才能发挥功效，因此它只是将输入的各种信号进行混合后输出，供功率放大器的输入端使用。前置放大器如图 7-4 所示。

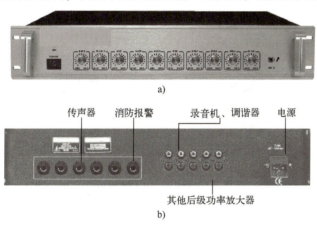

图 7-4 前置放大器
a）正面 b）背面

2. 调音台

调音台实际上是一台音频信号控制器，它具有多路音源输入插口。用它拾取来自传声器、录音卡座的音频信号，同时对它们进行放大或衰减，按需要进行音质加工和混合处理，因此，调音台是现代电台广播、舞台扩音、音响节目制作、播送和录制节目的重要设备。与前置放大器相比，其功能要强大得多。

小区公共广播系统一般不采用调音台，因为其造价要比前置放大器高，操作相对也繁杂得多。对要求档次高一点的场合，也可选用普通的小型调音台作为前置放大器。

7.1.3 功率放大器

功率放大器简称为功放或扩音机，其任务是将前级送来的信号进行管理、放大，满足系统负载——扬声器的需要。

19-功率放大器的分类

1. 功率放大器的分类

（1）按用途分类

1）家庭用功率放大器。通常对频响要求比较高，有 Hi-Fi（高保真）和 AV（家庭影院）两大系列，前者侧重于音乐效果的播放，后者着力于营造一种电影音响效果。

2）专业功率放大器。多用于传输距离不长的场合，一般用于会议，厅、堂、场、馆、舞台演出和卡拉 OK 歌厅使用。

3）公共广播功率放大器。主要面对公众，侧重于语言广播，在正常状态下则用于背景音乐广播，还可进行紧急（如消防）广播。由于其广播面对的范围大、距离长，因此在输出方式上和家庭用功率放大器有很大不同，选用时必须加以区别。

（2）按组合方式分类

1）合并式功率放大器。

合并式功率放大器是把原先由前置放大器承担的功能与功率放大器融合一体，既承担前置放大器的功能，同时又进行功率放大，如图 7-5 所示。从合并式功率放大器的正面可以看出，面板上布置了许多功能旋钮，主要有各路音源的音量控制旋钮、音频混合旋钮、音色的调整旋钮及功率放大器音量总开关。合并式功率放大器的背部也相对复杂，通常设有音源设备的输入插口，扬声器输出端子供各路音源输入。

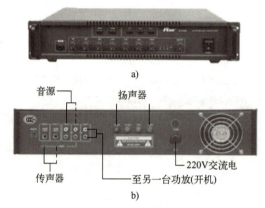

图 7-5 合并式功率放大器
a）正面 b）背面

有时单台功率放大器的放大倍数不够，需要增加一台功率放大器，故在功率放大器的背部通常会设有一个用来并机的信号输出端子，通过这个输出端，达到两台的音源共享、提高功率的目的。

2）纯后级功率放大器。

纯后级功率放大器就是单纯的功率放大器。通常，它只有音量控制单元，没有音色、音源混合等处理电路，面板上通常只有电源开关和音量调整旋钮。大型的公共广播往往采用纯后级功率放大器，如图 7-6 所示。

（3）按是否带分区分类

按是否带分区，可将功率放大器分为带分区功率放大器和不带分区功率放大器。通常，一套广播系统覆盖的是所有区域，而有时同样一套广播系统只需要服务于一个特定时间或群体，这时并不需要覆盖整个区域，为了不影响其他区域人员的正常生活，采用分区广播是最好的选择。

带分区功率放大器正面设有防区广播选择开关，其背部设有分区广播的输出端子，用于连接各分区的扬声器。带分区合并式功率放大器如图 7-7 所示。

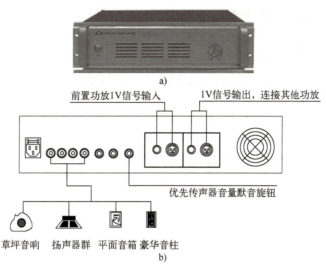

图 7-6 纯后级功率放大器
a) 正面 b) 背面

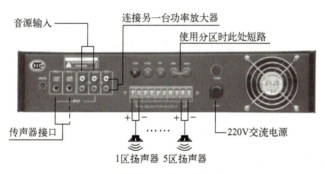

图 7-7 带分区合并式功率放大器

(4) 按输出形式分类

1) 定阻式功率放大器。

定阻式功率放大器的特点是，末级没有设置深度负反馈电路，因此它的输出电压随负载的变化而变化，但其输出电阻保持一定的数值不变。定阻式功率放大器必须配接与其相适应的额定功率和额定电阻的负载，即必须保证在功率和阻抗匹配的情况下才能正常工作。

定阻式功率放大器按照阻抗可分为低阻式功率放大器和高阻式功率放大器。低阻式功率放大器用于短距离传输，如家庭音响、小型会议室和卡拉 OK 厅；高阻式功率放大器则用于长距离传输，如小区、学校的公共广播。

2) 定压式功率放大器。

由于功率放大器末级采用了深度负反馈，定压式功率放大器传送时其输出电压不会随负载阻抗变化而变化，输出电压基本稳定在一定的数值，在额定功率范围内负载变化对功率放大器的输出电压影响很小，所以名为定压式。定压式功率放大器传送的一个特点是，高电压，小电流，避免了大电流传输时的功率传输损耗。为降低长距离功率传输中传输线的功率损耗，需要使用输出变压器，输出电压主要有 70 V、90 V 和 120 V 等几种。

定压式功率放大器与扬声器之间的配接很简单，只要扬声器（音箱）的输入电压与功率放大器的输出电压相符且扬声器总功率小于（或等于）功率放大器的额定功率，即可以把各扬声器并接在功率放大器的输出端上；而定阻式功率放大器的接法相对就比较复杂，也就是在功率放大器与扬声器之间，必须保证两者功率匹配和阻抗匹配。如果采用的扬声器功率、阻抗不等，配接就更难了。

（5）按是否带有强制切换分类

强制切换型功率放大器与普通功率放大器的主要区别是，当有消防报警信号进入时，强插电源可以自动将已关闭的设备打开，同时将音量置为最大状态，对相关区域进行紧急广播。

图 7-8 所示为带有强制切入插口的紧急强制切换型合并式功率放大器。

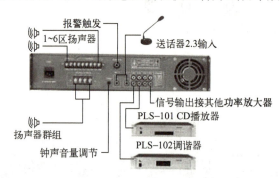

图 7-8　带有强制切入插口的紧急强制切换型合并式功率放大器

2. 功率放大器的主要技术指标

（1）输出功率

输出功率有几种标识方法，通常有额定输出功率、音乐峰值输出功率和最大不失真功率。

1）额定输出功率。额定输出功率表示放大器最大不失真连续功率，又称为 RMS 功率。

2）音乐峰值功率（PMPO）。音乐峰值功率指功率放大器在处理音乐信号时，音乐信号的瞬间最大输出功率，通常只能作为评价功率放大器的辅助参考指标。

3）最大不失真功率。最大不失真功率指在不失真条件下、将功率放大器音量调至最大时，功率放大器所能输出的最大音乐功率。

（2）频率响应

频率响应指在有效的频率范围内，反映功率放大器对不同频率信号的放大能力。频率响应通常用增益下降 3 dB 以内的频率范围来表示。一般公共广播的功率放大器频率响应为 50 Hz~16 kHz。

（3）失真度

理想的功率放大器是在输入的信号被放大后，在输出端完完全全地还原出来。但事实上，这是不可能的，这种现象称为失真。失真包括频率失真、谐波失真、相位失真、互调失真和瞬态失真。公共广播功率放大器比较关注的是谐波失真。失真度用百分比表示，其值越小越好。

（4）信噪比

信噪比是指功率放大器输出的各种噪声电平与信号电平之比，用 dB 表示。这个数值越大越好。

（5）输出阻抗

将扬声器所呈现的等效内阻称为输出阻抗。

（6）输出方式

输出电压为 70 V、100 V 或输出阻抗为 4~16 Ω。

（7）频响

频率响应范围为 80 Hz~16 kHz±3 dB。

（8）工作电源

AC 220 V±10% 50 Hz。

7.1.4 电源时序器

由于在公共广播系统中功放系统的功率较大，如果各个分区的功率放大器同时启动，将对电源产生较大的影响，因此要按照一定的顺序对系统的各个设备进行上电。电源时序器其实是一个电源的中继器，有一个大容量的电源接入口，有 1~16 个电源输出插孔，其他设备由电源时序器统一供电。电源时序器在内部程序的控制下依此对外接的设备进行上电。

7.1.5 节目编程播放器

使用节目编程播放器可实现无人值守。

节目编程播放器（如图 7-9 所示）将公共广播系统的全部功能集于一身，可定时上电、断电，可外控 CD 机、卡座、调谐器和电铃等设备电源。只要将所需广播内容编入程序，设置自动运行，系统就可以实施定时开启、定时关闭、自动播放背景音乐以及定时播放各种节目等操作。此外，节目编程播放器还具有强制切换功能，即无论系统在开启或关闭状态下，只要有消防信号输入，就能自动强行插入报警广播。

图 7-9 节目编程播放器

7.1.6 扬声器、音箱、音柱

扬声器是一种将电能转换为声能的换能设备，它是音响系统的终端设备，可见扬声器影响着整个公共广播系统的播放质量。

扬声器可以单体的形式工作，也可以把高、中、低不同频响的扬声器有机组合在一个箱体内，这种组合的系统一般称为专业音箱。若将一定数量的同类型扬声器按一定的结构排列在一个柱状箱体内，则称这种组合系统为音柱。音柱有较强的方向性。

1. 扬声器（音箱、音柱）的分类

公共广播扬声器（音箱、音柱）根据使用场合大致可划分如下。

1）按使用场合来分，可分为公共广播扬声器、专业扬声器。

公共广播扬声器分室外型和室内型。室外型公共广播扬声器具有防水防潮功能。由于使用地点多半在公共场合，因此对音乐质量要求不高，但在外形上追求与环境和谐，造型趋于艺术化，如平板式扬声器宛如一幅风景画，如图 7-10c 所示。

专业音箱一般用于歌舞厅、卡拉 OK 厅、影剧院、会堂和体育场馆等专业文娱场所。一般专业音箱的灵敏度较高，放音声压高，力度好，承受功率大。

2) 按外形分，有天花（吸顶）式、壁挂式、平板式、仿真式、吊顶（悬挂）式、号角式和柱式，如图 7-10 所示。

图 7-10 各种类型的扬声器

2. 扬声器的主要技术指标

扬声器的主要技术指标如下。

(1) 额定功率

扬声器的功率大小是选择使用扬声器时要考虑的重要指标之一，其定义可参考功率放大器的相关内容。一般扬声器的标称功率为额定功率，如天花扬声器功率为 3~10 W；音柱功率为 20~40 W；仿真音箱功率为 20~30 W。

(2) 额定阻抗

额定阻抗指的是扬声器在某一特定工作频率（中频）时在输入端测得的阻抗值。额定阻抗由生产厂给出，通常会在产品商标铭牌上标明。额定阻抗一般有 4 Ω、8 Ω、16 Ω 和 32 Ω 等。

(3) 定压输出

定压输出指的是功率放大器输出端至扬声器的激励电压，常见的有 70 V、100 V（进口标准）和 120 V、240 V（国内标准）。扬声器系统由变压器和扬声器组成，如图 7-10a 所示。

(4) 频率响应

频率响应指的是扬声器发出的声压级在最低有效回放频率与最高有效回放频率之间的范围。公共广播扬声器的频率响应不尽相同，如号角式扬声器的频响范围为 400 Hz~8 kHz；仿真式扬声器的频响范围为 80 Hz~18 kHz；天花式扬声器的频响范围为 150 Hz~15 kHz。

(5) 灵敏度

灵敏度的定义是，在扬声器的输入端加 1 W 粉红噪声（粉红噪声的频率分量功率主要分布在中低频段，它是自然界最常见的噪声）信号时，在辐射方向上 1 m 处所测得的声压值，用 dB 表示，公共广播扬声器的灵敏度通常在 90 dB 左右。

3. 扬声器（音箱、音柱）的选用

对扬声器的选用，应视环境选用不同的品种规格。例如，在有顶棚吊顶的室内，宜用嵌入式无后罩的天花（吸顶）式扬声器，如图 7-10a 所示。这类扬声器结构简单，价格低廉，施工方便；主要缺点是没有后罩防护，易受昆虫、鼠类损坏。

在室外，宜选号角式扬声器或音柱，如图 7-10f 和图 7-10g 所示。

在园林、草地景观场所，宜选用和环境协调的仿真式音箱，其外壳通常用玻璃纤维制成，表面喷塑处理，如图 7-10d 所示。这类音箱形态优美，形象逼真，且音量和音质都比较讲究。由于音箱通常置于室外，因此还具有防雨和防水的功能。

在装修讲究的厅堂、过道，宜选用造型优雅、色调和谐的平板式扬声器，如图 7-10c 所示。

在无吊顶的室内（如地下停车场），则宜选用壁挂式扬声器，如图 7-10b 所示。

礼堂、剧场、歌舞厅对音色、音质要求高，扬声器一般选用大功率的专业音箱，如图 7-11 所示。

图 7-11 专业音箱

7.1.7 传输方式

由于功率放大器的输出方式不同，因此使用的导线及相关器材也有不同。如会议室、礼堂和卡拉 OK 等场所，功率放大器与扬声器的距离不远，一般采用低阻输出，大电流直接馈送，传输线要求用专用扬声器线；而公共广播系统服务区域大，距离长，为了减少传输线路引起的损耗，往往采用高压传输方式，由于传输电流小，故对传输线要求不高。此外，由于高压输出，不能和扬声器直接连接，因此传输线进入扬声器之前，还需配置一个变压器将高电压低电流转换为低电压大电流，才能满足扬声器的需要。

7.2 公共广播系统的设计与实施

7.2.1 设计依据

1) 建设方提供的需求和技术资料。
2) GB/T 50314—2015《智能建筑设计标准》。
3) GB 50016—2018《建筑设计防火规范》。

4) GB 50116—2013《火灾自动报警系统设计规范》。

7.2.2 系统基本功能说明

1. 背景音乐

背景音乐与 HI-FI 系统及家庭影院最大的不同点是，它不必是立体声的，只需单声道即可。立体声扩声系统通常设于室内，环境要求比较严格，因为它讲究乐感。而背景音乐对环境并不追求也无法追求，它是透过有意藏匿的扬声器所发出的音乐，在漫不经心中飘然而至，追求的是掩盖周边（或室内）噪声、营造一种轻松和谐气氛的效果。

2. 紧急广播

带有紧急广播的公共广播系统，平时主要提供背景音乐或公共广播事务服务，火灾发生时则可提供紧急广播，以利于组织人员、财物疏散，这就要求公共广播系统与消防系统联动控制。实施时，假设 N 区发生火警，公共广播必须由系统对 $N-1$、$N+1$ 区（即事故区和相邻区）进行广播，如果是楼宇的 N 层发生火警，系统就应对 $N+1$ 层和 $N-1$ 层广播。

在带有紧急广播的公共广播系统中必须保证做到如下几点。

在播放背景音乐时各区扬声器的状态可以是不同的，即有的处于关闭状态，有的处于打开状态，或整个广播系统处于关闭状态，但在遇到紧急广播时，整个系统包括各个分区都将转为开机状态全功率工作，即具备强制切换功能。不难看出，消防紧急报警在公共广播系统中具有最高优先权。

公共广播系统应设置独立的备用电源，保证断电情况下能正常进行紧急广播。

消防系统应预录专用的消防广播信息（如"请注意，＊＊＊区正在发生火灾，请大家镇静，沿消防通道疏散"），以便在发生火灾时强制插入并重复播放，向相关区域提供信息。

3. 分区、定时广播

一个较大规模的公共广播系统通常被划分成若干个区域，以便进行区域管理。

（1）分区功能

1）不同的使用区域可以播放不同内容的音乐节目。

2）可对任意终端进行独立广播。

3）定时对某个区或全区域进行广播。

（2）分区方式

1）楼宇类通常以楼层分区（如每一层为一个区）。

2）商场通常以部门分区。

3）运动场所通常以看台分区。

4）住宅小区按休闲区、住宅区、地下车库和服务区分区。

5）学校通常按教学区（还可分为教学楼、实验室）、运动场（还可分为篮球场、田径场）及教学服务区分区。

6）小型住宅小区可不必考虑分区广播。

4. 传输系统

公共广播系统采用星形布线，音频线直接从广播中心敷设至各区的音箱（扬声器）。通常要求线路损耗控制在额定功率的 5% 以内。传输线缆选择表如表 7-1 所示。

表 7-1 传输线缆选择表

信号传输距离 l/m	电缆名称	电缆参数截面积/(mm×mm)	应用场合
$l>2000$	带屏蔽层双绞护套广播电缆	2×4.0	室外长距离敷设主干电缆
$200<l\leqslant 2000$	带屏蔽层双绞护套广播电缆	2×2.5	高层楼宇弱电竖井内部敷设和室外长距离敷设主干电缆
$100<l\leqslant 200$	双绞护套广播电缆	2×1.5	高层楼宇弱电竖井内部敷设和室外长距离敷设主干电缆
$0<l\leqslant 100$	双绞护套广播电缆	2×1.0	楼宇内部水平分布

5. 公共广播中心系统

公共广播系统作为一个独立系统，尤其是大系统，必须配置专用的机柜，以便摆放各级设备。摆放的顺序是，需要经常操作的设备（如音源设备）摆放在触手可及的地方或其他设备的上层。

当功率放大器并机使用时，应把被并机的功率放大器相邻摆放，以便连接。

7.2.3 公共广播系统的配置

1. 系统配置步骤

当配置公共广播系统时，应根据项目投资额度和系统功能进行设计。设计步骤可按下列顺序进行。

1）从声场开始，先确定扬声器的放置位置、数量和要求。

2）考虑功率放大器是采用合并式功率放大器还是采用纯功率放大器，输出方式是定阻式还是定压式，是否分区，并根据扬声器的总功率选择功率放大器。

3）考虑音频处理系统。若采用合并式功率放大器，则无需配置前置放大器或调音台；若选配纯功率放大器，则必须配置前置放大器或调音台。

4）最后考虑音源设备和其他周边设备配置。

若只有单纯背景音乐广播的系统，则上述设备即可满足需求；若是背景音乐与消防紧急广播联动系统，则除了上述共性设备之外，还得配置具有强制切换功能的相关设备。

2. 普通公共广播配置

所谓普通公共广播指的是，系统只负责背景音乐、事务广播。普通公共广播的使用面最广。

（1）扬声器的配置与选型

背景音乐器配置的特点是均匀、分散，无明显声源方向性，音量适宜，可结合使用场合，配置相应造型和功率的扬声器。其选型和功率配置办法参考如下。

1）礼堂、剧场、歌舞厅对音色、音质的要求相对比较高，可选用专业大功率扬声器。

2）商场、餐厅、过道对音色要求不是那么高，一般用 3~6 W 天花式扬声器即可。设置在过道上的扬声器相隔距离不要超过 25 m。

3）办公室、生活间和更衣室等处可配置 3 W 天花式扬声器。

4）地下车库一般使用 3~6 W 的壁挂式扬声器。

5）草坪、室外景观休闲均为露天场所，宜采用 10~25 W 的仿真式音箱，间距为 10~20 m。

6）客房床头控制柜选用 1~2 W 扬声器。

7）在噪声高、区域宽阔的地方，宜采用 20~25 W 的号角式扬声器，其声压应比环境噪声高 10~15 dB。

公共广播的效果与环境噪声有关，环境噪声级越低越好，一般希望能控制在 50 dB 以下。对于背景音乐和事务广播的声级控制要求大致是，背景音乐声级要高于噪声 5~10 dB，即噪声声级+（5~10 dB）；事物广播声级高于噪声 15~20 dB，即噪声声级+（15~20 dB）。

此外，配置扬声器的时候还必须注意，扬声器覆盖面积、装置高度、距离、环境噪声（见表 7-2 的参考值）和障碍物等因素，整体权衡之后再确定扬声器的个数和总功率。

表 7-2 环境噪声参考对照表

噪声电平/dB	环 境	环境噪声对照
≤50	小区休闲区	可正常语音对话
≤60	过道、地下车库	略提高语音对话
≤70	超市、商场	提高语音对话
≤80	体育场馆	大声对话

声音强度（声压级）的估算：声压级与扬声器本身的声压级（SPL）、功率（输入扬声器）和听音点距离有关。

声压级(SPL)= SPL(扬声器本身的声压级)-距离引起的 SPL 的衰减 + 输入功率对 SPL 的增量

扬声器的选配及设置主要根据各区域所要求达到的最大声压级、声场的均匀度、传输频率特性、建筑空间的大小等来决定。

沿着单个扬声器投射方向垂直轴线的听音点，声压级计算公式如下。

$$L_P = L_0 + 10\lg P_L - 20\lg r \tag{7-1}$$

式中，L_P 为听音点声压级，单位为 dB；L_0 为扬声器声压级，单位为 dB；P_L 为声源的声压功率，即扬声器的额定功率，单位为 W；r 为扬声器与听音点的直线距离。

例如，在地下车库设置了 6 W 壁挂式扬声器。该扬声器主要作为紧急呼叫和背景音乐广播之用，其性能指标为：额定输入功率为 6 W，声压级为 91 dB，频率响应为 100~10 000 Hz。

当 6 W 壁挂式扬声器采用 2.5 m 壁挂式安装时，在 6 W 壁挂式扬声器的发音点处，采用 1 W 输出功率时，1m 处该扬声器的声压级为 91 dB；采用 6 W 输出功率时，声压级增加 7 dB，当声音传输到高度为 1.5 m 的人耳时，声压级降低 0 dB。据此，按上述高度得到的声压级即为：

$$L_P = 91 + 7 - 0 = 98 \text{ dB} \tag{7-2}$$

根据表 7-2，地下车库环境噪声的参考值为 60 dB，可满足背景音乐广播的需求，也符合满功率紧急广播的要求。

小区的本底噪声约为 48~52 dB。考虑到现场可能较为嘈杂，为了紧急广播的需要，即使广播服务区是小区公共部分，也不应把本底噪声估计得太低。按不同的环境噪声要求，确定扬声器的功率和数量。保证在有 BGM 的区域，其播放范围内最远的播放声压级大于或等于 70 dB 或等于背景噪声 15 dB。每个扬声器的额定功率不小于 3 W。

通常，高级写字楼走廊的本底噪声约为 48~52 dB，超级商场的本底噪声约为 58~63 dB，繁华路段的本底噪声约为 70~75 dB。考虑到发生事故时，现场可能十分混乱，因此为了紧急广播的需要，即使广播服务区是写字楼，也不应把本底噪声估计得太低。据此，作为一般考虑，除了繁华热闹的场所，一般将本底噪声视为 65~70 dB（特殊情况除外）。照此推算，广播覆盖的声压级宜在 80~85 dB 以上。

鉴于广播扬声器通常是分散配置的，因此广播覆盖区的声压即可以近似地认为是单个广播扬声器的贡献。根据有关的电声学理论，扬声器覆盖区的声压级 SPL 同扬声器的灵敏度级 L_m、馈给扬声器的电功率 P、听音点与扬声器的距离 r 等有如下关系：

$$SPL = L_m + 10\lg p - 20\lg r \tag{7-3}$$

天花扬声器的灵敏度级在 88~98 dB 之间；额定功率为 3~10 W。以 90 dB/8 W 估算，在离扬声器 8 m 处的升压级约为 81 dB。以上估算未考虑早期反射声群的贡献。在室内早期反射声群和邻近扬声器的贡献可使声压级增加 2~3 dB 左右。

根据以上近似计算，在顶棚不高于 3 m 的场馆内，天花扬声器大体可以互相距离 5~8 m 均匀配置。如果仅考虑背景音乐而不考虑紧急广播，该距离就可以增大至 8~12 m。另外，适用于火灾事故广播设计安装规范（简称为规范）有以下一些硬性规定，即"走道、大厅和餐厅等公共场所，扬声器的配置数量，应能保证从本层任何部位到最近一个扬声器的步行距离不超过 15 m。在走道交叉处、拐弯处均应设扬声器。走道末端最后一个扬声器距墙不大于 8 m"。

室内场所基本没有早期反射声群，单个广播扬声器的有效覆盖范围只能取上文估算的下限。由于该下限所对应的距离很短，所以原则上应使用由多个扬声器组成的音柱。馈给扬声器群组（例如音柱）的信号电功率每增加一倍（前提是该群组能够接受），声压级可提升 3 dB（请注意"一倍"的含义）。由 1 增至 2 是一倍；而由 2 须增至 4 才是一倍。另外，距离每增加一倍，声压级将下降 6 dB。根据上述规则不难推算室外音柱的配置距离。例如，额定功率为 30 W，是单个吸顶扬声器的 4 倍以上。因此，其有效的覆盖距离大于单个吸顶音箱的两倍。事实上，这个距离还可以大一些。因为音柱的灵敏度比单个吸顶音箱要高（约高 3~6 dB）而每增加 6 dB，距离就可再加倍。也就是说，覆盖距离可以达 20 m 以上。但音柱的辐射角比较窄，仅在其正前方约 60°~90°（水平角）左右有效。具体计算仍可用式（7-1）。

以线路传输损耗系数 $\mu = 1.2$（线路传输损耗系数 μ 如何确定，请参阅《酒店广播系统设计范例》）来计算系统所需的输出功率：

$$系统输出功率 = 1.2 \times 扬声器总功率 \tag{7-4}$$

（2）功率放大器的配置

1）系统功率的计算。

广播功率放大器最重要的指标是额定输出功率。选用多大额定输出功率的功率放大器，应视广播扬声器的总功率而定。对于广播系统来说，只要广播扬声器的总功率小于或等于功率放大器的额定功率，而且电压参数相同，即可随意配接，但考虑到线路损耗、老化等因素，应适当留有功率余量。按照规范的要求，功率放大器设备的容量（相当于额定输出功率）一般应按下式计算：

$$P = K_1 K_2 \sum P_0 \quad (7-5)$$

式中，P 为设备输出总电功率；P_0 为每一分路（相当于分区）同时广播时的最大电功率；K_1 为线路衰耗补偿系数，值为 1.26~1.58；K_2 为老化系数，值为 1.2~1.4。

$$P_0 = P_i \times K_i \quad (7-6)$$

式中，P_i 为第 i 分区扬声器的额定容量；K_i 为第 i 分区同时需要系数：当为服务性广播时，K_i 取 0.2~0.4；当为背景音乐时，K_i 取 0.5~0.6；当为业务性广播时，K_i 取 0.7~0.8；当为火灾事故广播时，K_i 取 1.0。

2）功率放大器的选型。

公共广播系统在实际配置中有两种形式。

① 不需要与紧急广播系统联动型。它的功能主要体现在背景音乐广播、事务广播，即普通型功率放大器。这种系统比较简单，有分区与不分区两种形式。不分区的公共广播系统示意图如图 7-12 所示。通常，受众面比较小的场合可采用不分区的功率放大器，受众面大且受众成分比较复杂的场合可选用分区式功率放大器。分区的公共广播系统示意图如图 7-13 所示。

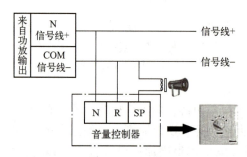

图 7-12 不分区的公共广播系统示意图

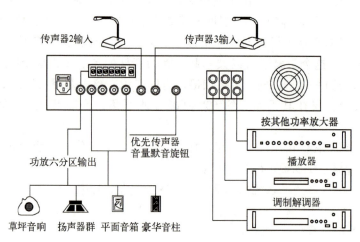

图 7-13 分区的公共广播系统示意图

确定分区或不分区后，即考虑采用合并式功率放大器还是纯功率放大器。合并式功率放大器是前置放大级与功率放大器级两者的组合，无论从结构上看还是从电路上看，它们各自都无法做到尽善尽美，因此，合并式功率放大器适用于对广播质量要求不高的场合，但其投资少，操作方便却是不争的事实；纯功率放大器因为前级与后级是截然分开的，各自可以做得较好，在音频的处理上比合并式功率放大器好，这也是不争的事实，但它投资相对较高，操作比较复杂。

除了选择分区功能之外，如果对广播质量要求不高，投资要求少，就还可选择组合型功率放大器。组合型功率放大器除了有合并式功率放大器的特点之外，它还组合了音源设备，即音源、前置放大器和功率放大器三者为一体。这种功率放大器投资少，操作方便，除了性能与前两者不可比拟外，其最大的缺点是，如果音源中有一件坏了，功率放大器也无法正常工作。

最后确定功率放大器的功率，其计算办法见前面介绍。

此外，若公共广播侧重事务广播，则宜选用带有"叮咚"提示音功能的功率放大器。这一功能是指每当进行事务广播，都先有"叮咚"的提示，以唤起人们的注意。

② 背景音乐广播与紧急广播系统联动型。相对于前者，背景音乐广播与紧急广播联动系统，在功能上既有相互独立的一面，又有设备之间联动的机制，也就是功率放大器、扬声器的配置，既要满足背景音乐、语音广播的要求，又能充分满足紧急广播系统的需求。典型的紧急广播系统示意图如图 7-14 所示。

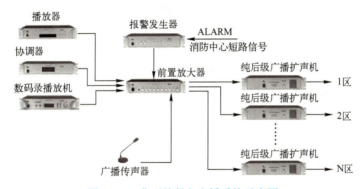

图 7-14　典型的紧急广播系统示意图

3. 紧急广播配置

紧急广播基于普通广播系统而言，也就是在普通广播的基础上添加紧急广播的功能，如图 7-15 所示。

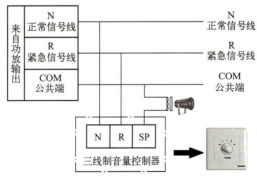

图 7-15　紧急广播配置示意图

其一，增加了报警设备。

其二，前置放大器不单纯是一个音源处理设备，它增加了强制切换，这个功能是指不管广播处于关机状态还是背景音乐广播状态，都会因为消防报警信号而进入紧急广播状态，这就是所谓的紧急广播最高优先原则。

传输电缆和扬声器应具有防火特性。在交流电断电的情况下也要保证报警广播实施。应设火灾事故广播备用扩音机，备用机可手动或自动投入。备用扩音机容量不应小于火灾事故广播扬声器容量最大的3层中扬声器容量总和的1.5倍。

配置原则参考GB 50116—2013《火灾自动报警系统设计规范》相关条款。

7.3 公共广播的使用

公共广播的受众群体比较大，因此在扩声之前，最好对所播放的节目预先试听，确认节目不会对社会造成不良影响再予以播出。

另外，公共广播系统往往由多个独立的相关设备构成（如前置放大器、后级功率放大器、调谐器等），因此在开关机过程也要讲究方法，以保证系统的安全运行。开机时，首先打开音源设备，其次打开前置放大器，最后开功率放大器；之前要把前置放大器音量关小，若采用合并式功率放大器，则要将功率放大器音量调小，再由小及大，直到适中为止；关机时，应先把功率放大器的音量关小，然后关机，再关闭其他设备，这样做的目的是，减少瞬间浪涌电流（电压）对功率放大器和负载的冲击。总而言之，在应用广播系统中，对系统的设备不宜同时开启或关闭，对功率放大器无论是开启或关闭，都应先把音量关小。

小区公共广播系统图如图7-16所示。

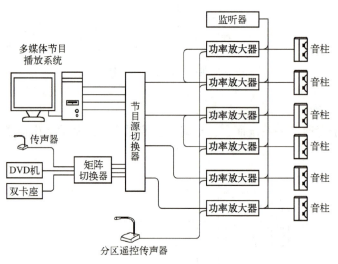

图7-16 小区公共广播系统图

功率放大器在工作过程中，不能任意更换其工作模式或扬声器负载，否则容易损坏功率放大器；也不能任意更换扩声系统中各音响设备的插头，包括前置放大器（调音台）的插头，否则容易产生浪涌信号，烧毁或使功率放大器过载而损坏。

监听功能：通过备用功率放大器的切换器可以对广播系统的播放情况进行监听，适时掌控广播的播放效果。

在背景音乐播放过程中需要插播广播的时候，呼叫站设置"叮咚"或者"钟声"等提示音，用以提醒公众注意。

带有紧急广播的系统，使用的概率很低，为了保证系统可靠运行，应不定期地测试检查系统是否正常，以防万一。

7.4 实训

7.4.1 简易广播系统的设计实施

1. 实训目的

1）熟悉各类型设备在系统中的作用。
2）掌握常用的音频接口。
3）掌握设备的连接方法。

2. 实训设备

1）播放器、前置放大器、纯后级功率放大器和扬声器。
2）AV 音频线，AV 转 TRS 接头。

3. 实训步骤与内容

1）按照图 7-17 所示的要求摆放好播放器、前置放大器、纯后级功率放大器等设备。

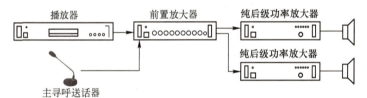

图 7-17　简易广播系统框图

简易广播系统背部接线图如图 7-18 所示。

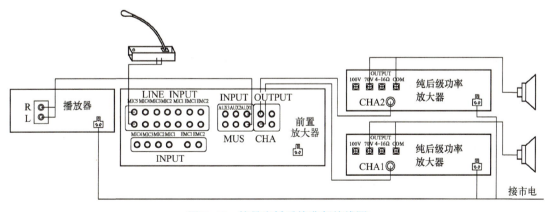

图 7-18　简易广播系统背部接线图

2) 播放器与前置放大器的连接。
① 取一条 AV 成品线，将一端插入播放器输出口。
② 将 AV 成品线另一端插入前置放大器 AUX1 的输入口。
3) 传声器与前置放大器的连接。
① 取一条 TRS 延长线，将一端与传声器连接。
② 将另一端插入前置放大器正面板上的 MIC5 输入口（最高优先级）。
4) 前置放大器与纯后级功率放大器的连接。
① 取一条 AV 成品线，将一端插入前置放大器输出口。
② 将另一端接上 AV 转 TRS 接头。
③ 将 TRS 接头插入纯后级功率放大器输入口。
5) 纯后级放大器与扬声器的连接。
① 取一条 RVV2×1.0 线，接纯后级功率放大器的输出口。
② 将 RVV2×1.0 线的另一端接扬声器。
6) 系统调试。
① 将前置放大器所有旋钮调至最左边。
② 将播放器、前置放大器、纯后级功率放大器逐一接通电源。
③ 播放事先准备好的音频。
④ 调节前置放大器对应的通道旋钮，直至调出合适的音量。
⑤ 当播放器在播放状态时，开启传声器，实现 MIC5 通道优先级的强切功能。
⑥ 手动实现纯后级功率放大器的单个顺序使用与同时使用，以体现其分区功能。

4. 实训结果

写出实训结果、遇到的问题、解决方法以及实训心得体会。

7.4.2　消防联动公共广播系统的设计实施 1

1. 实训目的

1) 熟悉各类型设备在系统中的作用。
2) 掌握设备的连接方法。
3) 了解系统构建以及各设备的操作方法。

2. 实训设备

1) 播放器、火灾信号发生器、前置放大器、纯后级功率放大器、扬声器。
2) AV 音频线、AV 转 TRS 接头。

3. 实训步骤与内容

1) 按照图 7-19 所示的要求摆放好播放器、前置放大器和纯后级功率放大器等设备。
2) 将各个设备电源顺序接入电源时序器。
3) CD 与前置放大器的连接。
① 取一条 AV 成品线，将一端插入播放器输出口。
② 将 AV 成品线另一端插入前置放大器 AUX1 输入口。
4) 扬声器与前置放大器的连接。
① 取一条 TRS 延长线，将一端与扬声器连接。

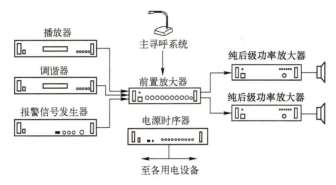

图 7-19 消防联动公共广播系统连接图

② 将另一端插入前置放大器正面板的 MIC5 输入口（最高优先级）。
5）调谐器与前置放大器的连接。
① 取一条 AV 成品线，将一端插入调谐器输出口。
② 将另一端插入前置放大器 AUX2 输入口。
6）报警信号发生器与前置放大器的连接。
① 取一条 AV 成品线，将一端插入报警信号发生器输出口。
② 将另一端插入前置放大器 EMC1 输入口。
7）前置放大器与纯后级功率放大器的连接。
① 取一条 AV 成品线，将一端插入前置放大器输出口。
② 将另一端接上 AV 转 TRS 接头。
③ 将 TRS 接头插入纯后级功率放大器输入口。
8）纯后级放大器与扬声器的连接。
① 取一条 RVV2×1.0 线，接纯后级功率放大器的输出口。
② 将 RVV2×1.0 线的另一端接扬声器。
9）系统调试。
① 启动电源时序器，使其依次为各设备通电。
② 将前置放大器所有旋钮调至最左边。
③ 分别打开各音源设备，并调节其相应旋钮，测试各音源设备的播放功能。
④ 当播放器在播放状态时，触发报警信号发生器，实现 EMC1 通道优先级的强切功能。
⑤ 当报警信号发生器在触发状态时，开启传声器，实现 MIC5 通道最高优先级的强切功能。

7.4.3 消防联动公共广播系统的设计实施 2

1. 实训目的

1）熟悉各类型设备在系统中的作用。
2）掌握的设备连接方法。
3）学习设备间的联动关系，掌握系统编程方法。

2. 实训设备

1）播放器、调谐器、火灾信号发生器、电源时序控制器、数码编程分区控制器、前置放大器、纯后级功率放大器和扬声器。

2）AV 音频线、AV 转 TRS 接头和屏蔽音频线。

3. 实训步骤与内容

1）按照图 7-20 所示的要求摆放好播放器、调谐器、火灾信号发生器、电源时序控制器、数码编程分区控制器、前置放大器、纯后级功率放大器以及扬声器等设备。

2）将报警信号发生器、前置放大器和纯后级功率放大器的电源顺序接入电源时序器。

3）将播放器、调谐器和功率放大器的电源接入编程分区控制器。

4）编程分区控制器与电源时序器连接。

① 取一条两芯线，将一端接入编程分区控制器 TM OUT 输出口。

② 将两芯线另一端接入电源时序控制器 CONTROL 端口。

5）调谐器与前置放大器的连接。

① 取一条 AV 成品线将一端插入调谐器输出口。

② 将 AV 成品线另一端插入前置放大器 AUX1 输入口。

6）扬声器与前置放大器的连接。

① 取一条 TRS 延长线，将一端与扬声器连接。

② 将另一端插入前置放大器正面板的 MIC5 输入口（最高优先级）。

7）播放器与前置放大器的连接。

① 取一条 AV 成品线，将一端插入播放器输出口。

② 将另一端插入前置放大器 AUX2 输入口。

8）报警信号发生器与前置放大器的连接。

① 取一条 AV 成品线，将一端插入报警信号发生器输出口。

② 将另一端插入前置放大器 EMC1 输入口。

9）前置放大器与纯后级功率放大器的连接。

① 取一条 AV 成品线，将一端插入前置放大器输出口。

② 将另一端接 AV 转 TRS 接头。

③ 将 TRS 接头插入纯后级功率放大器输入口。

10）纯后级放大器与扬声器的连接。

① 取一条 RVV2×1.0 线，接纯后级功率放大器的输出口。

② 将 RVV2×1.0 线的另一端接扬声器。

11）前置放大器与编程分区控制器的连接。

① 取一条 AV 成品线，将一端插入前置放大器输出口。

② 将另一端接编程分区控制器的音源输入口。

12）编程分区控制器与纯后级功率放大器的连接。

① 取一条 AV 成品线，将一端插入编程分区控制器输出口。

② 将另一端接 AV 转 TRS 接头。

③ 将 TRS 接头插入纯后级功率放大器输入口。

13）系统调试。

① 启动电源时序器，使其依次为各设备通电。

② 将前置放大器所有旋钮调至最左边。

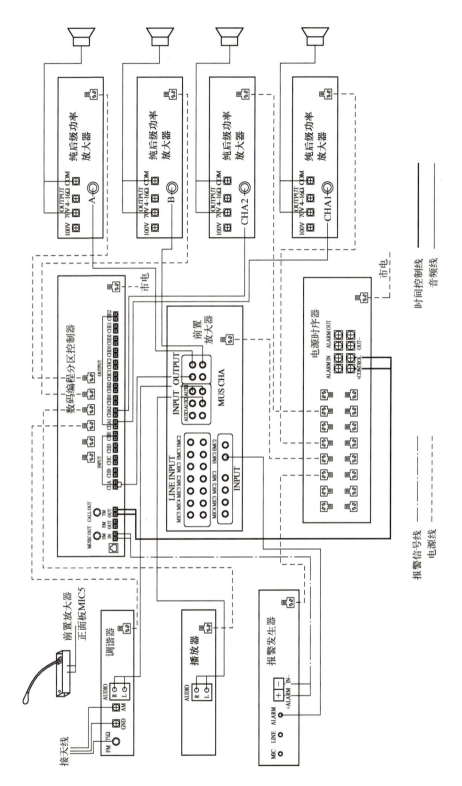

图 7-20 消防联动公共广播系统连接图

③ 分别打开各音源设备，并调节其相应旋钮，测试各音源设备的播放功能。
④ 当播放器在播放状态时，触发报警信号发生器，实现 EMC1 通道优先级的强切功能。
⑤ 当报警信号发生器在触发状态时，开启传声器，实现 MIC5 通道最高优先级的强切功能。
⑥ 当各个设备正常使用时，实现编程分区控制器对各个设备电源的控制。
⑦ 当各个分区在共同广播时，使用编程分区控制器的定时、定分区广播功能。

4. 实训结果

写出实训结果、遇到的问题、解决方法以及实训心得体会。

7.5　思考题

1. 公共广播系统的组成及其作用是什么？
2. 纯后级功率放大器的主要参数是什么？
3. 编程分区控制器的主要功能是什么？
4. 设计一个适合学校使用的公共广播系统。
5. 简述公共广播系统对于人们生活的用处。
6. 简述功率放大器的主要功能及选择方法。
7. 如何使用公共广播系统进行预警？
8. 音源的各分类及它的特点是什么？
9. 公共广播系统传输的信号类型是什么？
10. 扬声器的类型有哪些？如何选择扬声器的类型和型号？

第 8 章　信息发布系统

通过小区信息发布系统，物业管理部门可以轻松地构建一个网络化、专业化、智能化和分众化的社区多媒体信息发布平台，使得物业管理信息可以快速地发布和传达到每一位业主，极大地方便了小区的物业管理。

8.1　信息发布系统的基本知识

小区信息发布系统以高质量的编码方式将视频、音频信号、图片信息和滚动字幕通过网络传输到媒体播放机，然后由媒体播放机将组合多媒体信息转换成显示终端的视频信号播出，能够有效覆盖物业管理中心、电梯间、小区餐厅和健身房等人流密集场所，对于新闻、天气预报、物业通知等即时信息可以做到立即发布，在第一时间将最具时效的资讯传递给业主。另外，该系统还能够提供广告增值服务，成为社区文化窗口，提升物业服务品牌。

8.1.1　信息发布系统的组成

信息发布系统主要包括实时信号、中心控制系统、终端显示系统和网络平台 4 部分，如图 8-1 所示。

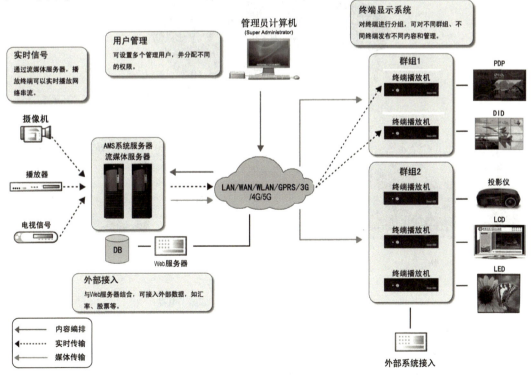

图 8-1　小区信息发布系统

信息发布通过网络（广域网、局域网、专用网都适用，包括 GPRS、CDMA、3G/4G/5G 等无线网络）发送给终端播放机，再由终端播放机组合音视频、图片、文字等信息（包括播放位置和播放内容等），输送给液晶电视机等显示设备可以接收的音视频输入形成音视频文件的播放，这样就形成了一套可通过网络将所有服务器信息发送到终端的链路，实现一个服务器可以控制全小区的媒体终端播放机，而且使得信息发布达到安全、准确、快捷，在竞争激烈的现实社会要求通过网络管理、发布信息这一趋势已经基本形成。

1. 实时信号

实时信号主要由摄像机、播放器和电视信号等组成，信号可以通过流媒体服务器进行处理和转发，是信息发布的源头。

2. 中心控制系统

中心控制系统软件安装于管理与控制服务器上，具有资源管理、播放设置、终端管理及用户管理等主要功能模块，可对播放内容进行编辑、审核、发布和监控等，对所有终端播放机进行统一管理和控制。

3. 终端显示系统

终端显示系统包括媒体终端播放机、视音频传输器、视音频中继器和显示终端设备，主要通过多媒体播放机接收传送过来的多媒体信息（视频、图片和文字等），终端播放机如图 8-2 所示。通过 VGA 将画面内容展示在 LCD、PDP 和 LED 等显示终端设备上，可提供广电质量的播出效果以及安全稳定的播出终端。图 8-3 所示为常用的显示终端设备。

图 8-2　终端播放机

　　　　a)　　　　　　　　　　　　　　b)　　　　　　　　　　　　　c)

图 8-3　显示终端设备

a) LED 大屏　b) 大屏拼接墙　c) 等离子电视

4. 网络平台

网络平台是中心控制系统和终端显示系统的信息传递桥梁，可以利用已有的网络系统，也可以采用 3G/4G/5G、GPRS 和 WLAN 等无线网络。

8.1.2 信息发布系统的分类

根据需求，信息发布系统一般分为单机型、广播型、分播型、交互型和复合型，这几种模型并没有优劣之分，只有是否适合工程现场和客户需要的差别。从复杂度来说，单机型最为简单，适合小型商铺、小型公司等；复合型最为复杂，内含广播型、分播型和交互型等，适合跨区域的行业性客户和集团公司等。

1. 单机型

单机型就是管理主机单独控制一台媒体播放机，并且该媒体播放机只对应一台显示终端，媒体播放机和显示终端可融为一体，比如单点的广告机。

单机型也可以有传输设备，当媒体播放机选择体积较大的普通 PC 时，由于 PC 硕大的机身，不便在显示屏附近安装，因此离显示设备有一定的距离，需要使用传输设备来保证视频和音频的传输质量。单机型信息发布系统如图 8-4 所示。

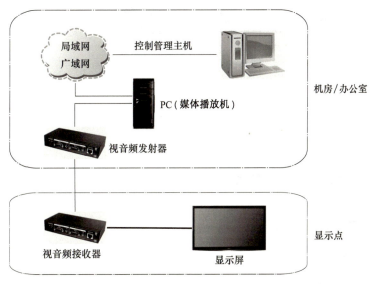

图 8-4 单机型信息发布系统

2. 广播型

广播型就是整个系统只含一个媒体播放机，但显示终端有多个，该模式是将一个信号复制成多份发送到各个显示终端，每一个终端的显示内容完全一致，也完全同步。由于广播型的媒体播放机离终端显示设备往往都比较远，因此，为了确保高清视频和音频信号的传输质量，都需要使用多媒体传输设备。广播型信息发布系统如图 8-5 所示。

3. 分播型

一个信息发布系统有很多个显示终端，每一个显示终端的播出内容和方式完全独立，即每个显示终端和对应的媒体播放机组成相对独立的一个小组，各自独立工作，互不干扰，在需要的时候又可以轻松设置成播出一样的画面，这样的模式就称为分播型模式。分播型信息发布系统的每一个显示终端后面都需要对应一个独立多媒体播放器作为支撑。分播型信息发布系统如图 8-6 所示。

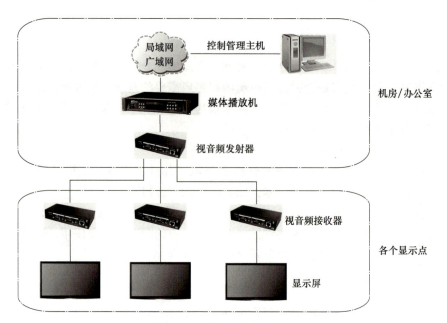

图 8-5 广播型信息发布系统

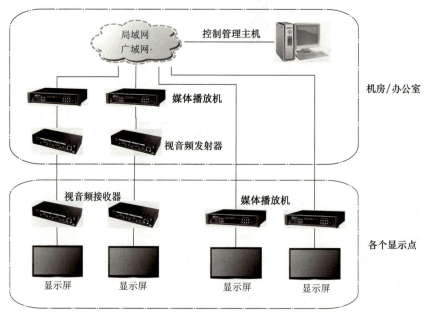

图 8-6 分播型信息发布系统

4. 交互型

交互型信息发布系统是一个人机互动的系统，例如通过触摸屏与媒体播放机有机结合，将内容展现在触摸屏上，用户可以通过接触触摸屏点播自己喜欢的节目，当无人使用触摸屏时，系统可以自动恢复到默认的其他节目频道上。随着技术的发展，互动技术的形式也多种多样，如：遥控互动、语音互动和短信互动等。交互型信息发布系统如图 8-7 所示。

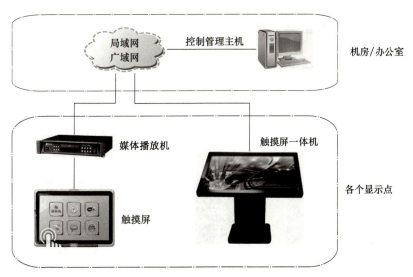

图 8-7 交互型信息发布系统

5. 复合型

复合型信息系统是以上所有模式的结合，其使用方式最为灵活，可根据工程现场的情况搭配出符合实际的系统。复合型信息发布系统如图 8-8 所示。

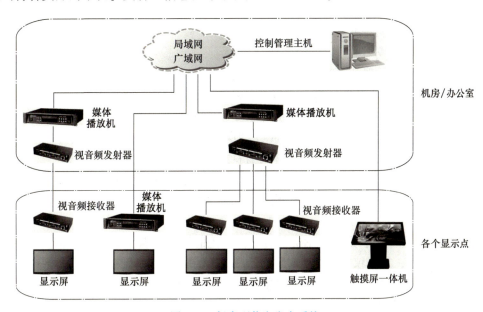

图 8-8 复合型信息发布系统

以上归纳的几种模型涉及从大到小、从简到繁的不同结构。每个结构模型都有自己的特点，在实际中，不能盲目地采用某一个结构模型，而要根据实际情况，从系统安全、成本、后期维护和管理等各个方面权衡利弊，在系统中适当地增加传输器，可以达到事半功倍的效果，做出性价比最高的信息发布系统。

8.1.3 大屏幕信息发布系统

目前主流的大屏幕信息发布系统主要有 LED 显示屏和液晶拼接屏两种。

1. LED 显示屏

LED 显示屏（LED Display，LED Screen）如图 8-9 所示，又称为电子显示屏。LED 显示屏由 LED 点阵和 LED 驱动电路组成，通过红色、蓝色、白色和绿色 4 种 LED 灯的亮灭来显示文字、图片、动画和视频等内容。

a) b)

图 8-9 LED 显示屏
a) 单色 LED 显示屏 b) 全彩 LED 显示屏

（1）LED 显示屏的分类

1）按使用环境划分。

① 户内屏：面积一般从不到 1 m² 到十几平方米，户内屏在室内环境下使用，此类显示屏亮度适中、视角大、混色距离近、重量轻、密度高，适合较近距离观看。

② 户外屏：面积一般从几平方米到几十甚至上百平方米，点密度较稀（每平方米 2500~10 000 点），发光亮度为 5500~8500 cd/m²（朝向不同，亮度要求不同），可在阳光直射条件下使用，观看距离在几十米以外，屏体具有良好的防风、抗雨及防雷能力。

③ 半户外屏：介于户外屏及户内屏两者之间，具有较高的发光亮度，可在非阳光直射户外下使用，屏体有一定的密封性，一般在屋檐下或橱窗内。

2）按颜色划分。

① 单色 LED 显示屏：是指显示屏只有一种颜色的发光材料，多为单红色，在某些特殊场合也可用黄绿色，如殡仪馆。

② 双基色 LED 显示屏：是由红色和绿色两种 LED 灯组成，256 级灰度的双基色显示屏可显示 65 536 种颜色（双色屏可显示红、绿、黄共 3 种颜色）。

③ 全彩色 LED 显示屏：是由红色、绿色和蓝色 3 种 LED 灯组成，可显示白平衡和 16 777 216 种颜色。

3）按控制或使用方式划分。

① 同步方式：是指 LED 显示屏的工作方式基本等同于计算机的监视器，它以至少 30 场/秒的更新速率点点对应地使监视器上的图像映射到计算机上，通常具有多灰度的颜色显示能力，可达到多媒体的宣传广告效果。

② 异步方式：是指 LED 显示屏具有存储及自动播放的能力，在 PC 上编辑好的文字及

无灰度图片通过串口或其他网络接口传入 LED 显示屏，然后由 LED 显示屏脱机自动播放，一般没有多灰度显示能力，主要用于显示文字信息，可以多屏联网。

4）按像素密度或像素直径划分。

由于户内屏采用的 LED 点阵模块规格比较统一，因此通常按照模块的像素直径划分，主要有：$\phi 3.0$ mm 62 500 像素/m^2；$\phi 3.75$ mm 44 321 像素/m^2；$\phi 5.0$ mm 17 222 像素/m^2。

按点间距分有 P4、P5、P6、P7.62、P8、P10、P12、P12.5、P14、P16、P18、P20、P22、P25、P31.25、P37.5、P40、P60 和 P100。如 P4 指的是发光点与发光点的间距是 4 mm。

5）按显示性能划分。

① 视频显示屏：一般为全彩色显示屏。

② 文本显示屏：一般为单基色显示屏。

③ 图文显示屏：一般为双基色显示屏。

④ 行情显示屏：一般为数码管或单基色显示屏。

6）按显示器件划分。

① LED 数码显示屏：显示器件是 7 段码数码管，适用于时钟屏、利率屏等显示数字的电子显示屏。

② LED 点阵图文显示屏：显示器件是由许多均匀排列的发光二极管组成的点阵显示模块，适用于播放文字、图像信息。

③ LED 视频显示屏：显示器件是许多发光二极管，可以显示视频、动画等各种视频文件。

④ 常规型 LED 显示屏：采用钢结构将显示屏固定安装于一个位置。常见的常规型 LED 显示屏有户外大型单立柱 LED 广告屏，以及车站里安装在墙壁上用来播放车次信息的单、双色 LED 显示屏等。

⑤ 租赁型 LED 显示屏：租赁屏主要用于舞台演出、婚庆场所以及大型晚会。屏体采用快接方式，拆装方便，大小灵活。

（2）LED 显示屏的主要特点

1）发光亮度强，在可视距离内阳光直射屏幕表面时，显示内容清晰可见。超级灰度控制具有 1024~4096 级灰度控制，色彩清晰逼真，立体感强。

2）静态扫描技术，采用静态锁存扫描方式，大功率驱动，充分保证发光亮度。

3）自动亮度调节，具有自动亮度调节功能，可在不同亮度环境下获得最佳播放效果。

4）全面采用进口大规模集成电路，可靠性大大提高，便于调试和维护。

5）先进的数字化视频处理，视频、动画、图表、文字和图片等各种信息显示、联网显示和远程控制。

（3）常见的 LED 显示屏系统

1）LED 条屏。

LED 条屏一般由单元板、控制卡、开关电源、壳体和连接线构成，如图 8-10 所示。

① 单元板。单元板是 LED 的显示核心部件之一，如图 8-11 和图 8-12 所示。单元板的好坏，直接影响到显示效果。单元板由 LED 模块、驱动芯片和 PCB 组成。LED 模块其实是由很多个 LED 发光点用树脂或者塑料封装起来的点阵。

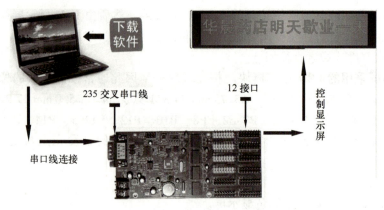

图 8-10 LED 条屏显示系统

驱动芯片主要有 74HC595、74HC245/244、74HC138 或 4953 几种型号。

户内条屏常用的单元板规格如下所述。

参数：D=3.75 mm；点距 4.75 mm；大小为 64 点宽×16 点高；1/16 扫；户内亮度；单红/红绿双色。

参数解释如下所述。

D：指的是发光点的直径。

点距：点距指的是两个发光点的中心间距。

大小为 64 点宽×16 点高：宽 64 颗 LED，高 16 颗 LED。

1/16 扫：单元板的控制方式，有 1/2 扫、1/4 扫、1/8 扫、1/16 扫、1/32 扫，其中的数字表示扫描时间，时间越短，扫描得越快，表现出来的效果（例如字的滚动）就越快。

户内亮度：指 LED 发光点的亮度，户内亮度适合白天需要靠荧光灯照明的环境。

颜色：单红最常用，价格也最便宜，双色一般指红绿双色。

图 8-11 单元板正面

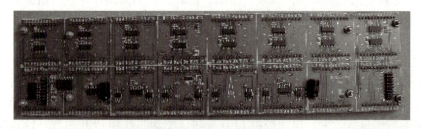

图 8-12 单元板背面

单元板之间可以串联和并联,例如想做一个128×16点的屏幕,只需要用两个单元板串接起来。

② 控制卡。条屏一般采用异步控制卡,控制卡接收来自计算机上控制软件的播放信息,并将该信息存储在控制卡中,控制卡驱动单元板进行信息的显示。控制卡内置有存储器和时钟单元,一个控制卡可以控制多个单元板。控制卡、开关电源分别如图8-13和图8-14所示。

图8-13 控制卡

图8-14 开关电源

控制卡的主要技术参数见表8-1。

表8-1 控制卡的主要技术参数

支 持 点 数	单色 128×432 64×872 双色 64×432 128×216
通 信 方 式	LED显示屏控制卡(EX-40)支持:RS232自动查找串口,无需手动设置,操作更简单
亮 度 调 节	16级亮度,支持手动调节亮度
通 信 接 口	板载两组08接口及板载四组12接口
节 目 数 量	可储存80个节目
工 作 电 压	5 V
语 言 支 持	支持现今世界上所有的主流语言,如中文、俄文、日文、英文、泰文、越南文和阿拉伯文等
适 配 范 围	各种规格1/16、1/8、1/4、1/2和静态锁存的单色/双基色LED显示屏;小面积的单色/双基色LED显示屏

③ 开关电源。LED显示屏采用的开关电源输出电压一般是5 V,电流根据显示屏的大小调整。

1个单红色户内64×16屏的单元板,全亮的时候电流为2 A。

2)全彩LED显示屏。

全彩LED显示屏系统如图8-15所示,由控制计算机、全彩发送卡、全彩接收卡和显示屏体组成。由于要显示的信息量大,特别在进行显示视频的时候实时性很强,为此一般采用同步显示的方式。跟条屏不同,全彩LED显示屏一般要采用一张发送卡,在显示屏侧采用多张接收卡来接收发送卡发送的数据,并进行驱动显示。

① 全彩单元板。

全彩单元板如图8-16所示,每一个像素点由红、绿、蓝3个LED组成。全彩单元板可分为直插式单元板、贴片式单元板、三位一体式单元板。

图 8-15 全彩 LED 显示屏系统

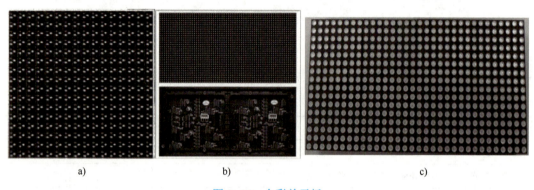

图 8-16 全彩单元板
a) 直插式单元板 b) 贴片式单元板 c) 三位一体式单元板

单元板后面带有驱动电路,每一个像素点要有 3 路不同的驱动信号,根据 3 路驱动电流的不同产生 3 种比例不同的光,从而产生不同的颜色。

单元板需要根据室内外、观看距离等条件来选择。户外屏必须选择防水的单元板,一般户外屏的屏幕尺寸大,观看距离远,可以选择像素大一点、亮度高的单元板。户内屏的尺寸一般比较小,观看距离近,可以选择像素小一点、亮度相对低的单元板。

② 全彩发送卡。

全彩发送卡如图 8-17 所示,用于采集计算机显卡的数据,一般装在计算机的 PCI 插槽上,计算机显卡的 DVI 口和发送卡的 DVI 口相连(如计算机无 DVI 口,就加装一个带 DVI 输出的独立显卡,DVI 线采用 DVI-D 接口),然后用 USB 数据线连接计算机和发送卡。

注意:

① 发送卡也可外置,外置时需接 5 V 的电源,而接在计算机里不需要再接电源。

② 发送卡有两个数据输出口:U 口和 D 口。U 口带上半部的高度,D 口带下半部的高度。

③ 如采用笔记本式计算机,则需要安装 USB 转 DVI 的设备或笔记本式计算机带有 HDMI 的接口,可用 HDMI 转 DVI 的转换线。

③ 全彩接收卡。

全彩接收卡如图 8-18 所示，它和 LED 显示屏相连，接收全彩发送卡传来的数据，并将数据传送到单元板进行显示。

图 8-17　全彩发送卡

图 8-18　全彩接收卡

全彩发送卡和全彩接收卡配合的主要技术参数见表 8-2。

表 8-2　全彩发送卡和全彩接收卡配合的主要技术参数

支持 10 位颜色	系统颜色数为 1024×1024×1024＝1 073 741 824 种颜色
智能连接功能	同一块显示屏的多块接收卡/箱体（含备用的）可以任意交换而不需要重新设置，接收卡能自动识别需要显示的内容
智能监控	每块接收卡均有温度检测和四路风扇监控输出，可根据用户设定的温度上限智能地控制四路风扇转速
图片显示	当发送卡电源没开启时，显示屏自动显示设定的图片，图片像素为 128×128，颜色数为 16K 色
支持 16 位以内的任意扫描方式	支持 1、2、3、4、5、6、7、8、9、10、11、12、13、14、15、16 扫描
支持模块宽度为 64 以内的任意数	支持 64 以内的任意数
支持异型分割显示	每块接收卡最大支持 1024 段分割，用于异型/文字屏
支持容余点插入	可设定每多少点接入一个或多个空像素，用于异型屏
支持带 PWM 的驱动芯片	需专用驱动芯片配合，使显示屏效果更完美
支持硬件逐点校正功能	需专用驱动芯片配合，使显示屏逐点校正效果更好
支持逐点检测功能	需专用驱动芯片配合，动态地检测显示屏瑕点情况
逐点校正、逐卡（箱体）校正功能	逐点校正支持单点、2×2 点、4×4 点和 8×8 点四种校正模式，最大校正 6144 点/模块，红绿蓝各 256 级。逐卡（箱体）校正用于显示屏各箱体间色差校正，红、绿、蓝各 256 级
智能识别一卡通功能	智能化的识别程序可识别双色、全彩、虚拟和灯饰等各种驱动板的各种扫描方式及各种信号走向，识别率达 99%
65 536 级（64K）灰度内任意设定功能	客户可根据显示屏的情况从无灰度到 65 536 级（64K）灰度之间任意调整，让显示屏达到最佳显示效果
刷新率任意设置、锁相、同步功能	刷新率可在 10~3000 Hz 之间任意设定，刷新率锁相功能使显示屏的刷新锁定在计算机显示器刷新率的整数倍上，杜绝图像撕裂，保证图像完美再现。锁相同步范围为 47~76 Hz

(续)

带载面积	双网线最大带载面积为 2048×640,单网线最大带载面积为 1600×400,两张卡级联可带载面积为 2048×1152
双网线热备份功能	接收卡的 A、B 端口均可作为输入口或输出口使用,可用于两台计算机同时控制一块屏,当一台计算机出现问题时,另一台计算机自动接替,也可用于一台计算机双网线控制,当一条网线出现问题时,另一条网线自动接替,使显示屏的正常工作得到最大保障
多屏同步及组合功能	支持一块发送卡控制多块屏,多块屏的工作状态可任意组合、同步显示和独立播放等,可通过快捷按键快速切换
256 级亮度自动调节	256 级亮度自动调节功能让显示亮度调节更加有效
声音传输功能	702 型卡集成声音传输,不用另外的音频线即可把声音传到显示屏,双 24 bit、64 kHz 高保真数-模及模-数转换,让显示屏影像效果完美
程序在线升级功能	如果显示屏的接收卡程序需升级,只需打开大屏电源通过 LED 演播室即可,无需把接收卡拆离大屏
突破传统观念无拨码开关	无拨码开关设计,所有设置通过计算机设置
测试功能	接收卡集成测试功能,不用接发送卡即可测试显示屏,斜线、灰度、红、绿、蓝和全亮等多种测试模式
超长传输距离	传输最大达 170 m(实测),保证传输 140 m
配套软件	LED 演播室 10.0

④ "LED 演播室"播放软件。

"LED 演播室"是专为 LED 显示屏开发的一套节目制作、播放的软件。其功能强大、使用方便、简单易学、性能稳定、可靠性高。

主要功能如下所述。

- 多显示屏支持。
- 多屏独立编辑。
- 数据库显示。
- 表格输入。
- 网络功能。
- 后台播放。
- 定时播放。
- 多窗口多任务同时播放。
- 文本支持 Word、Excel。
- 可为节目窗叠加背景音乐。
- 支持所有的动画文件(MPG、MPEG、MPV、MPA、AVI、VCD、SWF、RM、RA、RMJ、ASF 等)。
- 丰富的图片浏览方式。
- 日期、时间、日期+时间、模拟时钟等各种正负计时功能。
- 日历可透明显示。
- 可自动播放多个任务(*.LSP)。
- 提供外部程序接口。

● 视频源色度、饱和度、亮度和对比度软件调节。

2. 液晶拼接屏

液晶拼接屏既能单独作为显示器使用，又可以拼接成超大屏幕使用。根据不同使用需求，实现画面分割单屏显示或多屏显示的百变大屏功能：单屏分割显示、单屏单独显示、任意组合显示、全屏拼接显示、双重拼接显示、竖屏显示，图像边框可选补偿或遮盖，支持数字信号的漫游、缩放拉伸、跨屏显示，各种显示预案的设置和运行，全高清信号实时处理。液晶拼接屏系统如图 8-19 所示。

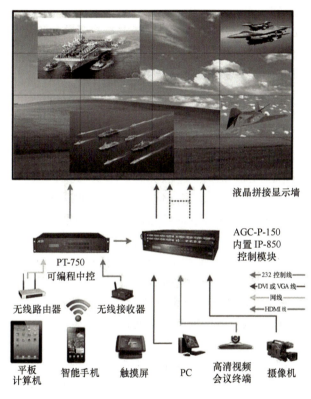

图 8-19 液晶拼接屏系统

液晶拼接屏系统由 3 大部分组成，即液晶拼接显示墙、图像处理器（多屏拼接处理器）和信号源。其中多屏拼接处理器是关键技术的核心，支持不同像素的图像在液晶拼接显示墙上显示以及在液晶拼接显示墙上任意开窗口、窗口放大缩小、跨屏漫游显示等。

1）液晶拼接显示墙。

① 液晶拼接屏寿命长，维护成本低。液晶本身使用寿命较长，即使是使用寿命最短的背光源部分，也高达 50 000 个小时以上，而且即使使用时间超过使用寿命，也只会对其亮度造成影响，只需要更换背光灯管，便可恢复原来亮丽的色彩。这与背投是有本质区别的，液晶背光源寿命是背投灯泡的 10 倍；与投影的最大区别在于，BSR 液晶拼接技术更加成熟，节电明显。

② 液晶拼接屏可视角度大。对于早期的液晶产品而言，可视角度曾经是制约液晶显示屏的一个大问题，但随着液晶技术的不断进步，已经完全解决了这个问题。液晶拼接显示墙

采用的 DID 液晶屏，其可视角度达到双 178°以上，达到了绝对视角的效果。

③ 液晶拼接屏分辨率高、画面亮丽。液晶的点距比等离子小得多，物理分辨率都可以轻易达到和超过高清标准，液晶的亮度和对比度都很高，色彩鲜艳亮丽，纯平面显示完全无曲率，图像稳定不闪烁。

④ 液晶拼接屏超薄轻巧。液晶具有厚度薄、重量轻的特点，可以方便地拼接和安装。例如 40 in 专用液晶屏，重量只有 12.5 kg，厚度不到 10 cm，这是其他显示器件所不能比拟的。

⑤ 功耗小，发热量低。液晶显示设备的小功率、低发热一向为人们所称道。40 in 液晶屏的功率也只有 150 W 左右，大约只有等离子的 1/4~1/3。

⑥ 液晶拼接屏无故障时间长，维护成本低。液晶屏是目前最稳定、最可靠的显示设备，由于发热量很小，器件很稳定，不会因为元器件温升过高损坏而造成故障。

⑦ 超窄缝隙。拼接用液晶屏的尺寸一般有 46 in、55 in、60 in 三种，例如 46 in 超窄边液晶拼接只有 6.7 mm 的拼缝，55 in LED 背光源超窄边液晶拼接仅有 5.5 mm。

⑧ 高亮度。与 TV 和 PC 液晶屏相比，LCD 液晶屏拥有更高的亮度。TV 或 PC 液晶屏的亮度一般只有 250~300 cd/m^2，而 LCD 液晶屏的亮度可以达到 700 cd/m^2（46″）。

⑨ 高对比度。液晶屏具有 3000∶1（46″）的对比度，比传统 TV 或 PC 液晶屏的对比度要高出一倍以上，是一般背投的 3 倍。

⑩ 更好的彩色饱和度。普通 CRT 的彩色饱和度只有 50% 左右，而 LCD 可以达到 92% 的高彩色饱和度，这得益于为产品专业开发的色彩校准技术。通过这个技术，除了对静止画面进行色彩校准外，还能对动态画面进行色彩的校准，这样才能确保画面输出精确和稳定。

⑪ 拼接方式可选。液晶拼接显示墙的拼接数量可任意选择 [行(m)×列(n)]，屏的大小也有多种选择，以满足不同使用场合的需求。

⑫ 灵活多变的拼接显示组合功能。可根据不同用户的要求进行个性化设计，选择单屏显示、整屏显示、任意组合显示、图像漫游和图像叠加等功能。

2）多屏拼接处理器。

多屏幕拼接控制器支持 4~32 块屏幕的拼接显示，并支持多种视频输入模式，包括复合视频（DVD 或摄像头信号）、计算机信号（VGA 和 DVI 信号）和 HDMI 信号等。其中对复合视频，能做到 NTSC/PAL 制式自适应，加入 DC、DI 运动补偿；对计算机视频，支持目前几乎所有的常见显示分辨率；数字视频支持 1080P 高清信号。多屏幕拼接控制器支持 RGB/DVI 输出方式，支持所有常见的标准分辨率。

支持实时、动态地移动窗口以及调整窗口大小，每路输入都可在屏幕上的任意位置进行大小调整和定位，显示方式几乎不受任何限制。多屏拼接处理器如图 8-20 所示。

图 8-20　多屏拼接处理器

AGC-P-300 数字拼接处理器是一款模块化、可扩展的拼接墙处理器，专门针对中小型监控系统、指挥系统而设计，完全满足数字和模拟混合、标清与高清系统混合构建的需求。兼容 VGA、DVI、HDMI、VIDEO、SDI、Fiber、双绞线和以太网编解码等格式信号类型，支持目前几乎所有的常见显示分辨率，支持 1080P 高清数字分辨率、2K 或 4K 的超高清分辨率，以及特殊定制的分辨率。

AGC-P-300 数字拼接处理器的主要技术参数见表 8-3。

表 8-3 AGC-P-300 数字拼接处理器的主要技术参数

项 目	参 数 说 明
处理能力	切换速度：200 ns，最大 数字采样：24 位，每色 8 位，165 MHz 标准 最高数据速率：4.95 Gbit/s（1.65 Gbit/s 每色） 最高像素时钟频率：48~165 MHz
视频输入	连接器：8 个 BNC 插座 数量/信号类型：8 路 CVBS 模拟视频
VGA 输入	连接器：4 个 15 针 HD 插座 水平频率：31.4~100 kHz 垂直频率：50~75 Hz 分辨率范围：640×480~1920×1200，720p，1080i，1080p 数量/信号类型：4 路模拟 VGA、SVGA、XGA、WXGA
DVI 输入	标准：DVI 1.0 连接器：4 个 DVI-I 插座 水平频率：50~100 kHz 垂直频率：50~85 Hz 分辨率范围：640×480~1920×1200，720p，1080i，1080p 数量/信号类型：4 路 DVI-I
HDMI 输入	标准：DVI 1.0，HDMI 1.3 连接器：4 个 HDMI A 型插座 水平频率：31~100 kHz 垂直频率：24~85 Hz 分辨率范围：640×480~1920×1200，720p，1080i，1080p 数量/信号类型：4 路 HDMI
	SDI 输入连接器：4 个 BNC 型插座 水平频率：31~100 kHz 垂直频率：50~85 Hz 分辨率范围：640×480~1920×1200，720p，1080i，1080p 数量/信号类型：4 路 SDI 数字视频
光纤输入	连接器：4 个双向 LC 型光纤插座 数量/信号类型：4 路光纤信号
双绞线输入	连接器：4 个标准网口插座 分辨率范围：640×480~1920×1200，720p，1080i，1080p 数量/信号类型：4 路双绞线信号
DVI 输出	标准：DVI 1.0 连接器：4 个 DVI-I 插座 额定电平：0.7~1.0 V 垂直频率：50 Hz，60 Hz 输出阻抗：75 Ω 分辨率范围：640×480~1920×1200，720p，1080i，1080p 数量/信号类型：4 路双链路 DVI-I

(续)

项　目	参　数　说　明
光纤输出	连接器：4个双向LC型光纤连接器 输出阻抗：75Ω 额定电平：0.7~1.0 V 数量/信号类型：4路光纤信号 双绞线输出连接器：4个标准网口插座 输出阻抗：75Ω 额定电平：0.7~1.0 V 数量/信号类型：4路光纤信号
控制方式	串口控制：RS-232（9针D插座）、内置AT-LINK协议 面板控制：16个按键控制面板 网络控制：TCP/TP，可选内置网页控制 无线触屏控制：外置无线彩色触摸屏（选配） 程序控制：AT-AGC控制软件

8.2 信息发布系统的设计与实施

目前，各大型建筑的智能化程度越来越高，电子公告牌作为信息发布的载体，在各建筑中的应用也越来越多。它可以及时、醒目、多样地将各类信息传递给大众。下面以某小区的信息发布系统为例，分别对项目概述、设计依据、设计原则、系统功能、系统特点、系统原理图、规格及技术指标进行介绍。

8.2.1 项目概述

某小区计划在小区主入口安装一套室外全彩高亮LED显示屏作为信息发布系统。在其正式投入使用后，每天可以发布大量相关动态或静态的文字、图片等信息，如小区内楼栋分布、重要通知、欢迎词和重点实事新闻等。

针对该小区的实际需求，考虑电子显示屏可以播放视频、图像、文本、二维/三维动画和声音，在软件的支持下，可实时显示各类公告信息和播放一些大楼的宣传画面以及内部管理信息。

8.2.2 设计依据

1）SJ/T 11141—2017《发光二极管（LED）显示屏通用规范》。
2）GB/T 2421—2020《环境试验　概述和指南》。
3）GB 8898—2011《音频、视频及类似电子设备　安全要求》。
4）GB 50689—2011《通信局（站）防雷与接地工程设计规范》。

8.2.3 设计原则

先进性：在满足用户需求的同时，结合显示屏的最新技术进行设计，保证显示屏系统的先进性。

实用性：系统可以满足图文信息的显示、二维/三维动画的播放要求。

兼容性：系统能够接入各种视频源、计算机信号，能够与网络接口匹配连接。
可靠性：系统硬件与软件能够长期稳定运行，保证日常播放与活动的顺利进行。

8.2.4 系统功能

1）可以显示国家标准二级汉字字库（中英文等），字体可有多种选择（宋、仿宋、楷书、隶书、魏碑、姚体以及繁体）字号可大可小（汉字 16~72 点阵无级可变）。

2）外接扫描仪，扫描输入各种图形、图案（包括手写字体）。

3）输入视频信号（电视、录像、激光视盘），实时显示动态电视画面，同时可以显示其他图表、动画。

4）可输入计算机信号，实时显示计算机监视器的内容，如计算机处理的各种表格、曲线、图片（股票行情、股票分析、存款利率和外汇牌价）等，同时可以显示北京时间、天气预报、各种新闻、时事，显示方式、停留时间均可以控制。

5）动画显示方式多种多样，如上下展开、左右展开、中间展开、活动百叶窗以及跑马灯效果等。

6）每幅画面的显示时间可以控制，并能自动切换。

7）可以开窗显示，即对应显示计算机监视器图案的一部分。

8）信息屏的像元与计算机监视器逐点对应，成映射关系，映射位置方便可调。

9）节目可以随时更换，包括节目内容、播放顺序、播放时间等，更改的节目可以及时地显示出来。

10）可将控制用计算机作为网络上的一个工作站，从指定的服务器上读取实时数据，在显示屏上显示出来。

11）能实时播放 AVI、MPEG 等视频格式文件，能播放二维、三维动画节目。

12）支持播放多种文件格式：文本文件、Word 文件、所有图片文件（BMP、JPG、GIF、PCX 等）、所有的动画、视频文件（MPG、MPEG、MPV、MPA、AVI、VCD、SWF、RM、RA、RMJ、ASF 等）等文件图像。

8.2.5 系统特点

1）使用方便：可以使用计算机（或者视频处理器），作为同步模式，也可以不接计算机（或者视频处理器），作为异步模式。能在各种场合应用。

2）操作简单：人性化软件设计，简单易学。

3）高稳定性：按照工业控制的模式设计，稳定性比 PC 高。

4）防病毒性：嵌入式 Linux 固化操作系统，确保系统不会感染病毒。

5）低成本：一张同步/异步发送卡，满足客户的各种要求。

6）高质量的图像：同步/异步具有一样高的灰度。

7）满帧 1080P 硬解码：克服传统异步卡软解码、低分辨率、只有 7~15 帧的瓶颈，可播放 1920×1080 满帧硬解码。

8）远程控制：接入网络就能进行远程控制和信息发布。

9）节目不需要录制：可以直接播放视频、图片等多媒体，不像其他异步卡那样需要预先录制节目。

10）具有立体声输出：可播放有声音的视频节目。

8.2.6 系统原理图

根据项目要求，该小区户外高清全彩LED显示屏系统配置结构示意图如图8-21所示。

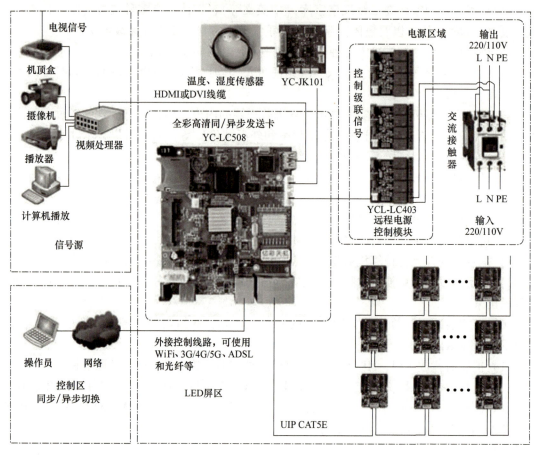

图8-21 小区户外高清全彩LED显示屏系统配置结构示意图

8.2.7 规格及技术指标

1）显示屏LED参数。

- 物理点间距：10 mm。
- 单个箱体尺寸：高800 mm×长1120 mm和高640 mm×长1120 mm。
- 单个箱体分辨率：112×80像素和112×64像素。
- 物理密度：10 000点/m^2。
- 发光点颜色：1R1PG1B。
- 箱体重量：58 kg/m^2（以实际为准）。
- 最佳视距：2~100 m。
- 视角：水平70°~110°，垂直30°~45°。

2）LED全彩高清同步/异步发送卡YC-LC508主要技术指标见表8-4。

表8-4 YC-LC508主要技术指标

序号	项目	技术参数
1	1路输入网络接口	1路输入网络接口,用来更新节目内容以及远程控制
2	输入网络连接方式	以太网、WiFi、3G/4G/5G均可,通过RJ-45接口接入网络,WiFi使用USB无线网卡
3	同步输入接口	HDMI输入,直接与计算机的HDMI接口输出连接。如果视频处理器只有DVI输出,可选用一根DVI转HDMI线
4	输出控制	2路千兆标准以太网发送
5	带载面积	单个控制器最大控制200万(1920×1080)像素
6	灰度级	最高支持16 bit灰度级。65 536灰度级任意设定,颜色总数为65 536×65 536×65 536
7	显示屏类型	支持单色、双色、全彩。支持各种驱动芯片、逐点检测芯片
8	刷新频率	300～3000 Hz可调
9	外部存储	SD卡(最大支持32 GB)、U盘、硬盘
10	扫描方式	支持1/16、1/8、1/4、1/2和静态等扫描方式
11	支持的多媒体格式	支持的图片格式: PNG、TIFF、PNM、PPM、PGM、PBM、JPEG、JPG、GIF、BMP 支持的视频格式: AVI、MPG、MPEG、DAT、VOB、MP4、WMV、3GP、ASF、MKV、TS、MOV、M4V 支持的音频格式: MP3、AC3、D++、ACC、ACCP、WMA、WMAPRO、BDPCM 支持语言:支持全球所有的文字编码 支持字库:支持矢量缩放的TrueType字库
12	内部存储空间	内部空间1 GB
13	外形尺寸	128 mm×116 mm×18 mm
14	电源	5 V,3 A
15	工作温度	−20～50℃
16	工作湿度	0%～95%(相对湿度,无冷凝)

3)环境监控板YC-JK101主要技术指标见表8-5。

表8-5 YC-JK101主要技术指标

序号	项目	技术参数
1	1路亮度探头插座	测量环境亮度,获取探头的最大测量值的亮度百分比,例如探头最大测量值为1000 Lux,当前为520 Lux,则返回率为52%,不同探头的返回结果也不同
2	1路温度探头插座	返回摄氏度,温度检测范围为−20～100℃
3	1路湿度探头插座	返回湿度百分比
4	1路板载温度监控	返回摄氏度,温度检测范围为−20～100℃
5	2路风扇转速监控	控制5 V直流电风扇,检测转速,以及根据板载温度的不同自动调整电风扇转速,255级调速。外接电风扇电压直流(1±5%)5 V,最大功率为3.5 W,四芯、三芯控制电风扇

(续)

序号	项目	技术参数
6	控制信号	专用4芯排线，TTL电平
7	外形尺寸	58 mm×58 mm×18 mm
8	工作温度	−20~65℃
9	工作湿度	0%~95%（相对湿度，无冷凝）

4）远程电源控制模块 YC-LC403 主要技术指标见表 8-6。

表 8-6 YC-LC403 主要技术指标

序号	项目	技术参数
1	4路开关控制	控制电压最高 250 V
2	最大级联	6张共24路
3	控制信号	专用4芯排线，TTL电平
4	开关间隔	3~300 s 可设置
5	外形尺寸	66 mm×66 mm×18 mm
6	工作温度	−20~65℃
7	工作湿度	0%~95%（相对湿度，无冷凝）

5）全彩接收卡 YC-LC101 主要技术指标见表 8-7。

表 8-7 YC-LC101 主要技术指标

序号	项目	技术参数
1	单卡控制像素	≤43 000 点
2	灰度	支持16 bit 灰度级，最大65 536 级，颜色总数为 65 536×65 536×65 536
3	网络接口	两路千兆以太网口接口
4	输出	16路（R、G、B）数据输出（TTL电平）
5	扫描方式	支持 1/16、1/12、1/10、1/8、1/4、1/2 和静态等扫描方式
6	控屏大小	使用单张千兆网卡（不用发送卡）时，控制整屏在40万像素以内；使用单张发送卡时，控制整屏在200万像素（1920×1080）以内；如果超过200万像素，使用多张发送卡就可以实现
7	刷新频率	控制 5026、5024 等通用芯片，刷新频率为 800~3000 Hz，是通用卡的8倍
8	网络连接	局域网、互联网和无线网均可
9	LED屏设置	智能设置，只需设置型号和箱体排列数就可以
10	视频源规格	支持 1920×1080 像素高清和 1024×768 像素标清视频播放
11	多屏控制	支持多屏同步及组合控制功能
12	控制软件	友好界面，智能化操作
13	系统升级	支持远程升级
14	箱体温度指示	每个箱体的温度有指示和报警
15	脱机测试	支持单箱体及整屏同步脱机测试
16	卡与卡连接	接收卡网口不分进出口
17	符合EMC标准	符合 EMC（EN55022CLASS A 标准）
18	工作环境	电压：直流（1±5%）5 V；最大功耗：≤4 W；工作温度：−20~55℃

6）系统软件。LEDshow 系统软件提供简捷方便和交互式的节目制作播放环境，使系统具有良好的扩充性和可靠性。LEDshow 图文制作播放系统界面美观友好，全中文菜单提示，操作方便。其各项功能可由用户自由组合后进行循环播放并自动切换，且各项均可分别实现定时、定速，显示方式达 180 种之多。

8.3 实训

8.3.1 信息发布系统基本操作

1. 实训目的

1）了解小区信息发布系统的组成与原理。
2）熟悉小区信息发布系统控制软件的使用。

2. 实训设备

控制服务器、安装有控制软件的计算机、显示屏等。

3. 实训步骤与内容

1）进入软件。

登录软件主界面，理解界面内各菜单的分类和内容，以及菜单的使用方法。注意首次使用管理软件时需要对设备、接口、通信进行设置，注意设置要求、参数选择、信息指示和做好记录。

2）信息编辑及发布。

① 掌握新建脚本，设置脚本参数，添加显示项，编辑文本，导入文本，添加、复制和删除显示项，以及预览脚本，存储脚本等最基本的使用方法。

② 打开脚本及使用显示方式、设置显示窗口。在屏幕上分上下两个窗口，上面的窗口显示"欢迎使用小区信息发布系统"，下面的窗口显示向上滚动的文本信息。

③ 掌握添加时间项及注意事项，让多个显示项同时在屏上显示。

④ 熟练地完成该系统的操作步骤。

4. 实训结果

写出实训结果、遇到的问题、解决方法以及实训心得体会。

8.3.2 信息发布系统 LED 显示屏的安装与调试

1. 实训目的

1）了解小区信息发布系统 LED 显示屏的组成。
2）掌握 LED 显示屏的安装方法。
3）掌握 LED 显示屏的调试方法。

2. 实训设备

控制服务器、安装有控制软件的计算机、单元板、控制卡及开关电源灯。

20-电烙铁的使用
操作实例

3. 实训步骤与内容

1）LED 显示屏的安装。

① 按照 LED 显示屏的安装示意图，取出单元板（如图 8-22 所示），拆去包装，检查显

示屏有无破损，灯板与灯板之间的信号连接线有无松动或损坏。

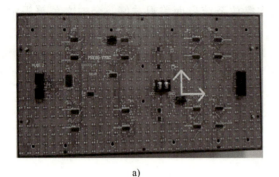 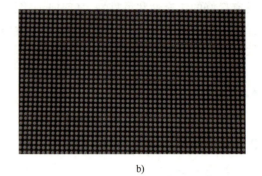

a)   b)

图 8-22   单元板

a) 单元板背面   b) 单元板正面

② 根据安装示意图——将单元板对应安装于箱体中的钢结构上，如图 8-23 所示。在拼装过程中注意显示屏箱体与箱体之间的间隙和平整度。

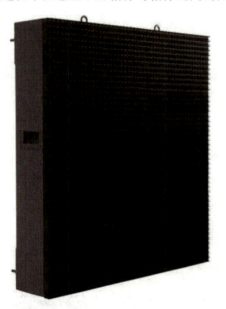 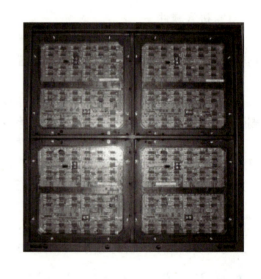

图 8-23   将单元板安装于箱体中

③ 安装完后，检查显示屏水平方向相邻的两个箱体有无上下错位，垂直方向相邻的两个箱体有无左右错位，对错位严重的、影响到显示屏播放效果和外观的要进行调整，无法调整的要拆了重装。

④ 按照图 8-24 连接单元板间的电缆。

⑤ 连线检查无误，接通电源线。

2) LED 显示屏的调试。

对于大屏幕信息发布系统，系统在屏体出厂验收前都已经通过相应的质检和成品的屏体指标验收，因此系统安装完后主要是对其整体亮度、软件联网控制显示的系统调试。整体亮度的调试检测比较直观，是根据系统完工后三方人员对其进行实地调试检验的一个工序。软

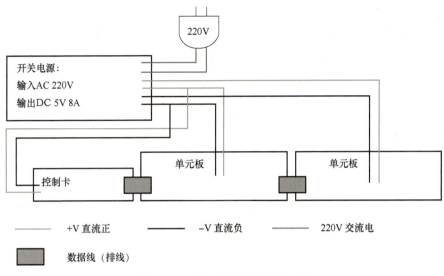

图 8-24 LED 显示屏电缆连接图

件系统联网控制和屏体显示是系统调试的重点,对其说明如下。

① 多媒体信息的编辑制作调试。

文字信息:文字信息是节目制作中最普通、最常用的信息,文字信息的准备和处理比较简单,主要有文字编写、文字翻译(多语言系统)、文字录入、文字特效,在软件工具中对各种字体、大小、颜色、对齐方式和特效进行设置,然后根据屏体的显示来进行调试校对。

图形信息:图形是信息量较大的一种信息表达方式,它可以将复杂和抽象的信息直观地表达出来,也为制作美观的界面提供了必要的手段。在节目制作工具中,主要调试其支持图形的缩放、裁剪和拼接程度。

② 对显示屏监视和控制功能的调试。

显示屏是显示系统中的关键设备,其上位控制计算机能对其显示内容、显示方式全面控制,同时控制软件提供界面实现对其运行状态的监视。

③ 组网功能调试。

系统中的计算机设备组成局域网,实现内部资源共享,标准网络接口提供了与其标准网络联网的能力,网络软件提供网络信息发布,实现网络控制,完成组网后视各个终端能否快速响应控制计算机的指令要求,并做好调试验收报告。

3) LED 显示屏的故障排查。

① 屏体整屏不亮。

检查计算机是否运行正常,计算机与屏体控制系统的连接线缆是否连接正确,接触是否良好。控制系统是否上电,控制系统输出线缆是否按顺序连接正确。

当上述检查结果确认无误,再检查屏体。屏体是否上电,查屏供电系统是否正常。控制系统输出到屏体的数据线是否连接正确。环境温度和湿度是否超过了产品的使用要求。

② 图像不稳,左右晃动。

此现象是由控制系统的数字地与屏体的数字地电位差异造成的。检查控制系统的输出地线与屏体的第一个单元板的输入地线是否连接良好。

③ 图像位置不对，或者屏上没有图像，即图像已经超出屏体的映射区。检查所设置的框体偏移量是否合适，将其改为合适的值；检查框体位置是否与所希望播放的画面位置一致，如不是，将其设为一致；检查控制器的通信电缆连接，如不正确，将其按正确的方法连接。

④ 屏体带静电。立即关闭屏体电源，检查电源线地线是否连接良好；用万用表测量屏体金属件与大地连线间的电阻，检查屏体机壳地线是否接地良好。

⑤ 屏体图像缺色。
所缺颜色相应的电源出现自动保护或输出故障；该颜色亮度设定为最低；数据连线有松动；相应数据通道故障。

⑥ 屏体图像有底色。外部干扰超过系统容限时，刷新画面。

⑦ 屏体上一个或两个模块显示异常甚至不亮。打开屏体后门，检查给两张单元板供电的电源是否正常，如不正常，更换正品电源即可。如数据线有松动或脱落，则重新插好，坏则更换。

4. 实训结果

写出实训结果、遇到的问题、解决方法以及实训心得体会。

8.3.3　信息发布系统液晶拼接屏的安装与调试

1. 实训目的

1）了解小区信息发布系统液晶拼接屏的组成。
2）了解液晶拼接屏的面板接口及其连接方法。
3）掌握液晶拼接屏的安装方法。
4）掌握液晶拼接屏的调试方法。

21-数字万用表的使用操作实例

2. 实训设备

控制服务器、安装有控制软件的计算机、液晶拼接屏等。

3. 实训步骤与内容

1）了解液晶拼接屏面板接口。

图 8-25 所示为液晶拼接屏后面板的示意图。

① LED 电源指示灯。打开电源开关待机时指示灯为红色。拼接屏开启时指示灯为绿色。

② IR 输入端口。连接 IR 线至遥控器远程遥控控制。

③ RGB 输入端口。连接 PC 的输出端至接口端（RGBHV）。

④ SY1/AV1 输入端口，SC1/AV2 输入端口。复合视频输入。

⑤ DIP 地址开关。设定拼接屏的行与列。

⑥ USB 接口输入端口。输入 USB 数据。

⑦ RJ-45 输入/输出端口。输出端连接其他拼接屏输入端环接控制。

⑧ DVI-D 信号输入端口。

⑨ HDMI 信号输入端口。

⑩ RS-232 输入（控制 & 服务）端口。连接控制设备的串行端口至 RS-232 输入端口。

⑪ 电源开关。

⑫、⑬电源线的输入、输出端口。

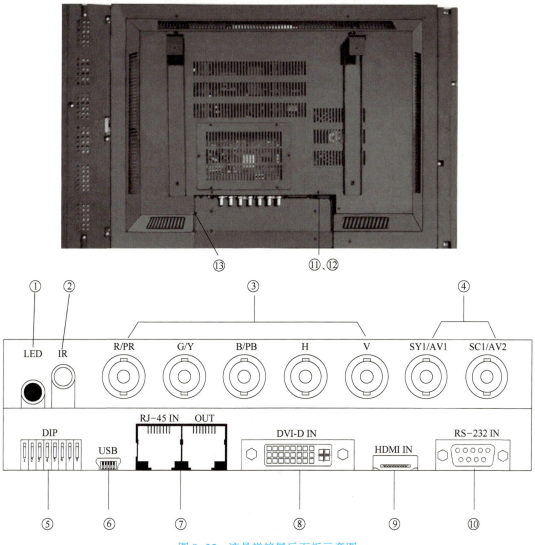

图 8-25 液晶拼接屏后面板示意图

2）液晶拼接屏的安装。

① 机架安装：卸开所有包装后开始安装，先安装机柜（机架）。安装时先将底座从左边第一组到右（或从右到左）连接，再安装上组机柜从左边第一组到右（或从右到左）连接、而后安装面框，最后连接固定液晶屏单元的铝型材配件，每列固定两条。机柜安装按项目图样要求组装好机柜各部件，确认牢固、稳定。

② 挂壁结构安装：移开安装位置有关物品，确定安装固定孔位置，尽量实施无尘打孔，固定安装架并调试方向和水平，进行现场清理和整洁，安装拼接大屏。

③ 组装拼接屏单元。拼接屏单元由液晶屏、机芯、固定架组成，将拼接屏单元安装到机柜（机架）前，先将拼接屏单元组装好，也可单击"复位"按钮恢复到出厂设置状态。

液晶拼接屏安装完成效果图如图 8-26 所示。

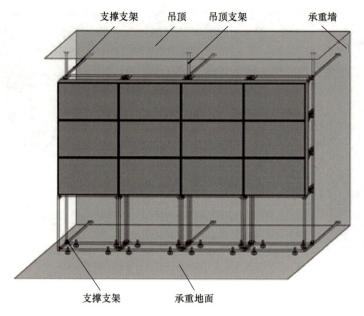

图 8-26　液晶拼接屏安装完成效果图

3）液晶拼接屏外部设备的安装。

按照图 8-27 进行系统配置连线。

图 8-27　液晶拼接屏系统组成图

4）液晶拼接屏的调试。

① 图像模式：单击"图像模式"按钮，可对拼接显示墙的各单元图像进行设置选择，分别为"标准""鲜艳""用户"等模式。

② 静像：单击"静像"按钮，可对拼接墙的各单元及大画面模式下当前的图像进行设置选择开和关，便于仔细观察画面的细节。

③ 高级设置：参见液晶拼接说明书，完成以下内容的设置。

a. "启动时密码检查"是可以设置控制软件的启动密码，在单击"启动系统"按钮后，需输入密码后才能使用控制软件的界面。

b. "智能扩屏"和"VGA 调整"设置，必须在画面拼接的各个模式下才有效，在"视频自动分配状态"模式下无作用。该按钮可设置"启动系统"的密码打开或关闭。

c. "记忆启动模式"在选择记忆启动模式后,在启动软件系统时,会自行切换到控制软件关闭时所选择的信号输入或模式选择的状态。

d. "启动切换到 AV、VGA 或 HDMI"选择所选的信号输入,在启动软件时,屏幕上会切换到所选择的信号画面。

④ VGA 拼接画面调整:参见液晶拼接说明书,将拼接显示墙的各单元及大画面模式下当前的图像自动调整到最佳状态。

一般利用以下设置进行辅助调整:如"水平位移"按钮、"垂直位移"按钮、"水平缩放"按钮、"垂直缩放"按钮。单击"复位"按钮,可以使其恢复到初始状态。

5) 液晶拼接屏的故障排查。

- 常见故障一:液晶屏上会出现杂波、杂点状的现象。

解决方法:出现上述情况很可能是由于液晶拼接屏与显卡的连接线出现了松动,只要把连接线牢牢地接好,杂波、杂点的状况就能得到好转。

- 常见故障二:屏幕上出现不规则、间断的横纹。

解决方法:检查显卡是否过度超频,若显卡过度超频使用时经常出现上述情况,则应该适当降低超频幅度,但注意首先要降低显存的频率。

- 常见故障三:若出现花屏,但上述两招使用之后未能生效。

解决方法:出现上述情况之后,用户就得检查显卡的质量了。用户可以检查一下显卡的抗电磁干扰和电磁屏蔽质量是否过关。具体办法是:将一些可能产生电磁干扰的部件尽量远离显卡安装(如硬盘),再看花屏是否消失。若确定是显卡的电磁屏蔽功能不过关,则应更换显卡,或自制屏蔽罩。

4. 实训结果

写出实训结果、遇到的问题、解决方法以及实训心得体会。

8.4 思考题

1. 信息发布系统主要由几个部分组成?
2. 信息发布系统可分为哪些类型?分别适用于什么地方?
3. 简述小区信息发布系统的工作流程。
4. 信息发布系统中管理控制软件主要有哪些功能?
5. 简述 LED 显示设备和液晶拼接屏的特点及各自的优势。
6. LED 显示屏的安装与调试中可能会出现哪些问题?列举 3 个故障现象,并写出解决方法。

参 考 文 献

［1］董春利．安全防范工程技术［M］．北京：中国电力出版社，2009．
［2］陈龙．安全防范系统工程［M］．北京：清华大学出版社，1999．
［3］黎连业，等．网络与电视监控工程监理手册［M］．北京：电子工业出版社，2004．
［4］黎连业．智能大厦和智能小区安全防范系统的设计与实施［M］．2版．北京：清华大学出版社，2008．
［5］中国就业培训技术指导中心．安全防范设计评估师（基础知识）［M］．北京：中国劳动社会保障出版社，2007．
［6］中国就业培训技术指导中心．智能楼宇管理师［M］．北京：中国劳动社会保障出版社，2007．
［7］中华人民共和国国家标准．住宅小区安全技术防范系统要求：GB 31/294—2010［S］．北京：中国标准出版社，2010．
［8］中华人民共和国国家标准．安全防范工程技术标准：GB 50348—2018［S］．北京：中国计划出版社，2019．
［9］中华人民共和国国家标准．出入口控制系统工程设计规范：GB 50396—2007［S］．北京：中国计划出版社，2007．